国防科技图书出版基金

单站定位跟踪理论与方法

Theory and Method of Single – Station Positioning and Tracking

吴　昊　陈树新　何仁珂　著

国防工业出版社

·北京·

图书在版编目（CIP）数据

单站定位跟踪理论与方法/吴昊,陈树新,何仁珂著.—北京:国防工业出版社,2022.7
ISBN 978-7-118-12513-9

Ⅰ.①单… Ⅱ.①吴… ②陈… ③何… Ⅲ.①单站定位法 Ⅳ.①P204

中国版本图书馆 CIP 数据核字(2022)第 119686 号

※

国防工業出版社出版发行
（北京市海淀区紫竹院南路 23 号 邮政编码 100048）
三河市腾飞印务有限公司印刷
新华书店经售

*

开本 710×1000 1/16 **插页** 7 **印张** 14 **字数** 236 千字
2022 年 7 月第 1 版第 1 次印刷 **印数** 1—1500 册 **定价** 99.00 元

国防书店:(010)88540777 书店传真:(010)88540776
发行业务:(010)88540717 发行传真:(010)88540762

致　读　者

本书由中央军委装备发展部**国防科技图书出版基金**资助出版。

为了促进国防科技和武器装备发展，加强社会主义物质文明和精神文明建设，培养优秀科技人才，确保国防科技优秀图书的出版，原国防科工委于1988年初决定每年拨出专款，设立国防科技图书出版基金，成立评审委员会，扶持、审定出版国防科技优秀图书。这是一项具有深远意义的创举。

国防科技图书出版基金资助的对象是：

1. 在国防科学技术领域中，学术水平高，内容有创见，在学科上居领先地位的基础科学理论图书；在工程技术理论方面有突破的应用科学专著。

2. 学术思想新颖，内容具体、实用，对国防科技和武器装备发展具有较大推动作用的专著；密切结合国防现代化和武器装备现代化需要的高新技术内容的专著。

3. 有重要发展前景和有重大开拓使用价值，密切结合国防现代化和武器装备现代化需要的新工艺、新材料内容的专著。

4. 填补目前我国科技领域空白并具有军事应用前景的薄弱学科和边缘学科的科技图书。

国防科技图书出版基金评审委员会在中央军委装备发展部的领导下开展工作，负责掌握出版基金的使用方向，评审受理的图书选题，决定资助的图书选题和资助金额，以及决定中断或取消资助等。经评审给予资助的图书，由中央军委装备发展部国防工业出版社出版发行。

国防科技和武器装备发展已经取得了举世瞩目的成就，国防科技图书承担着记载和弘扬这些成就，积累和传播科技知识的使命。开展好评审工作，使有限的基金发挥出巨大的效能，需要不断摸索、认真总结和及时改进，更需要国防科技和武器装备建设战线广大科技工作者、专家、教授，以及社会各界朋友的热情支持。

让我们携起手来，为祖国昌盛、科技腾飞、出版繁荣而共同奋斗！

国防科技图书出版基金

评审委员会

国防科技图书出版基金
2019 年度评审委员会组成人员

主 任 委 员　吴有生

副主任委员　郝　刚

秘 书 长　郝　刚

副秘书长　刘　华　袁荣亮

委　　员　（按姓氏笔画排序）

于登云　王清贤　王群书　甘晓华　邢海鹰

刘　宏　孙秀冬　芮筱亭　杨　伟　杨德森

肖志力　何　友　初军田　张良培　陆　军

陈小前　房建成　赵万生　赵凤起　郭志强

唐志共　梅文华　康　锐　韩祖南　魏炳波

前　　言

随着军事对抗的日趋激烈和电子技术的快速发展，对目标的准确无源定位跟踪已成为通信、导航和雷达等系统安全可靠使用的关键以及各项军事任务顺利完成的重要前提。其中，单站纯方位定位跟踪具有灵活性好、隐蔽性强、无须信息同步和交互等优点，在导航战、信息对抗、隐蔽探测等方面有着广阔的应用空间。对目标的准确定位跟踪有两层含义：一是有效性，即能够有效克服测量噪声以及系统非线性的影响，得到准确的定位跟踪结果；二是可靠性，即当环境恶劣、出现异常误差时，依然能够得到可靠的定位跟踪结果。为此，本书围绕如何提高单站纯方位定位跟踪的有效性和可靠性展开讨论。

全书共分为 8 章。第 1 章绪论，主要对单站纯方位定位跟踪的研究背景和现状进行概述；第 2 章预备知识，介绍书中涉及的数学和专业知识，包括矩阵理论、线性与非线性滤波、误差分析、抗差自适应估计技术等内容；第 3 章讨论静止目标的抗差定位方法，利用基于抗差 M 估计的结构总体最小二乘算法，实现目标定位准确性和可靠性的统一；第 4 章研究运动目标的非线性滤波方法，构建容积准则并利用高斯分割合并方法提高不同场景下目标跟踪的准确性；第 5 章探讨单站纯方位跟踪的连续－离散滤波方法，将运动模型用连续时间模型进行描述，并利用高精度、低运算量的积分求解方法提高跟踪精度；第 6 章讨论运动目标的抗测量异常误差跟踪方法，提出广义 M 估计抗差准则，减小恶劣环境下测量异常误差对目标跟踪的不利影响；第 7 章介绍单站纯方位跟踪的抗模型异常方法，引入自适应因子减小模型异常带来的影响，并给出判决延迟策略，解决系统同时存在测量和模型异常时的可靠跟踪问题；第 8 章讨论威胁约束下的单观测站机动跟踪策略。通过优化观测站轨迹，在避免威胁的基础上进一步提高跟踪精度。本书由空军工程大学信息与导航学院吴昊博士、陈树新教授，以及空军研究院何仁珂博士共同执笔完成，研究生曾国叙、胡浩然、汪家宝参与了整理和校对工作。

本书涉及的成果预期可用于导航战、电子战等场景下辐射源目标的准确、鲁棒定位跟踪。此外，本书将最新的最优估计、非线性滤波、连续－离散系统滤波、抗差自适应估计、最优决策等理论有机融合，对从事目标定位跟踪、非线性滤波算法、抗差自适应估计以及导航、控制、航空航天、测绘、电子、信息理论与技术的研究人员具有一定的参考价值，也可作为相关领域博士、硕士研究生以及高年级本科生的参考用书。

成书内容来源于作者近年来主持的国家自然科学基金（No. 62073337，No. 61703420）、中国科协青年人才托举工程、全国博士后创新人才支持计划（No. BX20190260）、中国博士后科学基金面上项目（No. 2019M663998）、陕西省高校科协青年人才托举计划（No. 2019109）、陕西省自然科学基础研究计划（No. 2020JQ－479）等项目中取得的学术成果。成书过程得到了导师杨元喜院士的悉心指导，也得到了空军工程大学信息与导航学院、地理信息工程国家重点实验室各级领导和老师的大力支持，在这里表示诚挚的谢意。

本书受到国防科技图书出版基金资助，在出版过程中得到了国防工业出版社牛旭东编辑以及各级领导和老师的大力帮助，在此表示感谢。本书也参阅了大量国内外著作和论文，在此对原作者表示感谢。

由于作者水平有限，书中难免有疏漏和不妥之处，恳请读者批评指正。如果对书中内容有所疑问，可以通过电子邮箱（wuhaostudy@163.com）与作者联系，望不吝赐教。

吴　昊

2022 年 7 月于西安

目　　录

Contents

第1章 绪　　论

1.1 研究背景和意义

1.1.1 概述

现代高技术战争中,先敌发现、先敌攻击是取得战争胜利的关键。有源定位跟踪系统具有受环境影响小、全天候等优点,在目标定位跟踪方面发挥着重要作用。然而,随着电子对抗技术、反辐射技术、隐身技术的飞速发展,传统的有源定位跟踪技术面临着电子干扰、反辐射导弹攻击、隐身突防、低空突防等严峻的挑战。采用被动方式工作的无源定位系统正是在这种背景下发展起来的,它不主动对目标发射电磁波信号,因此不会被敌干扰,不会受到反辐射导弹的攻击,具有很高的隐蔽性。此外,无源定位跟踪还具有探测距离远、灵活性好等优点,在近年来受到广泛重视。

按照观测站数目的不同,目标定位跟踪可以分为单站定位跟踪和多站定位跟踪;根据测量信息的不同,目标定位跟踪可以分为纯方位定位跟踪、波达时间差定位跟踪等。其中,单站纯方位定位跟踪是指利用单个观测站来测量目标的角度信息,从而得到目标位置和速度的过程。根据目标是否运动,单站纯方位定位跟踪可以分为单站纯方位定位(Bearings - Only Location,BOL)和单站纯方位跟踪(Bearings - Only Tracking,BOT)。单站纯方位定位跟踪具有以下优势。

(1) 探测距离远,可靠性强。单站纯方位定位跟踪不主动发射电磁波信号,而只需接收目标辐射源发射的信号,其探测距离较远。此外,非合作目标无法获知信号的波达时间(Time of Arrival,TOA)等参数,因此,角度信息往往成为复杂环境唯一可靠的测量信息。

(2) 配置简单,灵活性好。多站探测具有可观测信息多、精度高等优点,但需要考虑各观测站之间的距离、各观测站的速度等因素,在复杂多变的环境下,灵活性不高,而单站纯方位定位跟踪只需利用单个装载测向设备的平台就可以实现对目标的探测。同时，单站定位跟踪无须考虑与其他站之间的配合，具有很高的灵活性。

(3) 隐蔽性好，生存能力强。一方面，多站探测需要各观测站的测量信号同步，站与站之间还需要进行信息交互以确保定位跟踪的准确性，这无形中破坏了探测过程的无源性，增加了被敌方侦测到的概率。另一方面，采用多观测站进行探测本身就使得被敌发现的可能性大大增加。单站纯方位定位跟踪无须进行信息交互，具有很强的隐蔽性和生存能力。

综上所述，单站纯方位定位跟踪技术具有广阔的应用空间，本书以此为研究对象展开研究。下面以导航战中全球卫星导航系统（Global Navigation Satellite System，GNSS）干扰源定位跟踪为例，进一步分析单站纯方位定位跟踪技术的优势和研究意义。

1.1.2 导航战与 GNSS 干扰源定位跟踪

全球卫星导航系统是指具备全天候连续提供全球高精度导航能力的卫星导航系统，主要包括美国的全球定位系统（Global Positioning System，GPS）、俄罗斯的格洛纳斯卫星导航系统（Global Navigation Satellite System，GLONASS）、欧洲的伽利略卫星导航系统和我国的北斗卫星导航系统（BeiDou Navigation Satellite System，BDS）等[1]。其中，GPS 是美国第二代军用卫星导航系统，于 1973 年开始研制，1995 年全面投入使用。早在 1991 年海湾战争时期，尚未部署完毕的 GPS 便崭露头角。据报道，海湾战争中凡是装备了 GPS 的武器和部队，其战斗力得到了成倍的增长。在随后进行的科索沃战争和伊拉克战争中，美军更是将 GPS 广泛应用于目标瞄准、精确制导武器投放、精密授时，甚至为单兵也配备了 GPS 接收设备。可以说，GPS 已成为美军克敌制胜的“法宝”[2]。

然而，美军在 GPS 研制初期并未考虑其在复杂干扰环境中工作的问题，这使得利用电子干扰技术实现对 GPS 的干扰和欺骗成为可能。鉴于先进的干扰技术已经对 GPS 脆弱的抗干扰能力构成了直接威胁，美军提出了“导航战”概念，主要包括以下 3 个方面的内容[3]。

(1) 保证己方有效利用卫星导航信息，即在敌方对导航设备实施干扰的情况下，采用多种手段保证对卫星导航信息的有效利用。

(2) 阻止敌方利用卫星导航信息，即在战场环境下对敌导航系统采取电子干扰或攻击，使其不能正常导航或导航精度降低。

(3) 保证对民用卫星导航影响最小。

随后,导航战的概念逐渐从卫星导航系统拓展至整个导航领域,各国在导航领域的对抗也日趋激烈。伊拉克战争中,尽管美军战前已做了大量准备,但伊军利用俄罗斯研制的GPS干扰机还是成功使美军多枚GPS制导导弹偏离预定目标[4]。2011年,伊朗通过发射GPS欺骗信号成功捕获了美国空军先进的RQ-170"哨兵"无人机,使美军蒙受损失。可以看出,导航战本质上是为争夺"制导航权"而进行的导航干扰与反干扰、利用与反利用、摧毁与反摧毁的对抗。由于导航信息的重要性日益凸显,在未来高科技战争中,导航领域的对抗将会贯穿战争进程的始终。

近年来,各国对导航战的研究主要集中在如何对敌方导航系统实施有效干扰以及如何克服敌方的干扰,以保证导航信息的有效利用。其中,后者是夺取"制导航权",确立导航优势的重要方面。目前,对抗敌方GNSS干扰主要有3种方法[5]:一是完善导航卫星相关技术,如提高卫星发射功率等,增加干扰难度;二是大力发展各类抗干扰技术,如自适应天线技术、时频域滤波技术、干扰抑制技术等,降低导航设备受敌干扰的可能性;三是直接摧毁GNSS干扰源,消除其对导航系统的影响。

对于前两种方法的改进与提高通常在战前进行,而在实际作战中,当敌方GNSS干扰源已对导航系统造成影响时,第三种方法几乎成为导航反干扰的唯一手段。此外,开战前期,在没有压倒性优势的前提下,将GNSS干扰源定位并摧毁,能够有效降低导航系统受敌干扰的可能性。伊拉克战争中,美英联军就是采取摧毁伊军GPS干扰源的方式保证了其GPS制导武器的正常使用。随着我国BDS导航技术的不断发展,将会有越来越多的武器装备嵌入BDS终端,于是,未来战争中也可能遇到BDS受敌干扰的问题[6]。

摧毁干扰源的重要前提是对GNSS干扰源进行精确定位跟踪。因此,为夺取战场"制导航权",进一步提高卫星导航抗干扰能力,研究对GNSS干扰源的准确定位跟踪理论与技术有着十分重要的理论意义和实用价值。

1.1.3 GNSS干扰源特征分析及其对定位跟踪的影响

导航战中GNSS干扰源具有以下特点。

(1) 发射信号功率小。如图1-1所示,GNSS通常由三部分组成:一是空间部分,主要是由若干卫星组成的导航卫星星座;二是地面控制部分,由主控站、地面天线、观测站等组成;三是用户终端,主要由接收机和卫星天线组成。由于GNSS卫星下行链路功率较低,并且用户终端距离GNSS卫星较远,因此,考虑实施干扰的可行性和效费比，将用户终端作为实施干扰的对象具有较大的可能性。以 GPS 为例，其信号到达地球表面时的功率仅有大约 -130dBm。理论上讲，干扰机只需很小的功率就可对 GPS 接收机实施干扰。英国防御研究局实验表明，使用干扰功率 1W 的干扰机，就能使 GPS 接收机在 22km 范围内不能工作[7]。干扰机发射功率较小会使得我方观测站接收其信号的信噪比也较小，增加了对 GNSS 干扰源定位跟踪的难度。不仅如此，导航战中，战场环境极其复杂，各类干扰层出不穷，也会影响对 GNSS 干扰源定位跟踪的准确性。

(2) 工作模式样式多。按照干扰体制的不同，GNSS 干扰源的工作模式主要包括压制式干扰和欺骗式干扰。压制式干扰是指利用 GNSS 干扰机发射同频率大功率干扰信号，使 GNSS 接收机性能降低或完全失去正常能力[8]。伊拉克战争中，伊军所用的俄制第二代干扰机就是采用压制式干扰的工作模式。欺骗式干扰是指利用干扰机播发虚假星历和历书，或者增加信号传播时延，使接收机解算出错误的位置信息[9]。欺骗式干扰可以分为产生式干扰和转发式干扰，其中后者是指接收环境中 GNSS 信号再延迟发送至目标接收机，使其解算出虚假的定位结果。由于发射功率小，无须对真实卫星信号进行分析，并且不受军码信号加密的限制，转发式干扰的潜在危害性较大。

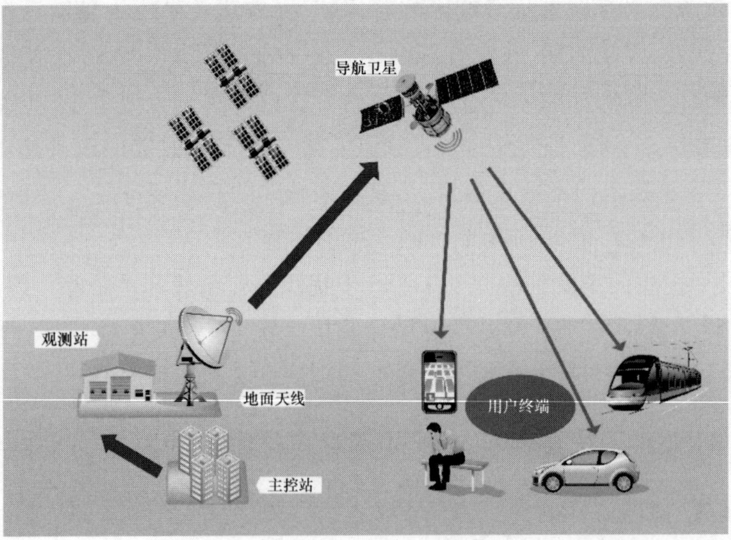

图 1-1　GNSS 组成示意图

以转发式干扰源为例，探讨 GNSS 干扰源的工作模式。通常来讲，导航战中 GNSS 接收机已经锁定真实导航信号，这样，欺骗信号可以看作真实信号的多径信号，对接收机来讲，很容易对这类信号进行过滤。因此，为实现欺骗信号的有效注入，敌方可能采用“先压制，后欺骗”的干扰策略。如图1-2所示，首先利用压制式干扰使接收机失锁，当接收机进入搜索状态后，再将生成的欺骗信号注入目标接收机。由此可见，实施欺骗式干扰需要压制式干扰的配合，于是，GNSS干扰源可能会有不同工作模式的切换。这主要体现在以下两方面：一是压制干扰信号和欺骗干扰信号交替出现；二是干扰功率变化范围大。这些都会导致观测站接收的干扰源信号不稳定，甚至剧烈变化，影响对GNSS干扰源定位跟踪的可靠性。

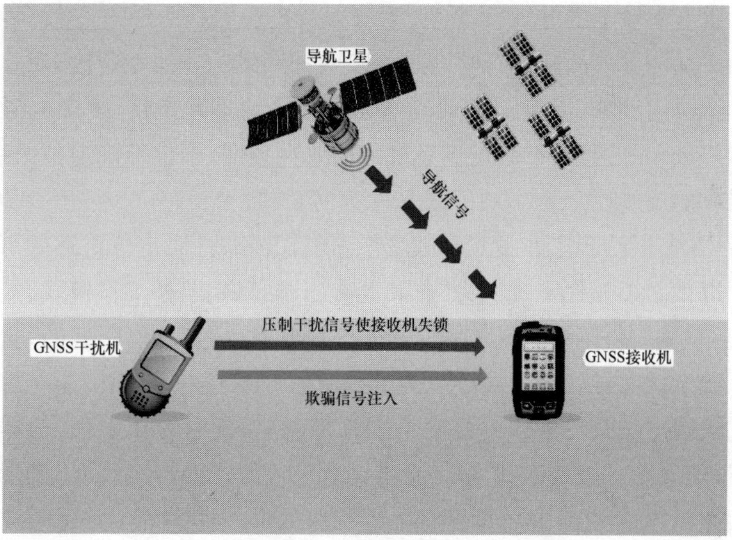

图1-2 “先压制，后欺骗”干扰策略示意图

（3）部署灵活探测难。导航战中，GNSS干扰源体积通常较小，如美国海军航空兵作战中心研制的某型GPS干扰机仅有一听饮料罐的大小。从俄罗斯研制的五代GNSS干扰机的发展历程来看，第一代干扰机结构简单，容易被探测和发现，而第五代干扰机不仅同时具有压制、欺骗干扰的功能，而且较小的体积也保证了其不易被探测和发现[10]。由此可见，随着导航对抗、电子技术的不断发展，未来GNSS干扰机的功能将越来越完备，体积也将越来越小。

GNSS干扰源体积上的小巧带来了部署上的灵活性。从部署地点来看，GNSS干扰源可能部署在重要目标附近来对GNSS制导武器进行干扰，以保护重要目标免受精确制导武器的打击；GNSS干扰源也可能部署在实施进攻的方向，这不仅能使GNSS制导武器更早偏离航向，也可以对其他导航设备进行干扰。

从干扰平台来看:一方面,GNSS 干扰源可以固定在某一隐蔽平台实施干扰;另一方面,GNSS 干扰源也可以装载在车辆等平台上,在运动过程中实施干扰。

由此可见,在导航战中对 GNSS 干扰源进行定位跟踪面临以下挑战。

(1) GNSS 干扰源发射信号功率低以及战场环境的复杂多变对定位跟踪的有效性造成威胁。一方面,GNSS 干扰源发射功率较低,会使得观测站接收到信号的信噪比较小,较小的信噪比会影响测量精度,使得测量误差变大,这对定位跟踪方法的抗噪声性能提出了更高的要求。另一方面,对 GNSS 干扰源的定位跟踪是典型的非线性问题:一是从测量和输出的关系看,测量信息和干扰源位置信息通常有着较强的非线性关系,本身就对定位跟踪方法有着较高的要求;二是复杂多变的导航战战场态势会进一步增加系统的非线性程度,对定位跟踪产生不利影响。例如,干扰源和观测站相对位置的不确定性、复杂电磁环境造成环境噪声较大等因素,都会增加系统的非线性程度,增加准确定位跟踪 GNSS 干扰源目标的难度。

(2) GNSS 干扰源工作模式和战场恶劣的探测条件对定位跟踪的可靠性造成威胁。以俄制第五代干扰机为例,其具有压制、欺骗两种工作模式,能够实施“先压制后欺骗”的干扰策略。在实施干扰的过程中,其工作模式的切换、压制信号的不确定性会导致观测站接收的干扰源信号不稳定,进而可能导致测量异常误差的出现。测量异常误差是指由于环境恶劣、信号变化剧烈、仪器故障等原因,使得信号没有被接收设备有效利用而导致的误差。经研究,实际测量中受异常误差污染的数据占总数据的 1% ~10%[11]。导航战中,战场威胁的约束,电磁环境的复杂、恶劣,以及观测站受到扰动引起信号遮挡等因素,会使异常误差出现的概率进一步增加。与随机误差不同,异常误差往往呈非对称分布,如果不进行处理,则会使定位跟踪结果的可靠性大大降低。与此同时,GNSS 干扰源是非合作性目标,探测方对其运动方式不完全已知,这会使得模型出现异常的概率大大增加。当干扰源预设模型和实际模型不一致时,定位跟踪性能会下降甚至发散。

(3) 观测站的战场生存能力受到威胁。由于 GNSS 干扰源部署的灵活性和不确定性,通常需要观测站不断运动来对 GNSS 干扰源进行探测。观测站运动的主要目的是提高信息利用率,以更好地对干扰源进行定位跟踪。然而,在导航战背景下,观测站的运动会受到地形、火力打击等因素的约束,这样,仅从提高信息利用率的角度出发,得到的运动路径可能会使观测站的战场生存能力受到威胁。

综上所述,对以 GNSS 干扰源为代表的非合作目标实施定位跟踪面临着严峻的挑战。而单站纯方位定位跟踪技术具有探测距离远、灵活性好、生存能力强等优点,在导航战、复杂环境目标定位跟踪等场景下具有极大的应用潜力。

1.2　国内外研究现状

本节从静止目标定位、运动目标跟踪、连续 - 离散系统滤波、抗差自适应方法以及观测站机动方法等方面探讨单站纯方位定位跟踪的研究现状和存在问题,为开展研究打下基础。

1.2.1　静止目标的纯方位定位方法

对静止目标定位来说,BOL 的本质是根据单观测站在不同位置测得的角度信息,利用一定的方法克服非线性和测量噪声的干扰并估计出目标的位置。

美国空军实验室、休斯公司等机构在单站纯方位定位方面做了大量的理论和应用工作,典型的系统有测向和定位系统(Direction Finding Location System, DFLS)、LT - 500 无源瞄准系统等[12]。其他国家也在单站纯方位定位方面取得了一定的成果,如以色列 ELTA 公司研制的 EL - L8838 和 EL - L8300G 定位系统等。由于单站纯方位定位技术的军事应用性强,国外对相关信息的保密十分严格,因此,难以准确获知具体的技术性能指标。

理论方面,Gavish 等[13]分析了纯方位跟踪算法的性能。Poirot 等[14]提出了一种线性化最小二乘定位方法,首先采用一阶泰勒公式将非线性的测量方程组线性化,然后利用迭代最小二乘算法估计目标的位置,然而,这种方法运算复杂度高,并且对估计初值较为敏感,实用性不强。Wang 等[15]利用最大似然估计对纯方位定位进行了研究,Doğançay[16]利用正交向量(Orthogonal Vector, OV)将非线性测量方程在无线性化误差的前提下转化为伪线性方程,由于 OV 变换使得观测向量和系数矩阵中均存在测量误差,其利用总体最小二乘(Total Least Squares, TLS)方法估计目标的位置[17]。此后,总体最小二乘算法又得到了进一步的应用与发展[18-19],为充分利用观测向量和系数矩阵中误差之间的关系,王鼎等[20]提出了一种约束总体最小二乘(Constrained Total Least Squares, CTLS)定位方法,提高了定位精度,但运算复杂度较高。为减少运算量,提高算法稳定性,结构总体最小二乘(Structured Total Least Squares, STLS)算法被应用于单站纯方位定位领域[21],并且 CTLS 和 STLS 的等价性得到了证明[22]。此外,国防科技大学孙仲康教授团队研究了质点运动学单站无源定位技术[23]。

综上所述,现阶段对单站纯方位定位的研究多集中在提高算法有效性方面,并且一些算法在理想条件下已经较为接近理论下界。然而,在复杂多变的环境中,当测量条件恶劣时,非对称分布的异常误差出现的概率会大大增加,传统定位方法往往会受到较大影响。因此,急需研究能够抵抗异常误差影响的单站纯方位定位算法,以提高定位的可靠性。

1.2.2 运动目标的纯方位跟踪方法

当目标运动时,需要同时考虑运动状态和测量,对目标状态(位置和速度)进行跟踪。其本质是利用模型信息和角度信息对目标的位置和速度进行估计,是典型的非线性滤波问题。

从离散时间的角度描述目标跟踪系统是最常用的方式,用离散时间滤波技术实现目标跟踪也是目前被广泛使用的方式之一。考虑时间域条件的滤波过程如图 1-3 所示。

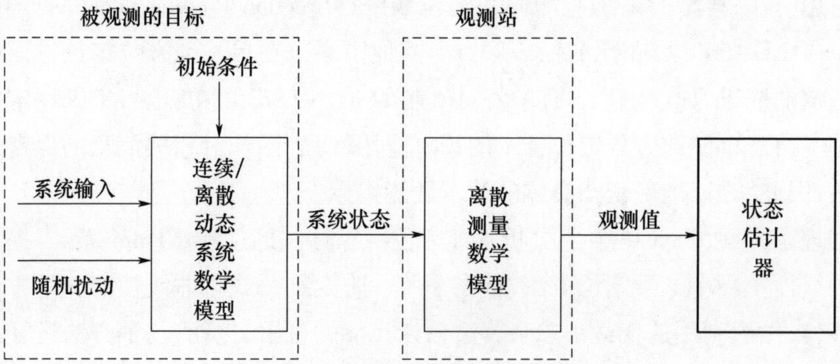

图 1-3　目标跟踪滤波过程示意图

如图 1-3 所示,在滤波过程中建立被观测目标的连续/离散时间动态系统数学模型和观测站测量模型,状态估计器利用系统状态和观测值序列进行目标的状态估计,实现目标跟踪。

本节讨论离散时间滤波技术。为克服动态系统的非线性,最早采用扩展卡尔曼滤波(Extended Kalman Filter,EKF)[24]方法对运动目标进行跟踪,即将非线性方程进行一阶泰勒近似,然后通过标准卡尔曼滤波方法进行求解。但是 EKF 会产生较大的线性化误差,在导航战高非线性场景下精度会显著降低。此外,EKF 还具有对滤波初值敏感等缺点,可能导致滤波结果不稳定甚至发散。为了提高 EKF 的稳定性,一些学者提出二阶滤波、修正增益的扩展卡尔曼滤波[25],非求导型扩展卡尔曼滤波[26]等,但这些方法仅在特定的场合下具有较好的性能,其基本思想与 EKF 一致,因而,精度和稳定性问题始终难以解决。

为了克服 EKF 的缺点,Itô 等[27]给出了非线性系统的最优贝叶斯滤波框架。该框架需要求解非线性状态的后验分布,实质上是将非线性滤波问题转化为对多维积分的求解。通常情况下,这种多维积分是无法直接计算的,因此,当面对非线性滤波问题时,必须放弃寻求最优解或解析解,而应该考虑利用数值积分方法对多维积分进行近似,进而得到后验密度的次优解。目前,从后验密度的形式来看,非线性滤波主要可以分为以下两类方法。

(1) 全局方法。即不对状态的后验概率密度形式进行假设,如高斯混合滤波(Gaussian Mixture Filter,GMF)[28]、粒子滤波(Particle Filter,PF)[29]等。它们具有解决非高斯非线性问题的良好潜力。其中,粒子滤波利用蒙特卡罗方法对状态的后验概率密度进行近似,理论上可以达到任意精度,得到了广泛研究[30],但粒子滤波自身存在粒子退化、粒子枯竭等问题,还需进一步解决。此外,这类方法通常计算量巨大,难以满足导航战等实时性要求较高的场合。

(2) 局部方法。即假设状态的后验概率密度为高斯分布,如高斯 - 厄米特正交滤波(Gauss - Hermite Quadrature Filter,GHQF)[31]、中心差分卡尔曼滤波(Central - Difference Kalman Filter,CDKF)[32]、无迹卡尔曼滤波(Unscented Kalman Filter,UKF)[33]、容积卡尔曼滤波(Cubature Kalman Filter,CKF)[34]等。GHQF、CDKF、UKF、CKF 等又称为确定性采样滤波(Deterministically Sampled Filter,DSF),它们利用一组固定权值的采样点来近似状态的后验概率密度。与 EKF 相比,具有无须求导、滤波精度高等优点。与 PF 相比,它们的优势如下:一是仅需计算后验概率的一、二阶矩,不仅保证了状态估计的信息完整性,而且易于实时迭代;二是采样点个数远少于 PF,并且采样点抽取方式确定简单,权值固定,避免了粒子退化、粒子枯竭以及计算量巨大的问题。

高斯 - 厄米特正交准则能够依据直接张量积准确、稳定地求得高斯积分,因而在非线性滤波中得到关注。然而,高斯 - 厄米特采样点随着状态维数的增加呈指数增长,会造成“维数灾难”,从而限制了其在高维问题中的应用。Jia 等基于稀疏网格准则提出了稀疏高斯 - 厄米特正交滤波(Sparse Gauss - Hermite Quadrature Filter,SGHQF),减少了采样点的个数,进而提出了更广泛意义的稀疏网格正交非线性滤波(Spare - Grid Quadrature Nonlinear Filter,SGNQF)[35],该方法能够通过参数调节灵活选择估计精度,实现对非线性积分的良好近似,并得到了一定的应用[36]。但是,即使采用了稀疏网格准则,该方法的运算量也远大于其他局部方法,实时性有待提高。

Julier 等[33]研究发现,可以通过近似非线性函数概率分布的方式得到更优的滤波结果,于是提出了 UKF。与 EKF 相比,UKF 通常得到的精度更高,滤波更稳定。此后,有关学者对 UKF 进行了发展[37],如 García - Fernández 等[38]提出一种改进的 UKF 算法,改善了高维情况下的非局部采样问题。然而,UKF 中 sigma 点的权值可能为负,这对于高维问题来说会造成数值不稳定,进而可能导致滤波发散。

为了解决高维状态估计问题,Arasaratnam 等[34]提出了 CKF 算法。该算法根据三阶球面径向容积准则来近似高维积分,与 UKF 相比,其理论依据充分,运算量小,并且有效改善了 UKF 在高维状态估计中的数值不稳定情况。该算法一经提出就受到广泛关注并应用到各个领域[39-40],成为非线性滤波的研究热点。CKF 的提出为非线性滤波的发展提供了严格的数学依据,使得可以利用容积准则这一重要数学工具得到更准确的滤波结果。例如,Jia 等[41]推导了任意阶球面径向容积准则下的 CKF,通过增加容积准则阶数进一步提高非线性滤波精度。Wang[39]等提出了一种球面单纯形径向容积卡尔曼滤波算法(Spherical Simplex - Radial Cubature Kalman Filter,SSRCKF),在增加较少运算复杂度的前提下提高了滤波精度,Zhang 等[42]推导了 SSRCKF 的七阶形式。Chang 等[43]利用正交变换减小了非线性系统中未知高阶项带来的影响,进一步提高了跟踪精度。

除了关注采样点的选取,近年来,一些学者还针对具体问题,在确定性采样滤波中引入一定的策略,从而克服非线性的影响。Duník 等[44]将随机积分引入非线性滤波,得到了渐进准确的滤波结果。Fernández 等[38]在 UKF 的基础上引入截断思想,若似然函数为有界函数,则利用先验分布改进滤波精度。Leong[45]等提出一种高斯和容积卡尔曼滤波算法,它根据"任意分布都能分割成为高斯分布之和"的原理,在高非线性情况下将测量噪声分割成为若干个高斯分布之和,并分别利用 CKF 子滤波器进行滤波加权,为克服非线性提供了新思路。然而,对于非线性程度的判别、高斯分割和合并的方式还有进一步的研究空间。

国内方面,西北工业大学、西安电子科技大学、西安交通大学、哈尔滨工业大学、哈尔滨工程大学、国防科技大学、解放军信息工程大学、北京航空航天大学等机构对确定性采样滤波也进行了深入的研究[46-49]。王小旭等[46]对确定性采样滤波做了全面的综述;穆静等[47]提出一种迭代的 CKF 方法,提高了跟踪精度;魏喜庆等[48]将高斯过程回归和无模型 CKF 结合,得到了更优越的结果;杨金龙等[49]将高斯厄米特思想应用在多目标跟踪中,提高了跟踪性能。

综上所述,目前对于确定性采样滤波的研究主要集中在两个方面:一是利用各类数值积分准则选取合适的采样点提高滤波效率;二是利用一定的策略克服系统非线性带来的不利影响,进而提高滤波的精度。一般来讲,运动目标的单站纯方位跟踪因估计误差大、可观测性弱等特点,对滤波算法的要求也更高,尤其在复杂多变的战场环境中更是如此。因此,还需进一步研究如何克服非线性带来的不利影响,提高单站纯方位跟踪的有效性。

1.2.3　连续－离散系统滤波技术

纯方位跟踪是一种基于信息非完整获取条件下的无源目标跟踪方法。从时间域的角度,客观物理世界中大部分动态系统属于连续时间系统的范畴。纯方位跟踪的目标运动状态可建立为连续状态模型,而测量信息是离散时间的。因此,纯方位跟踪可建立为“连续状态空间－离散测量空间”系统,简称“连续－离散”系统[50]。相比于离散时间系统,针对连续－离散系统的数学解算方式可以使其精度达到高阶,状态空间描述精度更高,可以弥补纯方位测量的低信息量对系统状态估计的不足。

从方法上,连续－离散滤波方法与离散滤波方法的区别主要体现在时间更新上。一方面,离散时间滤波方法在两个测量时隔中只进行一步状态预测,连续－离散滤波方法将基于连续时间随机微分方程或常微分方程对状态进行解算,而且是在一个测量间隔内进行多步计算以实现对连续状态的近似计算[51]。另一方面,连续－离散滤波又不同于传统的连续型滤波,以往通过连续系统采样离散的方式来等效离散化模型,或通过最优控制求解连续状态估计的方式,使得连续型滤波不具有递推性,不易实现迭代计算。近年来,基于连续－离散时间滤波方法在连续时间状态预测方面有所突破。

由于考虑随机扰动的连续时间状态方程属于随机微分方程,经典的黎曼积分或斯蒂杰斯积分并不一定适用,而伊藤积分(Itô Calculus)将作为主要应用方法。连续时间系统状态预测的直接解算存在一定难度,因此,在时间更新上的主要特征是连续状态预测与数值近似方法的结合。文献[51]提出连续－离散容积卡尔曼滤波(Continuous－Discrete Cubature Kalman Filter,CD－CKF)方法。该方法在高斯分布假设条件下,基于 1.5 阶伊藤－泰勒(Itô－Taylor of Order 1.5,IT－1.5)数值近似和三阶容积准则推导了状态预测和协方差更新的数学描述,并定义了标准算法流程。

文献[52]概述了一般应用于连续-离散EKF的数值方法,并针对Van der Pol振荡器和神经元种群模型证明了算法的稳定性。文献[53]总结了基于0.5阶Euler-Maruyama方法和1.5阶泰勒方法的连续-离散方法,提出了基于Langevin方程的连续-离散CKF方法,并在Ornstein-Uhlenbeck(OU)模型上进行了测试。文献[54]提出了基于欧拉方法的反馈粒子滤波算法,该方法提出了误差反馈控制结构,使得状态估计精度有所提高。针对高阶数值近似方法的使用,文献[55]提出状态期望和协方差期望代替随机微分方程进行求解的方法,使得高阶数值近似方程更为可行。该研究针对连续-离散UKF设计了连续时间的状态预测和协方差预测方法。文献[56]提出一种非线性连续-离散随机系统状态估计的数值鲁棒和高效EKF,利用具有灵敏度分析能力的积分器求解了非线性随机连续-离散时间系统平均协方差变化的微分方程。该方法对非线性模型预测控制及随机微分方程描述系统的灰盒建模具有重要作用。文献[57]将龙格-库塔(Runge-Kutta)数值近似方法与粒子滤波结合,提出高阶连续-离散粒子滤波方法,并证明了其性能优于连续-离散EKF方法。文献[58]将连续-离散EKF方法推广到连通单模矩阵李群的状态和观测演化的情况,提出一种连续-离散李群EKF(CD-LG-EKF)方法。该方法建立在李群及其相关的李代数上定义的均值和协方差矩阵参数化,定义了非线性连续时间传播和分布参数离散更新的可处理方程,推导了矩阵李群对数的一阶和二阶微分。文献[59]提出了基于时间匹配的高阶连续-离散CKF。该方法结合龙格-库塔方法实现高阶精度滤波,建立了基本数学框架,并在螺旋运动模型上进行了验证。

连续-离散滤波中的数值近似方法决定了其精度一般高于离散时间方法,但考虑到计算复杂度和计算精度的效费比,4阶以上数值近似精度的获取一般通过自适应方法以及小步长策略。值得说明的是,一般在连续-离散滤波方法中使用高阶近似方法是用于解决连续时间状态模型的期望,需要将属于随机微分方程的连续时间状态模型转化为常微分方程的状态模型来进行求解。为减小未知误差并提高滤波精度,文献[60]从理论上证明了改进协方差更新方式对精度提高的可行性,提出通过改进协方差的更新方法提高基于数值近似的连续-离散EKF方法,并在刚性模型上进行了验证。文献[61]为了提高基于龙格-库塔方法的连续-离散EKF的性能,采用一种高效的嵌入式龙格-库塔对,增加了数值近似计算的稳定性,并证明了该方法可以在不损失精度的情况下延长采样间隔时间。文献[62]基于ODE解算器和误差控制方法提出了精确连续－离散EKF方法,并针对飞机协调转弯模型进行了性能测试。文献[63]提出用平方根方法来提高上述方法的计算稳定性和精度。文献[64]提出自动全局误差控制方法,并与连续－离散UKF方法结合,在七维雷达目标跟踪系统上进行了性能验证。该误差控制方法利用连续－离散滤波中的数值近似计算,根据计算的全局误差设计步长调整方案,以实现误差的动态调节。相似地,文献[65]提出基于高斯嵌入式隐式龙格－库塔(Gauss－type Nested Implicit Runge－Kutta,GNIRK)的可变步长连续－离散EKF方法,用以提高状态估计精度。文献[66]在上面基础上提出基于高斯和Lobatto的嵌入式隐式龙格－库塔变步长连续－离散EKF方法,并针对非线性状态估计设计了高效率的误差控制和交互方法。

从以上的研究内容看,重点在于通过改进数值近似方法提高低阶算法精度以及采用自适应方法提高高阶算法效率。相比于其他滤波方法,CKF依靠容积准则解决非线性状态估计问题具有精度高、计算复杂性低较的特点,符合纯方位跟踪对滤波的各种性能需求。因此,围绕低阶连续－离散CKF滤波方法开展基于自适应策略的精度提升研究,以及改进高阶连续－离散滤波方法的计算方式,对于纯方位跟踪的低信息来源实现高精度、高效率跟踪问题,具有重要的研究意义和应用价值。

1.2.4 抗差自适应定位跟踪方法

在实际应用中:一方面,系统的非线性会对运动目标的跟踪产生不利影响,即需要提高跟踪的有效性;另一方面,复杂恶劣的测量环境、设备故障、敌方人为干扰等情况会使系统的不确定程度大大增加。从误差的角度来看,系统的不确定主要包括测量异常误差和模型异常误差,与随机误差不同,它们往往呈非对称、非高斯分布,会导致定位跟踪结果出现严重偏差。因此,还需研究如何对抗可能出现的测量或模型异常,以提高定位跟踪算法的可靠性。为了区别,将抗测量异常误差方法称为“抗差”方法,将基于自适应因子的抗模型异常误差方法称为“自适应”方法。

对于测量不确定性,Huber[67]对高斯污染模型首次提出了极大似然型抗测量异常解的严格定量理论,即M估计。它利用抗差Huber函数修正二次代价函数,从而减小测量异常对定位或跟踪的影响,对于正常数据,其采用l_2范数进行求解,对于受异常误差污染的数据,其采用l_1范数进行求解。此后,Hampel等学者进一步对 M 估计理论做出了改进。在线性系统中,我国学者在 Huber 函数两段法的基础上相继提出了 IGG Ⅰ(Institute of Geodesy and Geophysics Ⅰ)、IGG Ⅱ、IGG Ⅲ方案。为解决 IGG Ⅲ方案构造的相关等价权不对称问题,又提出了双因子方差膨胀抗差估计、双因子等价权模型,并证明了双因子方差膨胀抗差估计和双因子等价权模型的等价性[68-69]。动态系统抗异常误差方面,M 估计理论在标准卡尔曼滤波及其改进算法中得到一定应用,如杨元喜院士提出的抗差卡尔曼滤波、秩亏模型的卡尔曼滤波等[70],M. Gandhi 和 L. Mili 提出的基于扩展最大似然的抗差卡尔曼估计[71],吴富梅提出的两步抗差 Kalman 滤波[72]等。实践中,抗差滤波理论已成功应用于卫星轨道测定、组合导航、陀螺信号处理、卫星钟差拟合与预报研究等方面[73-74]。在实际工程中,抗差滤波理论及其相关软件已成功应用于我国 GPS 道路修测工程。实践表明,基于 M 估计的抗差滤波是一种有效、可靠且灵活的解算方法。

从上述分析看出,M 估计理论在线性系统中研究得较为深入,并且已经得到了广泛的应用。然而,目标的单站纯方位跟踪是典型的非线性问题,一方面,测量异常会使得滤波性能更加恶化;另一方面,M 估计理论是基于线性系统推导的,不能直接应用于非线性系统中。当然,可以通过将非线性方程线性化而使 M 估计直接应用于非线性系统中,但这在高非线性情况下难以保证跟踪的精度。近年来,由于 UKF、CKF 等确定性采样滤波越来越受到关注,因此,将 M 估计通过确定性采样滤波引入到非线性动态系统中成为研究热点。Karlgaard[75]和 Wang[76]将测量更新步骤转化为线性回归模型,然后分别在 CDKF 和 UKF 中构建 M 估计准则,为非线性系统的 M 估计提供了新思路,然而,这种方法会产生较大的线性化误差。Karlgaard[77]利用非线性回归模型引入 M 估计,减小了将 M 估计引入的线性化误差,然而,以上线性或非线性回归方法破坏了确定性采样滤波的原有框架,使得确定性采样滤波无须求导、运算量低等优点也随之消失。Chang[78]提出了一种抗差 UKF,具有无须求导的优点,而且避免了回归操作,但这种方法需要已知污染分布的统计信息,实用性有待提高。此外,异常误差判别量的构建、判别门限的确定也是非线性系统中 M 估计需要解决的重要问题。

实际中,由于目标的非合作性或信息的不确定性,一方面,我们对目标运动状态不完全已知;另一方面,其运动状态很难用统一的模型加以描述,因此,在实际中,还需考虑模型异常给单站纯方位跟踪带来的影响。目前,常用的方法主要可以分为输入估计方法和自适应方法两类。输入估计方法[79]将未知输入作为扩展的状态向量对待,直接检测目标运动是否发生变化,并估计出未知变化的大小。自适应方法通过在估计过程中调整、更新先验信息来减小模型异常带来的影响,常见的方法包括模型方差自适应补偿法、Sega - Husa 滤波方法、开窗逼近法、衰减记忆滤波法等[80]。文献[81]提出一种自适应渐消卡尔曼滤波算法,改进了对模型异常的判决性能;杨元喜院士引入自适应因子,通过调整预测信息和测量信息的贡献来减弱模型异常的影响[82];随后提出了基于方差分量的自适应滤波[83],并将其应用在卫星轨道确定上;然后利用线性动态系统和自适应因子的性质推导了最优自适应因子[84];为了减小状态向量各分量的模型异常,又提出了多自适应因子滤波[85]。对于单站纯方位跟踪来说,一方面,自适应因子的传递是非线性的,很难求得相应的最优自适应因子;另一方面,由于每一时刻仅有一个测量角度,因此,无法采用多自适应因子抵抗模型异常带来的不利影响。

在一些极端条件下,由于测量环境恶劣、目标运动的不确定性,测量异常和模型异常均可能出现。大多数现有的抗差自适应滤波虽然能解决测量异常和模型异常同时存在的问题,但它针对的是线性系统,并且测量向量的维数必须大于状态向量的维数,而单站纯方位跟踪显然不满足条件。上界方法[86]虽然能在一定程度上同时减小测量异常和模型异常,但滤波的准确性和可靠性难以保证。新息正交方法[87]未将模型和测量异常分离,其总体抗异常误差能力有待提高。Zhao 等[88]将强跟踪滤波器和后验估计方法结合,能够处理模型异常和统计信息不确定的情况,但这种方法牺牲了较大的有效性,总体性能还需进一步提高。

综上所述,抗测量异常方面,如何更有效地将 M 估计引入到非线性系统中,并给出严格的理论证明急需研究,如何针对非线性系统构建异常误差判别量、确定判别门限也是近年来关注的重点;抗模型异常方面,如何将自适应因子从线性系统推广到非线性系统有待深入研究。此外,当模型异常、测量异常均可能存在时,如何在有限的信息中准确判别并减小它们的影响,也对单站纯方位跟踪的可靠跟踪有着重要意义。

1.2.5 观测站机动跟踪策略

对目标的单站纯方位定位跟踪是典型的弱可观测系统,一般需要单观测站运动来保证系统的可观测性[89]。考虑到部分目标的非合作性,观测站与目标的相对方位往往并非理想化,导致系统的不可观测[90],如目标运动方向为观测站与目标的径向方向、目标与观测站的运动阶数相同等。这些相对运动模式导致测量信息的不可用,无法满足状态估计的需求。因此,通常需要设计合理的单观测站的轨迹来提高信息利用率,从而得到更准确的定位跟踪结果[91]。

Hammel 等[92]假定目标固定或速度较小,利用定位误差椭圆面积、克拉美罗下界(Cramer - Rao Low Bound,CRLB)的迹等对单观测站的航路进行优化,但当目标机动或速度较大时这些方法则不再适用。Cadre 等[93]利用 Fisher 信息矩阵(Fisher Information Matrix,FIM)行列式最大准则对单观测站航路进行优化,提高了信息利用率。Oshman 等[94]采用梯度数值法和微分包含法研究了定位固定目标的观测站最优航路。Singh 和 Ross 等[95]运用随机逼近方法对单观测站航路进行了优化。以上单观测站航路优化方法可以分为两类:一是根据场景的几何关系优化相应的参数,提高定位跟踪的准确性,如方位角变化率最大准则、观测站 - 目标距离优化准则等[96];二是优化滤波过程中的参数,如滤波协方差矩阵迹最小准则,以及上述提到的 FIM 行列式最大准则等[97]。总体来说,这些方法通常假定目标状态已知或假设条件较为理想,但事实上,单站纯方位定位跟踪的实时性较强,并且定位跟踪算法和单观测站轨迹优化是一个相互作用、相互影响的过程,于是,仅从理论角度探讨单观测站的航路问题实用性有待提高。

为提高航路优化问题的实时性和实用性,一些学者又从不同角度进行了进一步的探索。文献[98]提出了一种实时的航路优化方法,该方法同时考虑最优控制问题和最终跟踪需求问题,结合随机方法和 UKF 滤波方法,提高了单观测站航路优化的实时性。Gurcan 等[99]将单站纯方位跟踪场景中的观测站和目标的几何关系作为航路规划的先验信息,并结合新的角度测量信息构建仿射竞争约束,自适应地调整观测站航路,提高了航路优化问题的实用性。权宏伟[100]提出一种一步递推的 FIM 行列式最大轨迹优化方法,提高了航路优化的实时性;许志刚等[101]利用贪婪法对 FIM 增量最大化优化指标进行近似,减小了运算量。文献[102]针对海洋环境中观测站传统 S 型机动常常不可实现的问题,提出一种在线理解场景并给出观测站机动操作建议,实现了基于决策 - 操作员交互的观测站机动方法。法国波尔多大学 Zhang 等[103]针对水下观测站,提出用方位角累积、变化率最大以及 FIM 等建立代价指标,用分段随机控制的方法实现轨迹控制。

综上所述,目前对单观测站航路优化的研究多集中在构建合适的航路规划准则,使得定位跟踪结果更为准确,并结合滤波算法提高规划的实时性和实用性方面。然而,以上方法通常对观测站运动所受的约束缺乏考虑。事实上,在导航战等军事应用中,单观测站的运动会受到诸多因素的限制,如地形、雷达等战场因素会对单观测站的生存带来威胁[104-106]。因此,必须同时考虑单观测站运动所带来的精度增益以及单观测站的生存能力,对于增强目标跟踪效果以及观测站的战场环境适应性和自主决策能力有着较强的实际应用价值。

1.3　本书的主要内容和结构安排

本书以提高单站纯方位定位跟踪的有效性和可靠性为目标展开讨论,主要研究静止目标定位、运动目标精确跟踪、抗差自适应滤波,以及观测站机动跟踪策略。预期能够应用于电子战、导航战的目标跟踪等方面。此外,本书将最新的广义最小二乘估计、容积准则、连续 - 离散系统滤波、抗差自适应估计以及最优机动决策等理论有机结合,也能为其他非线性系统的估计和滤波提供参考与依据,具有广阔的应用空间。

本书章节安排如下。

第 1 章进行综述。介绍研究背景和意义,论述单站纯方位定位跟踪的国内外研究现状和存在的问题,并给出本书的研究内容和各章节安排。

第 2 章梳理本书所需的预备知识,主要包括矩阵论基础、矩阵分解、线性与非线性滤波、误差分析以及抗差自适应估计理论等内容。

第 3 章讨论静止目标定位方法。当测量出现异常误差时,目标定位结果会受到较大影响。于是,在构建结构总体最小二乘定位准则的基础上,将抗差 M 估计理论引入,通过减小异常测量数据贡献程度的方式减小异常误差的影响,从而保证对静止目标定位的可靠性。

第 4 章探讨基于容积准则的运动目标精确跟踪方法。为减小非线性对跟踪的影响,一是在贝叶斯非线性滤波框架中,利用容积准则提高对状态后验密度的近似程度,进而提高跟踪精度;二是采用均方根高斯和策略,在有效利用先验信息的基础上,将滤波器在高非线性时刻进行高斯分割与合并,从而进一步减小非线性带来的影响,保证目标跟踪的有效性。

第 5 章研究基于连续 - 离散系统模型的单站纯方位跟踪方法。在离散 - 离散模型的基础上,构建连续变量动力学模型,并引入 ABM 方法进一步提高跟踪精度。

第 6 章讨论运动目标的抗测量异常误差跟踪方法。将抗差 M 估计在不进行线性化的前提下,利用约束总体最小二乘准则将其引入容积卡尔曼滤波中,并设计等价权函数减小测量异常误差带来的影响。

第7章探讨测量和模型异常都存在时的目标抗差自适应跟踪方法。当模型和测量都可能存在异常时,针对单站纯方位跟踪信息量小,难以确定异常来源的问题,根据滤波反馈信息判断异常误差来源并采用抗差方法或自适应方法,从而提高单站纯方位跟踪的可靠性。

第8章研究威胁约束下的观测站机动策略。在讨论系统可观测性的基础上,研究各类威胁对观测站机动的影响,得到威胁约束下的观测站路径优化方法。然后,提出基于观测信息收益的观测站机动跟踪策略,分别建立机动决策模型和代价函数,得到相应的观测站机动跟踪方法,使得观测站在保证生存能力的前提下提高对目标的跟踪精度。

第 2 章　预备知识

本章介绍本书所涉及的数学和专业知识,主要包括矩阵论基础、矩阵分解、线性与非线性滤波基础、误差分析、抗差自适应估计基础等内容。为后续章节的理论推导和数学描述打下基础。

2.1　矩阵论基础

2.1.1　矩阵的基本运算

矩阵的基本运算包括矩阵的转置、共轭、共轭转置、加法和乘法[107-109]。

定义 2.1　若 $\boldsymbol{A}=[a_{ij}]$ 是一个 $m\times n$ 矩阵,则 $\boldsymbol{A}$ 的转置记作 $\boldsymbol{A}^{\mathrm{T}}$,是一个 $n\times m$ 矩阵,其元素定义为 $[\boldsymbol{A}^{\mathrm{T}}]=a_{ji}$;矩阵 $\boldsymbol{A}$ 的复数共轭 $\boldsymbol{A}^{*}$ 仍然是一个 $m\times n$ 矩阵,其元素定义为 $[\boldsymbol{A}^{*}]=a_{ij}^{*}$;矩阵 $\boldsymbol{A}$ 的(复)共轭转置记作 $\boldsymbol{A}^{\mathrm{H}}$,它是一个 $n\times m$ 矩阵,定义为

$$\boldsymbol{A}^{\mathrm{H}}=\begin{bmatrix} a_{11}^{*} & a_{21}^{*} & \cdots & a_{m1}^{*} \\ a_{12}^{*} & a_{22}^{*} & \cdots & a_{m2}^{*} \\ \vdots & \vdots & & \vdots \\ a_{1n}^{*} & a_{2n}^{*} & \cdots & a_{mn}^{*} \end{bmatrix} \tag{2-1}$$

共轭转置又称为 Hermitian 伴随、Hermitian 转置或 Hermitian 共轭。

满足 $\boldsymbol{A}^{\mathrm{T}}=\boldsymbol{A}$ 的正方实矩阵和 $\boldsymbol{A}^{\mathrm{H}}=\boldsymbol{A}$ 的正方复矩阵分别称为对称矩阵和 Hermitian 矩阵(复共轭对称矩阵)。

共轭转置与转置之间存在下列关系:

$$\boldsymbol{A}^{\mathrm{H}}=(\boldsymbol{A}^{*})^{\mathrm{T}}=(\boldsymbol{A}^{\mathrm{T}})^{*} \tag{2-2}$$

一个 $m\times n$ 分块矩阵 $\boldsymbol{A}$ 的共轭转置,是一个由 $\boldsymbol{A}$ 的每个分块矩阵的共轭转置,组成的 $n\times m$ 分块矩阵,即

$$A^{H} = \begin{bmatrix} A_{11} & A_{21} & \cdots & A_{m1} \\ A_{12} & A_{22} & \cdots & A_{m2} \\ \vdots & \vdots & & \vdots \\ A_{1n} & A_{2n} & \cdots & A_{mn} \end{bmatrix}$$

列向量的转置结果为行向量,行向量的转置结果为列向量。由于书中遇到的大多数向量为列向量,为节省书写的空间,本书采用转置符号 T 将 $m \times 1$ 列向量记作 $\boldsymbol{x} = [x_1, x_2, \cdots, x_m]^{\mathrm{T}}$。

矩阵最简单的代数运算是两个矩阵的加法、矩阵与一个标量的乘法。

定义 2.2 两个 $m \times n$ 矩阵 $\boldsymbol{A} = [a_{ij}]$ 和 $\boldsymbol{B} = [b_{ij}]$ 之和记作 $\boldsymbol{A} + \boldsymbol{B}$,定义为 $[\boldsymbol{A} + \boldsymbol{B}]_{ij} = a_{ij} + b_{ij}$。

定义 2.3 令 $\boldsymbol{A} = [a_{ij}]$ 是一个 $m \times n$ 矩阵,并且 α 是一个标量。乘积 $\alpha\boldsymbol{A}$ 是一个 $m \times n$ 矩阵,定义 $[\alpha\boldsymbol{A}]_{ij} = \alpha a_{ij}$。

定义 2.4 $m \times n$ 矩阵 $\boldsymbol{A} = [a_{ij}]$ 与 $r \times 1$ 向量 $\boldsymbol{x} = [x_1, x_2, \cdots, x_r]^{\mathrm{T}}$ 的乘积 $\boldsymbol{Ax}$ 只有当 $n = r$ 时才存在,它是一个 $m \times 1$ 向量,定义为

$$[\boldsymbol{Ax}]_i = \sum_{j=1}^{n} a_{ij} x_j, \quad i = 1, 2, \cdots, m$$

定义 2.5 $m \times n$ 矩阵 $\boldsymbol{A} = [a_{ij}]$ 与 $r \times s$ 矩阵 $\boldsymbol{B} = [b_{ij}]$ 的乘积 $\boldsymbol{AB}$ 只有当 $r = n$ 时才存在,它是一个 $m \times s$ 矩阵,定义为

$$[\boldsymbol{AB}]_i = \sum_{k=1}^{n} a_{ik} b_{kj}, \quad i = 1, 2, \cdots, m; j = 1, 2, \cdots, s$$

根据定义,容易验证矩阵的加法服从下面的运算法则。

(1) 加法交换律(Commutative Law of Addition):$\boldsymbol{A} + \boldsymbol{B} = \boldsymbol{B} + \boldsymbol{A}$。

(2) 加法结合律(Associative Law of Addition):$(\boldsymbol{A} + \boldsymbol{B}) + \boldsymbol{C} = \boldsymbol{A} + (\boldsymbol{B} + \boldsymbol{C})$。

矩阵的乘积服从下面的运算法则。

(1) 乘法结合律(Associative Law of Multiplication):若 $\boldsymbol{A} \in \mathbb{C}^{m \times n}$, $\boldsymbol{B} \in \mathbb{C}^{n \times p}$, $\boldsymbol{C} \in \mathbb{C}^{p \times q}$,则 $\boldsymbol{A}(\boldsymbol{BC}) = (\boldsymbol{AB})\boldsymbol{C}$。

(2) 乘法左分配律(Let Distributive Law of Multiplication):若 $\boldsymbol{A}$ 和 $\boldsymbol{B}$ 是两个 $m \times n$ 矩阵,且 $\boldsymbol{C}$ 是一个 $n \times p$ 矩阵,则 $(\boldsymbol{A} + \boldsymbol{B})\boldsymbol{C} = \boldsymbol{AC} + \boldsymbol{BC}$。

(3) 乘法右分配律(Right Distributive Law of Multiplication):若 $\boldsymbol{A}$ 是一个 $m \times n$ 矩阵,并且 $\boldsymbol{B}$ 和 $\boldsymbol{C}$ 是两个 $n \times p$ 矩阵,则 $\boldsymbol{A}(\boldsymbol{B} + \boldsymbol{C}) = \boldsymbol{AB} + \boldsymbol{AC}$。

(4) 若 α 是一个标量,并且 $\boldsymbol{A}$ 和 $\boldsymbol{B}$ 是两个 $m \times n$ 矩阵,则 $\alpha(\boldsymbol{A} + \boldsymbol{B}) = \alpha\boldsymbol{A} + \alpha\boldsymbol{B}$。

证明:这里只证明(1)和(2),其他部分的证明从略。

(1) 令 $\boldsymbol{A}_{m\times n}=[a_{ij}]$,$\boldsymbol{B}_{n\times p}=[b_{ij}]$,$\boldsymbol{C}_{n\times p}=[c_{ij}]$,则

$$[\boldsymbol{A}(\boldsymbol{BC})]_{ij}=\sum_{k=1}^{n}a_{ik}(\boldsymbol{BC})_{kj}=\sum_{k=1}^{n}a_{ik}[\sum_{l=1}^{p}b_{kl}c_{lj}]$$

$$=\sum_{l=1}^{p}\sum_{k=1}^{n}(a_{ik}b_{kl})c_{lj}=\sum_{l=1}^{p}[\boldsymbol{AB}]_{il}c_{lj}=[(\boldsymbol{AB})\boldsymbol{C}]_{ij}$$

即有

$$\boldsymbol{A}(\boldsymbol{BC})=(\boldsymbol{AB})\boldsymbol{C}$$

(2) 由矩阵的乘法可知

$$[\boldsymbol{AC}]_{ij}=\sum_{k=1}^{n}a_{ik}c_{kj},\quad [\boldsymbol{BC}]_{ij}=\sum_{k=1}^{n}b_{ik}c_{kj}$$

再由矩阵的加法,得

$$[\boldsymbol{AC}+\boldsymbol{BC}]_{ij}=[\boldsymbol{AC}]_{ij}+[\boldsymbol{BC}]_{ij}=\sum_{k=1}^{n}(a_{ik}+b_{ik})c_{kj}=[(\boldsymbol{A}+\boldsymbol{B})\boldsymbol{C}]_{ij}$$

故有

$$\boldsymbol{A}(\boldsymbol{B}+\boldsymbol{C})=\boldsymbol{AB}+\boldsymbol{AC}$$

一般说来,矩阵的乘法不满足交换律,即 $\boldsymbol{AB}\neq\boldsymbol{BA}$。

令向量 $\boldsymbol{x}=[x_1,x_2,\cdots,x_n]^{\mathrm{T}}$ 和 $\boldsymbol{y}=[y_1,y_2,\cdots,y_n]^{\mathrm{T}}$,矩阵与向量的乘积 $\boldsymbol{Ax}=\boldsymbol{y}$ 可视为向量 $\boldsymbol{x}$ 的线性变换。此时,$n\times n$ 矩阵 $\boldsymbol{A}$ 称为线性变换矩阵。若向量 $\boldsymbol{y}$ 到 $\boldsymbol{x}$ 的线性逆变换 $\boldsymbol{A}^{-1}$存在,则

$$\boldsymbol{x}=\boldsymbol{A}^{-1}\boldsymbol{y}\tag{2-3}$$

这一方程可视为在原线性变换 $\boldsymbol{Ax}=\boldsymbol{y}$ 两边左乘 $\boldsymbol{A}^{-1}$之后得到的结果 $\boldsymbol{A}^{-1}\boldsymbol{Ax}=\boldsymbol{A}^{-1}\boldsymbol{y}$。因此,一方面,线性逆变换 $\boldsymbol{A}^{-1}$应该满足 $\boldsymbol{A}^{-1}\boldsymbol{A}=\boldsymbol{I}$ 的关系;另一方面,$\boldsymbol{x}=\boldsymbol{A}^{-1}\boldsymbol{y}$ 也应该是可逆的,即两边左乘 $\boldsymbol{A}$ 后得到的 $\boldsymbol{Ax}=\boldsymbol{AA}^{-1}\boldsymbol{y}$ 应该与原线性变换 $\boldsymbol{Ax}=\boldsymbol{y}$ 一致,故 $\boldsymbol{A}^{-1}$还应该满足 $\boldsymbol{AA}^{-1}=\boldsymbol{I}$。

综合以上讨论,可以得到逆矩阵的定义如下:

定义 2.6　令 $\boldsymbol{A}$ 是一个 $n\times n$ 矩阵。称矩阵 $\boldsymbol{A}$ 可逆,可以找到一个 $n\times n$ 矩阵 $\boldsymbol{A}^{-1}$满足 $\boldsymbol{A}^{-1}\boldsymbol{A}=\boldsymbol{AA}^{-1}=\boldsymbol{I}$,并称 $\boldsymbol{A}^{-1}$是 $\boldsymbol{A}$ 的逆矩阵。

下面是共轭、转置、共轭转置和逆矩阵的性质。

(1) 矩阵的共轭、转置和共轭转置满足分配律

$$(\boldsymbol{A}+\boldsymbol{B})^*=\boldsymbol{A}^*+\boldsymbol{B}^*,(\boldsymbol{A}+\boldsymbol{B})^{\mathrm{T}}=\boldsymbol{A}^{\mathrm{T}}+\boldsymbol{B}^{\mathrm{T}},(\boldsymbol{A}+\boldsymbol{B})^{\mathrm{H}}=\boldsymbol{A}^{\mathrm{H}}+\boldsymbol{B}^{\mathrm{H}}$$

(2) 矩阵乘积的转置、共轭转置和逆矩阵满足关系式

$$(\boldsymbol{AB})^{\mathrm{T}}=\boldsymbol{B}^{\mathrm{T}}\boldsymbol{A}^{\mathrm{T}},(\boldsymbol{AB})^{\mathrm{H}}=\boldsymbol{B}^{\mathrm{H}}\boldsymbol{A}^{\mathrm{H}}$$

$$(\boldsymbol{AB})^{-1}=\boldsymbol{B}^{-1}\boldsymbol{A}^{-1}(\boldsymbol{A}、\boldsymbol{B}\text{ 为可逆的正方矩阵})$$

(3) 共轭、转置和共轭转置等符号均可与求逆符号交换，即有

$$(\boldsymbol{A}^{*})^{-1}=(\boldsymbol{A}^{-1})^{*},(\boldsymbol{A}^{\mathrm{T}})^{-1}=(\boldsymbol{A}^{-1})^{\mathrm{T}},(\boldsymbol{A}^{\mathrm{H}})^{-1}=(\boldsymbol{A}^{-1})^{\mathrm{H}}$$

因此，常常分别采用紧凑的数学符号 $\boldsymbol{A}^{-*}$、$\boldsymbol{A}^{-\mathrm{T}}$和 $\boldsymbol{A}^{-\mathrm{H}}$。

(4) 对于任意矩阵 $\boldsymbol{A}$，矩阵 $\boldsymbol{B}=\boldsymbol{A}^{\mathrm{H}}\boldsymbol{A}$ 都是 Hermitian 矩阵。若 $\boldsymbol{A}$ 可逆，则对于 Hermitian 矩阵 $\boldsymbol{B}=\boldsymbol{A}^{\mathrm{H}}\boldsymbol{A}$，有 $\boldsymbol{A}^{-\mathrm{H}}\boldsymbol{B}\boldsymbol{A}^{-1}=\boldsymbol{A}^{\mathrm{H}}\boldsymbol{A}^{\mathrm{H}}\boldsymbol{A}\ \boldsymbol{A}^{-1}=\boldsymbol{I}$。

在一些应用中，常常涉及一个 $n\times n$ 矩阵 $\boldsymbol{A}$ 与它自身的乘积，从中可以引出两个重要的概念。

定义 2.7 矩阵 $\boldsymbol{A}_{n\times n}$称为幂等矩阵(Idempotent Matrix)，若 $\boldsymbol{A}^2=\boldsymbol{AA}=\boldsymbol{A}$。等矩阵 $\boldsymbol{A}$ 具有以下性质。

(1) $\boldsymbol{A}^n=\boldsymbol{A}$ 对于 $n=1,2,3,\cdots$成立。

(2) $\boldsymbol{I}-\boldsymbol{A}$ 为幂等矩阵(注意：$\boldsymbol{A}-\boldsymbol{I}$ 不一定是幂等矩阵)。

(3) $\boldsymbol{A}^{\mathrm{H}}$ 为幂等矩阵。

(4) $\boldsymbol{I}-\boldsymbol{A}^{\mathrm{H}}$ 为幂等矩阵。

(5) 若 $\boldsymbol{B}$ 也为等矩阵，并且 $\boldsymbol{AB}=\boldsymbol{BA}$，则 $\boldsymbol{AB}$ 为幂等矩阵。

(6) $\boldsymbol{A}(\boldsymbol{I}-\boldsymbol{A})=\boldsymbol{0}$(零矩阵)。

(7) $(\boldsymbol{I}-\boldsymbol{A})\boldsymbol{A}=\boldsymbol{0}$(零矩阵)

(8) 函数 $f(s\boldsymbol{I}+t\boldsymbol{A})=(\boldsymbol{I}-\boldsymbol{A})f(s)+\boldsymbol{A}f(s+t)$。

定义 2.8 矩阵 $\boldsymbol{A}_{n\times n}$称为对合矩阵(Involutory Matrix)或幂单矩阵(Unipotent Matrix)，若 $\boldsymbol{A}^2=\boldsymbol{AA}=\boldsymbol{I}$。

若 $\boldsymbol{A}$ 为对合或者幂单矩阵，则函数 $f(\cdot)$具有以下性质：

$$f(s\boldsymbol{I}+t\boldsymbol{A})=\frac{1}{2}[(\boldsymbol{I}+\boldsymbol{A})f(s+t)+(\boldsymbol{I}-\boldsymbol{A})f(s-t)] \tag{2-4}$$

幂等矩阵与对合矩阵的关系：矩阵 $\boldsymbol{A}$ 是对合矩阵，当且仅当$\frac{1}{2}(\boldsymbol{I}+\boldsymbol{A})$为幂等矩阵。

$n\times n$ 矩阵 $\boldsymbol{A}$ 称为幂零矩阵(Nilpotentmatrx)，若 $\boldsymbol{A}^2=\boldsymbol{AA}=\boldsymbol{0}$(零矩阵)。

若 $\boldsymbol{A}$ 为幂零矩阵，则函数 $f(\cdot)$具有以下性质：

$$f(s\boldsymbol{I}+t\boldsymbol{A})=\boldsymbol{I}f(s)+t\boldsymbol{A}f'(s) \tag{2-5}$$

式中：$f'(s)$为 $f(s)$的一阶导数。

除了上述矩阵的基本运算外，还可定义矩阵函数：

三角函数

$$\sin\boldsymbol{A} = \sum_{n=0}^{\infty} \frac{(-1)^n \boldsymbol{A}^{2n+1}}{(2n+1)!} = \boldsymbol{A} - \frac{1}{3!}\boldsymbol{A}^3 + \frac{1}{5!}\boldsymbol{A}^5 - \cdots \tag{2-6}$$

$$\cos\boldsymbol{A} = \sum_{n=0}^{\infty} \frac{(-1)^n \boldsymbol{A}^{2n}}{(2n)!} = \boldsymbol{I} - \frac{1}{2!}\boldsymbol{A}^2 + \frac{1}{4!}\boldsymbol{A}^4 - \cdots \tag{2-7}$$

以及矩阵的指数函数和对数函数

$$\mathrm{e}^{\boldsymbol{A}} = \sum_{n=0}^{\infty} \frac{1}{n!}\boldsymbol{A}^n = \boldsymbol{I} + \boldsymbol{A} + \frac{1}{2}\boldsymbol{A}^2 + \frac{1}{3!}\boldsymbol{A}^3 + \cdots \tag{2-8}$$

$$\mathrm{e}^{-\boldsymbol{A}} = \sum_{n=0}^{\infty} \frac{1}{n!}(-1)^n\boldsymbol{A}^n = \boldsymbol{I} - \boldsymbol{A} + \frac{1}{2}\boldsymbol{A}^2 - \frac{1}{3!}\boldsymbol{A}^3 + \cdots \tag{2-9}$$

$$\mathrm{e}^{\boldsymbol{A}t} = \boldsymbol{I} + \boldsymbol{A}t + \frac{1}{2}\boldsymbol{A}^2t^2 + \frac{1}{3!}\boldsymbol{A}^3t^3 + \cdots \tag{2-10}$$

$$\mathrm{In}(\boldsymbol{I} + \boldsymbol{A}) = \sum_{n=1}^{\infty} \frac{(-1)^{n-1}}{n!}\boldsymbol{A}^n = \boldsymbol{A} - \frac{1}{2}\boldsymbol{A}^2 + \frac{1}{3}\boldsymbol{A}^3 - \cdots \tag{2-11}$$

如果矩阵 $\boldsymbol{A}$ 的元素 a_{ij} 都是参数 t 的函数，则矩阵的导数定义为

$$\frac{\mathrm{d}\boldsymbol{A}}{\mathrm{d}t} = \dot{\boldsymbol{A}} = \begin{bmatrix} \frac{\mathrm{d}a_{11}}{\mathrm{d}t} & \frac{\mathrm{d}a_{12}}{\mathrm{d}t} & \cdots & \frac{\mathrm{d}a_{1n}}{\mathrm{d}t} \\ \frac{\mathrm{d}a_{21}}{\mathrm{d}t} & \frac{\mathrm{d}a_{22}}{\mathrm{d}t} & \cdots & \frac{\mathrm{d}a_{2n}}{\mathrm{d}t} \\ \vdots & \vdots & & \vdots \\ \frac{\mathrm{d}a_{m1}}{\mathrm{d}t} & \frac{\mathrm{d}a_{m2}}{\mathrm{d}t} & \cdots & \frac{\mathrm{d}a_{mn}}{\mathrm{d}t} \end{bmatrix} \tag{2-12}$$

同样可定义矩阵的高阶导数。

矩阵的积分定义为

$$\int\boldsymbol{A}\mathrm{d}t = \begin{bmatrix} \int a_{11}\mathrm{d}t & \int a_{12}\mathrm{d}t & \cdots & \int a_{1n}\mathrm{d}t \\ \int a_{21}\mathrm{d}t & \int a_{22}\mathrm{d}t & \cdots & \int a_{2n}\mathrm{d}t \\ \vdots & \vdots & & \vdots \\ \int a_{m1}\mathrm{d}t & \int a_{m2}\mathrm{d}t & \cdots & \int a_{mn}\mathrm{d}t \end{bmatrix} \tag{2-13}$$

同样也可定义矩阵的多重积分。

指数矩阵函数的导数定义为

$$\frac{\mathrm{d}\mathrm{e}^{\boldsymbol{A}t}}{\mathrm{d}t} = \boldsymbol{A}\mathrm{e}^{\boldsymbol{A}t} = \mathrm{e}^{\boldsymbol{A}t}\boldsymbol{A} \tag{2-14}$$

矩阵乘积的导数定义为

$$\frac{\mathrm{d}}{\mathrm{d}t}(\boldsymbol{AB})=\frac{\mathrm{d}\boldsymbol{A}}{\mathrm{d}t}\boldsymbol{B}+\boldsymbol{A}\frac{\mathrm{d}\boldsymbol{B}}{\mathrm{d}t} \tag{2-15}$$

式中:$\boldsymbol{A}$ 和 $\boldsymbol{B}$ 都是变量 t 的矩阵函数。

2.1.2 内积与范数

将向量的内积与范数加以推广,即可引出矩阵的内积与范数。

令 $m\times n$ 复矩阵 $\boldsymbol{A}=[a_1,a_2,\cdots,a_n]$和 $\boldsymbol{B}=[b_1,b_2,\cdots,b_n]$,将这两个矩阵分别“拉长”为 $mn\times1$ 向量,即

$$a=\mathrm{vec}(\boldsymbol{A})=\begin{bmatrix}a_1\\a_2\\\vdots\\a_n\end{bmatrix},b=\mathrm{vec}(\boldsymbol{B})=\begin{bmatrix}b_1\\b_2\\\vdots\\b_n\end{bmatrix}$$

式中:$\mathrm{vec}(\boldsymbol{A})$称为矩阵 $\boldsymbol{A}$ 的(列)向量化。

矩阵的内积记作$\langle\boldsymbol{A},\boldsymbol{B}\rangle:\mathbb{C}^{m\times n}\times\mathbb{C}^{m\times n}\to\mathbb{C}$,定义为两个“拉长向量”$a$ 和 b 之间的内积

$$\langle\boldsymbol{A},\boldsymbol{B}\rangle=\langle\mathrm{vec}(\boldsymbol{A}),\mathrm{vec}(\boldsymbol{B})\rangle=\sum_{i=1}^{n}\boldsymbol{a}_i^{\mathrm{H}}\boldsymbol{b}_i=\sum_{i=1}^{n}\langle\boldsymbol{a}_i,\boldsymbol{b}_i\rangle \tag{2-16}$$

或等价写作

$$\langle\boldsymbol{A},\boldsymbol{B}\rangle=\mathrm{vec}(\boldsymbol{A})^{\mathrm{H}}\mathrm{vec}(\boldsymbol{B})=\mathrm{tr}(\boldsymbol{A}^{\mathrm{H}}\boldsymbol{B}) \tag{2-17}$$

式中:$\mathrm{tr}(\boldsymbol{C})$表示正方矩阵 $\boldsymbol{C}$ 的迹函数,定义为该矩阵对角元素之和。

令 K 表示一实数域或复数域,$\boldsymbol{K}^{m\times n}$表示 $m\times n$ 实数或复数矩阵的集合。

矩阵 $\boldsymbol{A}\in\boldsymbol{K}^{m\times n}$的范数记作 $\|\boldsymbol{A}\|$,它是矩阵 $\boldsymbol{A}$ 的实值函数,必须具有以下性质。

(1) 正值性。对于任何非零矩阵 $\boldsymbol{A}\neq\boldsymbol{0}$,其范数大于零,即 $\|\boldsymbol{A}\|>0$ 若 $\boldsymbol{A}\neq\boldsymbol{0}$(零矩阵);并且 $\|\boldsymbol{A}\|=0$ 当且仅当 $\boldsymbol{A}=\boldsymbol{0}$。

(2) 正比例性。对于任意 $c\in\boldsymbol{K}$,有 $\|c\boldsymbol{A}\|=|c|\cdot\|\boldsymbol{A}\|$。

(3) 三角不等式:$\|\boldsymbol{A}+\boldsymbol{B}\|\leqslant\|\boldsymbol{A}\|+\|\boldsymbol{B}\|$。

(4) 两个矩阵乘积的范数小于或等于两个矩阵范数的乘积,即 $\|\boldsymbol{AB}\|\leqslant\|\boldsymbol{A}\|\cdot\|\boldsymbol{B}\|$。

例 2.1 考查 $n\times n$ 矩阵 $\boldsymbol{A}$ 的实值函数 $f(\boldsymbol{A})=\sum_{i=1}^{n}\sum_{j=1}^{n}|a_{ij}|$。容易验证:

(1) $f(\boldsymbol{A})\geqslant0$,并且当 $\boldsymbol{A}=0$ 即 $a_{ij}\equiv0$ 时,$f(\boldsymbol{A})=0$;

(2) $f(c\boldsymbol{A}) = \sum_{i=1}^{n}\sum_{j=1}^{n}|ca_{ij}| = |c|\sum_{i=1}^{n}\sum_{j=1}^{n}|a_{ij}| = |c|f(\boldsymbol{A})$;

(3) $f(\boldsymbol{A}+\boldsymbol{B}) = \sum_{i=1}^{n}\sum_{j=1}^{n}(|a_{ij}+b_{ij}|) \leqslant \sum_{i=1}^{n}\sum_{j=1}^{n}(|a_{ij}|+|b_{ij}|) = f(\boldsymbol{A}) + f(\boldsymbol{B})$;

(4) 对于两个矩阵的乘积,有

$$f(\boldsymbol{AB}) = \sum_{i=1}^{n}\sum_{j=1}^{n}\left|\sum_{k=1}^{n}a_{ik}b_{kj}\right| \leqslant \sum_{i=1}^{n}\sum_{j=1}^{n}\sum_{k=1}^{n}|a_{ik}||b_{kj}|$$

$$\leqslant \sum_{i=1}^{n}\sum_{j=1}^{n}\left(\sum_{k=1}^{n}|a_{ik}|\sum_{l=1}^{n}|b_{kj}|\right) = f(\boldsymbol{A})f(\boldsymbol{B})$$

因此,实函数 $f(\boldsymbol{A}) = \sum_{i=1}^{n}\sum_{j=1}^{n}|a_{ij}|$ 是一种矩阵范数。

矩阵的范数有 3 种主要类型:诱导范数、元素形式范数和 Schatten 范数。

1. 诱导范数(Induced Norm)

诱导范数又称 $m \times n$ 矩阵空间上的算子范数(Operator Norm),定义为

$$\|\boldsymbol{A}\| = \max\{\|\boldsymbol{A}x\| : x \in \boldsymbol{K}^n, \|x\| = 1\} \tag{2-18}$$

$$= \max\left\{\frac{\|\boldsymbol{A}x\|}{\|x\|} : x \in \boldsymbol{K}^n, x \neq 0\right\} \tag{2-19}$$

常用的诱导范数为 p - 范数,即

$$\|\boldsymbol{A}\|_p \stackrel{\text{def}}{=} \max_{x\neq 0}\frac{\|\boldsymbol{A}x\|_p}{\|\boldsymbol{A}\|_p} \tag{2-20}$$

p 范数也称 Minkowski p 范数或者 L_p 范数。特别地,$p=1,2,\infty$ 时,对应的诱导范数分别为

$$\|\boldsymbol{A}\|_1 = \max_{1\leqslant j\leqslant n}\sum_{i=1}^{m}|a_{ij}| \tag{2-21}$$

$$\|\boldsymbol{A}\|_{\text{spec}} = \|\boldsymbol{A}\|_2 \tag{2-22}$$

$$\|\boldsymbol{A}\|_\infty = \max_{1\leqslant i\leqslant m}\sum_{j=1}^{n}|a_{ij}| \tag{2-23}$$

也就是说,诱导 L_1 和 L_∞ 范数分别直接是该矩阵的各列元素绝对值之和的最大值(最大绝对列和)及最大绝对行和;诱导 L_2 范数则是矩阵 $\boldsymbol{A}$ 的最大奇异值。

诱导 L_1 范数 $\|\boldsymbol{A}\|_1$ 和诱导 L_∞ 范数 $\|\boldsymbol{A}\|_\infty$ 也分别称为绝对列和范数(Column - sum Norm)及绝对行和范数(Row - sum Norm)。诱导 L_2 范数习惯称为谱范数(Spectrum Norm)。

例如，矩阵

$$A=\begin{bmatrix}1 & -2 & 3\\ -4 & 5 & -6\\ 7 & -8 & -9\\ -10 & 11 & 12\end{bmatrix}$$

的绝对列和范数与绝对行和范数分别为

$$\|A\|_1=\max\{22,26,30\}=30,\ \|A\|_\infty=\max\{6,15,24,33\}=33$$

2. “元素形式”范数(“Entrywise” Norm)

将 $m\times n$ 矩阵先按照列堆栈的形式，排列成一个 $mn\times 1$ 向量，然后采用向量的范数定义，即得到矩阵的范数。由于这类范数是使用矩阵的元素表示的，故称为元素形式范数。元素形式范数是下面的 p 矩阵范数，即

$$\|A\|_p \overset{\text{def}}{=} \left(\sum_{i=1}^{m}\sum_{j=1}^{n}|a_{ij}|^p\right)^{1/p} \tag{2-24}$$

以下是3种典型的元素形式 p 范数。

(1) L_1 范数(和范数)($p=1$)，定义为

$$\|A\|_1 \overset{\text{def}}{=} \sum_{i=1}^{m}\sum_{j=1}^{n}|a_{ij}| \tag{2-25}$$

(2) Frobenius 范数($p=2$)，定义为

$$\|A\|_F \overset{\text{def}}{=} \left(\sum_{i=1}^{m}\sum_{j=1}^{n}|a_{ij}|^2\right)^{1/2} \tag{2-26}$$

(3) 最大范数(Max Norm)即($p=\infty$)的 p 范数，定义为

$$\|A\|_\infty = \max_{i=1,2,\cdots,m;j=1,2,\cdots,n}\{|a_{ij}|\} \tag{2-27}$$

Frobenius 范数可以视为向量的 Euclidean 范数对按照矩阵各列依次排列的“拉长向量”$\boldsymbol{x}=[a_{11},a_{21},\cdots,a_{m1},a_{12},a_{22},\cdots,a_{m2},\cdots,a_{1n},a_{2n},\cdots,a_{mn}]^{\mathrm{T}}$ 的推广。矩阵的 Frobenius 范数有时也称 Euclidean 范数、Schur 范数、Hilbert - Schmidt 范数或者 L_2 范数。

Frobenius 范数又可写作迹函数的形式，即

$$\|A\|_F \overset{\text{def}}{=} \langle A,A\rangle^{1/2}=\sqrt{\mathrm{tr}(A^{\mathrm{H}}A)} \tag{2-28}$$

由正定的矩阵 $\boldsymbol{\Omega}$ 进行加权的 Frobenius 范数

$$\|A\|_{\Omega}=\sqrt{\mathrm{tr}(A^{\mathrm{H}}\boldsymbol{\Omega}A)} \tag{2-29}$$

称为 Mahalanobis 范数。

Schatten 范数就是用矩阵的奇异值定义的范数，这里不做详细介绍。

注意：向量 $\boldsymbol{x}$ 的 L_p 范数 $\|\boldsymbol{x}\|_p$ 相当于该向量的长度。当矩阵 $\boldsymbol{A}$ 作用于长度为 $\|\boldsymbol{x}\|_p$ 的向量 $\boldsymbol{x}$ 时，得到线性变换结果为向量 $\boldsymbol{Ax}$，其长度为 $\|\boldsymbol{Ax}\|_p$。线性变换矩阵 $\boldsymbol{A}$ 可视为一线性放大器算子。因此，比率 $\|\boldsymbol{Ax}\|_p/\|\boldsymbol{x}\|_p$ 提供了线性变换 $\boldsymbol{Ax}$ 相对于 $\boldsymbol{x}$ 的放大倍数，而矩阵 $\boldsymbol{A}$ 的 p 范数 $\|\boldsymbol{A}\|_p$ 是由 $\boldsymbol{A}$ 产生的最大放大倍数。类似地，放大器算子 $\boldsymbol{A}$ 的最小放大倍数由

$$\min|\boldsymbol{A}|_p \stackrel{\text{def}}{=} \min_{x\neq 0}\frac{\|\boldsymbol{Ax}\|_p}{\|\boldsymbol{x}\|_p} \tag{2-30}$$

给出。比率 $\|\boldsymbol{A}\|_p/\min|\boldsymbol{A}|_p$ 描述放大器算子 $\boldsymbol{A}$ 的动态范围。

若 $\boldsymbol{A}$、$\boldsymbol{B}$ 是 $m\times n$ 矩阵，则矩阵的范数具有以下性质：

$$\|\boldsymbol{A}+\boldsymbol{B}\| + \|\boldsymbol{A}-\boldsymbol{B}\| = 2(\|\boldsymbol{A}\|^2+\|\boldsymbol{B}\|^2) \quad \text{（平行四边形法则）} \tag{2-31}$$

以下是矩阵的内积与范数之间的关系。

（1）Cauchy – Schwartz 不等式：

$$|\langle\boldsymbol{A},\boldsymbol{B}\rangle|^2 \leqslant \|\boldsymbol{A}\|^2\|\boldsymbol{B}\|^2 \tag{2-32}$$

等号成立，当且仅当 $\boldsymbol{A}=c\boldsymbol{B}$，其中，$c$ 是某个复常数。

（2）Pathagoras 定理：

$$\langle\boldsymbol{A},\boldsymbol{B}\rangle = 0 \Rightarrow \|\boldsymbol{A}+\boldsymbol{B}\|^2 = \|\boldsymbol{A}\|^2+\|\boldsymbol{B}\|^2$$

（3）极化恒等式：

$$\mathrm{Re}(\langle\boldsymbol{A},\boldsymbol{B}\rangle) = \frac{1}{4}(\|\boldsymbol{A}+\boldsymbol{B}\|^2-\|\boldsymbol{A}-\boldsymbol{B}\|^2) \tag{2-33}$$

$$\mathrm{Re}(\langle\boldsymbol{A},\boldsymbol{B}\rangle) = \frac{1}{2}(\|\boldsymbol{A}+\boldsymbol{B}\|^2-\|\boldsymbol{A}\|^2-\|\boldsymbol{B}\|^2) \tag{2-34}$$

式中：$\mathrm{Re}(\langle\boldsymbol{A},\boldsymbol{B}\rangle)$ 表示 $\boldsymbol{A}^{\mathrm{H}}\boldsymbol{B}$ 的实部。

2.1.3　特征值与特征向量

定义 2.9　设 $\boldsymbol{A}$ 为 n 阶矩阵，λ 是一个数，如果存在非零 n 维向量 $\boldsymbol{\alpha}$，使得 $\boldsymbol{A\alpha}=\lambda\boldsymbol{\alpha}$，则称 λ 是矩阵 $\boldsymbol{A}$ 的一个特征值，非零向量 $\boldsymbol{\alpha}$ 为矩阵 $\boldsymbol{A}$ 的属于（或对应于）特征值 λ 的特征向量。

下面讨论一般方阵特征值和它所对应特征向量的计算方法。

设 $\boldsymbol{A}$ 是 n 阶矩阵，如果 λ_0 是 $\boldsymbol{A}$ 的特征值，$\boldsymbol{\alpha}$ 是 $\boldsymbol{A}$ 的属于 λ_0 的特征向量，则 $\boldsymbol{A\alpha}=\lambda_0\boldsymbol{\alpha}\Rightarrow\lambda_0\boldsymbol{\alpha}-\boldsymbol{A\alpha}=0\Rightarrow(\lambda_0\boldsymbol{E}-\boldsymbol{A})\boldsymbol{\alpha}=0(\boldsymbol{\alpha}\neq 0)$。

因为 $\boldsymbol{\alpha}$ 是非零向量，这说明 $\boldsymbol{\alpha}$ 是齐次线性方程组

$$(\lambda_0\boldsymbol{I}-\boldsymbol{A})\boldsymbol{X}=0$$

的非零解，而齐次线性方程组有非零解的充分必要条件是其系数矩阵 $\lambda_0\boldsymbol{E}-\boldsymbol{A}$ 的行列式等于零，即

$$|\lambda_0\boldsymbol{E}-\boldsymbol{A}|=0$$

而属于 λ_0 的特征向量就是齐次线性方程组 $(\lambda_0\boldsymbol{E}-\boldsymbol{A})\boldsymbol{x}=0$ 的非零解。

定理 2.1 设 $\boldsymbol{A}$ 是 n 阶矩阵，则 λ_0 是 $\boldsymbol{A}$ 的特征值，$\boldsymbol{\alpha}$ 是 $\boldsymbol{A}$ 的属于 λ_0 的特征向量的充分必要条件是 λ_0 是 $|\lambda_0\boldsymbol{E}-\boldsymbol{A}|=0$ 的根，$\boldsymbol{\alpha}$ 是齐次线性方程组 $(\lambda_0\boldsymbol{E}-\boldsymbol{A})\boldsymbol{X}=0$ 的非零解。

定义 2.10 矩阵 $\lambda_0\boldsymbol{E}-\boldsymbol{A}$ 称为 $\boldsymbol{A}$ 的特征矩阵，它的行列式 $|\lambda_0\boldsymbol{E}-\boldsymbol{A}|$ 称为 $\boldsymbol{A}$ 的特征多项式，$|\lambda_0\boldsymbol{E}-\boldsymbol{A}|=0$ 称为 $\boldsymbol{A}$ 的特征方程，其根为矩阵 $\boldsymbol{A}$ 的特征值。

求矩阵 $\boldsymbol{A}$ 的特征值及特征向量的步骤如下。

（1）计算 $|\lambda_0\boldsymbol{E}-\boldsymbol{A}|$。

（2）求 $|\lambda_0\boldsymbol{E}-\boldsymbol{A}|=0$ 的全部根，它们就是 $\boldsymbol{A}$ 的全部特征值。

（3）对于矩阵 $\boldsymbol{A}$ 的每一个特征值 λ_0，求出齐次线性方程组 $(\lambda_0\boldsymbol{E}-\boldsymbol{A})\boldsymbol{X}=0$ 的一个基础解系：$\boldsymbol{\eta}_1,\boldsymbol{\eta}_2,\cdots,\boldsymbol{\eta}_{n-r}$，其中 r 为矩阵 $\lambda_0\boldsymbol{E}-\boldsymbol{A}$ 的秩，则矩阵 $\boldsymbol{A}$ 属于 λ_0 的全部特征向量为

$$K_1\boldsymbol{\eta}_1+K_2\boldsymbol{\eta}_2+\cdots+K_{n-r}\boldsymbol{\eta}_{n-r}$$

式中：$K_1,K_2,\cdots,K_{n-r}$ 为不全为零的常数。

特征值、特征向量的基本性质如下[110-112]。

（1）如果 $\boldsymbol{\alpha}$ 是 $\boldsymbol{A}$ 属于特征值 λ_0 的特征向量，则 $\boldsymbol{\alpha}$ 一定是非零向量，并且对于任意非零常数 K，$K\boldsymbol{\alpha}$ 也是 $\boldsymbol{A}$ 属于特征值 λ_0 的特征向量。

（2）如果 α_1、α_2 是 $\boldsymbol{A}$ 属于特征值 λ_0 的特征向量，则当 $k_1\alpha_1+k_2\alpha_2\neq 0$ 时，$k_1\alpha_1+k_2\alpha_2$ 也是 $\boldsymbol{A}$ 属于特征值 λ_0 的特征向量。

证明：$\boldsymbol{A}(k_1\alpha_1+k_2\alpha_2)=k_1\boldsymbol{A}\alpha_1+k_2\boldsymbol{A}\alpha_2=k_1\lambda_0\alpha_1+k_2\lambda_0\alpha_2=\lambda_0(k_1\alpha_1+k_2\alpha)$。

（3）n 阶矩阵 $\boldsymbol{A}$ 与它的转置矩阵 $\boldsymbol{A}^{\mathrm{T}}$ 有相同的特征值。

证明：$|\lambda\boldsymbol{I}-\boldsymbol{A}^{\mathrm{T}}|=|(\lambda\boldsymbol{I}-\boldsymbol{A})^{\mathrm{T}}|=|\lambda\boldsymbol{I}-\boldsymbol{A}|$。

注意：$\boldsymbol{A}$ 与 $\boldsymbol{A}^{\mathrm{T}}$ 同一特征值的特征向量不一定相同；$\boldsymbol{A}$ 与 $\boldsymbol{A}^{\mathrm{T}}$ 的特征矩阵不一定相同。

（4）设 $\boldsymbol{A}=(a_{ij})_{n\times n}$，则

① $\lambda_1+\lambda_2+\cdots+\lambda_n=a_{11}+a_{22}+\cdots+a_{nn}$；

② $\lambda_1\lambda_2\cdots\lambda_n=|\boldsymbol{A}|$。

推论 2.1 $\boldsymbol{A}$ 可逆的充分必要条件是 $\boldsymbol{A}$ 的所有特征值都不为零，即

$$\lambda_1\lambda_2\cdots\lambda_n=|\boldsymbol{A}|\neq 0$$

定义 2.11　设 $\boldsymbol{A}=(a_{ij})_{n\times n}$，把 $\boldsymbol{A}$ 的主对角线元素之和称为 $\boldsymbol{A}$ 的迹，记作 $\mathrm{tr}(\boldsymbol{A})$，即 $\mathrm{tr}(\boldsymbol{A})=a_{11}+a_{22}+\cdots+a_{nn}$。

由此性质①可记为 $\mathrm{tr}(\boldsymbol{A})=\lambda_1+\lambda_2+\cdots+\lambda_n$。

(5) 设 λ 是 $\boldsymbol{A}$ 的特征值，且 $\boldsymbol{\alpha}$ 是 $\boldsymbol{A}$ 属于 λ 的特征向量，则

① $a\lambda$ 是 $a\boldsymbol{A}$ 的特征值，并有 $(a\boldsymbol{A})\boldsymbol{\alpha}=(a\lambda)\boldsymbol{\alpha}$；

② λ^k 是 $\boldsymbol{A}^k$ 的特征值，$\boldsymbol{A}^k\boldsymbol{\alpha}=\lambda^k\boldsymbol{\alpha}$；

③ 若 $\boldsymbol{A}$ 可逆，则 $\lambda\neq 0$，且 $\dfrac{1}{\lambda}$ 是 $\boldsymbol{A}^{-1}$ 的特征值，$\boldsymbol{A}^{-1}\boldsymbol{\alpha}=\dfrac{1}{\lambda}\boldsymbol{\alpha}$。

证明：因为 $\boldsymbol{\alpha}$ 是 $\boldsymbol{A}$ 属于 λ 的特征值，有 $\boldsymbol{A}\boldsymbol{\alpha}=\lambda\boldsymbol{\alpha}$。

① 两边同乘 a 得 $(a\boldsymbol{A})\boldsymbol{\alpha}=(a\lambda)\boldsymbol{\alpha}$，则 $a\lambda$ 是 $a\boldsymbol{A}$ 的特征值。

② $$\begin{aligned}\boldsymbol{A}^k\boldsymbol{\alpha}&=\boldsymbol{A}^{k-1}(\boldsymbol{A}\boldsymbol{\alpha})=\boldsymbol{A}^{k-1}(\lambda\boldsymbol{\alpha})=\lambda\boldsymbol{A}^{k-2}(\boldsymbol{A}\boldsymbol{\alpha})=\lambda\boldsymbol{A}^{k-2}(\lambda\boldsymbol{\alpha})=\lambda^2(\boldsymbol{A}^{k-2}\boldsymbol{\alpha})\\&=\cdots=\lambda^{k-1}(\boldsymbol{A}\boldsymbol{\alpha})=\lambda^k\boldsymbol{\alpha}\end{aligned}$$，则 λ^k 是 $\boldsymbol{A}^k$ 的特征值。

③ 因为 $\boldsymbol{A}$ 可逆，所以它所有的特征值都不为零，由 $\boldsymbol{A}\boldsymbol{\alpha}=\lambda\boldsymbol{\alpha}$，得 $\boldsymbol{A}^{-1}(\boldsymbol{A}\boldsymbol{\alpha})=\boldsymbol{A}^{-1}(\lambda\boldsymbol{\alpha})$，即

$$(\boldsymbol{A}^{-1}\boldsymbol{A})\boldsymbol{\alpha}=\lambda(\boldsymbol{A}^{-1}\boldsymbol{\alpha})\Rightarrow\boldsymbol{\alpha}=\lambda(\boldsymbol{A}^{-1}\boldsymbol{\alpha})$$

再由 $\lambda\neq 0$，两边同除以 λ 得

$$\boldsymbol{A}^{-1}\boldsymbol{\alpha}=\frac{1}{\lambda}\boldsymbol{\alpha}$$

所以 $\lambda\neq 0$，且 $\dfrac{1}{\lambda}$ 是 $\boldsymbol{A}^{-1}$ 的特征值。

2.1.4　逆矩阵与伪逆矩阵

矩阵求逆是一种经常遇到的重要运算。特别地，矩阵求逆在本书相关知识中常用。本节介绍正方满秩矩阵的逆矩阵和非正方满(行或列)秩矩阵的伪逆矩阵。

一个 $n\times n$ 矩阵称为非奇异矩阵，若它具有 n 个线性无关的列向量和 n 个线性无关的行向量。非奇异矩阵也可以从线性系统的观点出发定义：一线性变换或正方矩阵 $\boldsymbol{A}$ 称为非奇异的，若它只对零输入产生零输出；否则，它是奇异的。如果一个矩阵非奇异，那么，它必定存在逆矩阵。反之，一奇异矩阵肯定不存在逆矩阵。一个 $n\times n$ 的正方矩阵 $\boldsymbol{B}$ 满足 $\boldsymbol{BA}=\boldsymbol{AB}=\boldsymbol{I}$ 时，就称矩阵 $\boldsymbol{B}$ 是矩阵 $\boldsymbol{A}$ 的逆矩阵，记为 $\boldsymbol{A}^{-1}$。

若矩阵 $\boldsymbol{A}\in\mathbb{C}^{n\times n}$ 的逆矩阵存在，则称矩阵 $\boldsymbol{A}$ 是非奇异的或可逆的。关于矩阵的非奇异性或可逆性，下列叙述等价：

(1) $\boldsymbol{A}$ 非奇异；

(2) $\boldsymbol{A}^{-1}$存在；

(3) $\text{rank}(\boldsymbol{A})=n$；

(4) $\boldsymbol{A}$ 的行线性无关；

(5) $\boldsymbol{A}$ 的列线性无关；

(6) $\det(\boldsymbol{A})\neq 0$；

(7) $\boldsymbol{A}$ 的值域的维数是 n；

(8) $\boldsymbol{A}$ 的零空间维数是 0；

(9) $\boldsymbol{Ax}=\boldsymbol{b}$ 对每一个 $\boldsymbol{b}\in\mathbb{C}^n$都是一致方程；

(10) $\boldsymbol{Ax}=\boldsymbol{b}$ 对每一个 $\boldsymbol{b}$ 有唯一解；

(11) $\boldsymbol{Ax}=0$ 只有平凡解 $\boldsymbol{x}=0$。

$n\times n$ 矩阵 $\boldsymbol{A}$ 的逆矩阵 $\boldsymbol{A}^{-1}$具有以下性质：

(1) $\boldsymbol{A}^{-1}\boldsymbol{A}=\boldsymbol{A}\boldsymbol{A}^{-1}=\boldsymbol{I}$。

(2) $\boldsymbol{A}^{-1}$是唯一的。

(3) 逆矩阵的行列式等于原矩阵行列式的倒数，即 $|\boldsymbol{A}^{-1}|=\dfrac{1}{|\boldsymbol{A}|}$。

(4) 逆矩阵是非奇异的。

(5) $(\boldsymbol{A}^{-1})^{-1}=\boldsymbol{A}$

(6) 复共轭转置矩阵的逆矩阵$(\boldsymbol{A}^{\mathrm{H}})^{-1}=(\boldsymbol{A}^{-1})^{\mathrm{H}}=\boldsymbol{A}^{-\mathrm{H}}$。

(7) 若 $\boldsymbol{A}^{\mathrm{H}}=\boldsymbol{A}$，则$(\boldsymbol{A}^{-1})^{\mathrm{H}}=\boldsymbol{A}^{-1}$。

(8) $(\boldsymbol{A}^{*})^{-1}=(\boldsymbol{A}^{-1})^{*}$。

(9) 若 $\boldsymbol{A}$ 和 $\boldsymbol{B}$ 均可逆，则$(\boldsymbol{AB})^{-1}=\boldsymbol{B}^{-1}\boldsymbol{A}^{-1}$。

(10) 若 $\boldsymbol{A}=\text{diag}(a_1,a_2,\cdots,a_m)$为对角阵，则其逆矩阵

$$\boldsymbol{A}^{-1}=\text{diag}(a_1^{-1},a_2^{-1},\cdots,a_m^{-1})$$

(11) 若 $\boldsymbol{A}$ 非奇异，则有 $\boldsymbol{A}$ 为正交矩阵$\Leftrightarrow\boldsymbol{A}^{-1}=\boldsymbol{A}^{\mathrm{T}}$ 和 $\boldsymbol{A}$ 为酉矩阵$\Leftrightarrow\boldsymbol{A}^{-1}=\boldsymbol{A}^{\mathrm{H}}$。

下面证明性质(1)、(2)、(9)，其他性质的证明从略。

证明：性质(1)的证明：假定 $\boldsymbol{A}^{-1}\boldsymbol{A}=\boldsymbol{I}$，并且存在另外一个矩阵 $\boldsymbol{P}$ 满足 $\boldsymbol{AP}=\boldsymbol{I}$。于是，左乘逆矩阵 $\boldsymbol{A}^{-1}$后，得 $\boldsymbol{A}^{-1}\boldsymbol{AP}=\boldsymbol{A}^{-1}$。由于 $\boldsymbol{A}^{-1}\boldsymbol{A}=\boldsymbol{I}$，故有 $\boldsymbol{P}=\boldsymbol{A}^{-1}$。因此，有 $\boldsymbol{A}^{-1}\boldsymbol{A}=\boldsymbol{A}\boldsymbol{A}^{-1}=\boldsymbol{I}$。

性质(2)的证明：令 $\boldsymbol{P}$ 是矩阵 $\boldsymbol{A}$ 的另一个逆矩阵。在(1)的证明中，已经证明满足 $\boldsymbol{AP}=\boldsymbol{I}$ 的矩阵 $\boldsymbol{P}=\boldsymbol{A}^{-1}$。下面证明满足 $\boldsymbol{PA}=\boldsymbol{I}$ 的矩阵为 $\boldsymbol{P}=\boldsymbol{A}^{-1}$。在 $\boldsymbol{PA}=\boldsymbol{I}$两边右乘 $\boldsymbol{A}^{-1}$，得 $\boldsymbol{PAA}^{-1}=\boldsymbol{IA}^{-1}$。由于 $\boldsymbol{AA}^{-1}=\boldsymbol{I}$，故立即有 $\boldsymbol{P}=\boldsymbol{A}^{-1}$。因

此，同时满足 $\boldsymbol{PA}=\boldsymbol{AP}=\boldsymbol{I}$ 的矩阵是 $\boldsymbol{P}=\boldsymbol{A}^{-1}$，即 $\boldsymbol{A}$ 的逆矩阵 $\boldsymbol{A}^{-1}$ 是唯一的。

性质(9)的证明：假定矩阵 $\boldsymbol{A}$ 和 $\boldsymbol{B}$ 是两个可逆的正方形矩阵，易知

$$\boldsymbol{B}^{-1}\boldsymbol{A}^{-1}\boldsymbol{AB}=\boldsymbol{B}^{-1}\boldsymbol{B}=\boldsymbol{I}$$

$$\boldsymbol{ABB}^{-1}\boldsymbol{A}^{-1}=\boldsymbol{AA}^{-1}=\boldsymbol{I}$$

因此，$\boldsymbol{B}^{-1}\boldsymbol{A}^{-1}$ 是矩阵 $\boldsymbol{AB}$ 的逆矩阵，即 $(\boldsymbol{AB})^{-1}=\boldsymbol{B}^{-1}\boldsymbol{A}^{-1}$。

引理 2.1(Sherman - Morrison 公式) 令 $\boldsymbol{A}$ 是一个 $n\times n$ 的可逆矩阵，并且 $\boldsymbol{x}$ 和 $\boldsymbol{y}$ 是两个 $n\times 1$ 向量，使得 $(\boldsymbol{A}+\boldsymbol{xy}^{\mathrm{H}})$ 可逆，则

$$(\boldsymbol{A}+\boldsymbol{xy}^{\mathrm{H}})^{-1}=\boldsymbol{A}^{-1}-\frac{\boldsymbol{A}^{-1}\boldsymbol{xy}^{\mathrm{H}}\boldsymbol{A}^{-1}}{1+\boldsymbol{y}^{\mathrm{H}}\boldsymbol{A}^{-1}\boldsymbol{x}} \tag{2-35}$$

该引理称为求逆引理，是 Sherman 与 Morrison 于 1949 年和 1950 年得到的。

矩阵求逆引理可以推广为矩阵之和的求逆公式：

$$\begin{aligned}(\boldsymbol{A}+\boldsymbol{UBV})^{-1}&=\boldsymbol{A}^{-1}-\boldsymbol{A}^{-1}\boldsymbol{UB}(\boldsymbol{B}+\boldsymbol{BVA}^{-1}\boldsymbol{UB})^{-1}\boldsymbol{BVA}^{-1}\\&=\boldsymbol{A}^{-1}-\boldsymbol{A}^{-1}\boldsymbol{U}(\boldsymbol{I}+\boldsymbol{BVA}^{-1}\boldsymbol{U})^{-1}\boldsymbol{BVA}^{-1}\end{aligned} \tag{2-36}$$

或者

$$(\boldsymbol{A}-\boldsymbol{UV})^{-1}=\boldsymbol{A}^{-1}+\boldsymbol{A}^{-1}\boldsymbol{U}(\boldsymbol{I}-\boldsymbol{VA}^{-1}\boldsymbol{U})^{-1}\boldsymbol{VA}^{-1} \tag{2-37}$$

这一公式是 Woodbury 于 1950 年得到的，也称 Woodbury 公式。矩阵 $\boldsymbol{I}-\boldsymbol{VA}^{-1}\boldsymbol{U}$ 有时称为容量矩阵(Capacitance Matrix)。

当 $\boldsymbol{U}=\boldsymbol{u},\boldsymbol{B}=\boldsymbol{b}$ 和 $\boldsymbol{V}=\boldsymbol{v}^{\mathrm{H}}$ 时，Woodbury 公式给出结果：

$$(\boldsymbol{A}+\boldsymbol{buv}^{\mathrm{H}})^{-1}=\boldsymbol{A}^{-1}-\frac{\boldsymbol{b}}{1+\boldsymbol{bv}^{\mathrm{H}}\boldsymbol{A}^{-1}\boldsymbol{u}}\boldsymbol{A}^{-1}\boldsymbol{uv}^{\mathrm{H}}\boldsymbol{A}^{-1} \tag{2-38}$$

Duncan 和 Guttman 分别于 1944 年与 1946 年得到了下面的求逆公式：

$$(\boldsymbol{A}-\boldsymbol{UD}^{-1}\boldsymbol{V})^{-1}=\boldsymbol{A}^{-1}+\boldsymbol{A}^{-1}\boldsymbol{U}(\boldsymbol{D}-\boldsymbol{VA}^{-1}\boldsymbol{U})^{-1}\boldsymbol{VA}^{-1} \tag{2-39}$$

这一公式也称为 Duncan - Guttman 求逆公式。

除了 Woodbury 公式之外，矩阵之和的逆矩阵还有下面的形式：

$$(\boldsymbol{A}+\boldsymbol{UBV})^{-1}=\boldsymbol{A}^{-1}-\boldsymbol{A}^{-1}(\boldsymbol{I}+\boldsymbol{UBVA}^{-1})^{-1}\boldsymbol{UBVA}^{-1} \tag{2-40}$$

$$=\boldsymbol{A}^{-1}-\boldsymbol{A}^{-1}\boldsymbol{UB}(\boldsymbol{I}+\boldsymbol{VA}^{-1}\boldsymbol{UB})^{-1}\boldsymbol{VA}^{-1} \tag{2-41}$$

$$=\boldsymbol{A}^{-1}-\boldsymbol{A}^{-1}\boldsymbol{UBV}(\boldsymbol{I}+\boldsymbol{A}^{-1}\boldsymbol{UBV})^{-1}\boldsymbol{A}^{-1} \tag{2-42}$$

$$=\boldsymbol{A}^{-1}-\boldsymbol{A}^{-1}\boldsymbol{UBVA}^{-1}(\boldsymbol{I}+\boldsymbol{UBVA}^{-1})^{-1} \tag{2-43}$$

下面是分块矩阵的几种求逆公式。

(1) 矩阵 $\boldsymbol{A}$ 可逆时，有

$$\begin{bmatrix}\boldsymbol{A}&\boldsymbol{U}\\\boldsymbol{V}&\boldsymbol{D}\end{bmatrix}^{-1}=\begin{bmatrix}\boldsymbol{A}^{-1}+\boldsymbol{A}^{-1}\boldsymbol{U}(\boldsymbol{D}-\boldsymbol{VA}^{-1}\boldsymbol{U})^{-1}\boldsymbol{VA}^{-1} & -\boldsymbol{A}^{-1}\boldsymbol{U}(\boldsymbol{D}-\boldsymbol{VA}^{-1}\boldsymbol{U})^{-1}\\-(\boldsymbol{D}-\boldsymbol{VA}^{-1}\boldsymbol{U})^{-1}\boldsymbol{VA}^{-1} & (\boldsymbol{D}-\boldsymbol{VA}^{-1}\boldsymbol{U})^{-1}\end{bmatrix} \tag{2-44}$$

(2) 矩阵 $\boldsymbol{A}$ 和 $\boldsymbol{D}$ 可逆时,有

$$\begin{bmatrix}\boldsymbol{A} & \boldsymbol{U}\\ \boldsymbol{V} & \boldsymbol{D}\end{bmatrix}^{-1}=\begin{bmatrix}(\boldsymbol{A}-\boldsymbol{U}\boldsymbol{D}^{-1}\boldsymbol{V})^{-1} & -\boldsymbol{A}^{-1}\boldsymbol{U}(\boldsymbol{D}-\boldsymbol{V}\boldsymbol{A}^{-1}\boldsymbol{U})^{-1}\\ -\boldsymbol{D}^{-1}\boldsymbol{V}(\boldsymbol{A}-\boldsymbol{U}\boldsymbol{D}^{-1}\boldsymbol{V})^{-1} & (\boldsymbol{D}-\boldsymbol{V}\boldsymbol{A}^{-1}\boldsymbol{U})^{-1}\end{bmatrix} \tag{2-45}$$

(3) 矩阵 $\boldsymbol{A}$ 和 $\boldsymbol{D}$ 可逆时

$$\begin{bmatrix}\boldsymbol{A} & \boldsymbol{U}\\ \boldsymbol{V} & \boldsymbol{D}\end{bmatrix}^{-1}=\begin{bmatrix}(\boldsymbol{A}-\boldsymbol{U}\boldsymbol{D}^{-1}\boldsymbol{V})^{-1} & -(\boldsymbol{A}-\boldsymbol{U}\boldsymbol{D}^{-1}\boldsymbol{V})^{-1}\boldsymbol{U}\boldsymbol{D}^{-1}\\ -(\boldsymbol{D}-\boldsymbol{V}\boldsymbol{A}^{-1}\boldsymbol{U})^{-1}\boldsymbol{V}\boldsymbol{A}^{-1} & (\boldsymbol{D}-\boldsymbol{V}\boldsymbol{A}^{-1}\boldsymbol{U})^{-1}\end{bmatrix} \tag{2-46}$$

或者

$$\begin{bmatrix}\boldsymbol{A} & \boldsymbol{U}\\ \boldsymbol{V} & \boldsymbol{D}\end{bmatrix}^{-1}=\begin{bmatrix}(\boldsymbol{A}-\boldsymbol{U}\boldsymbol{D}^{-1}\boldsymbol{V})^{-1} & -(\boldsymbol{V}-\boldsymbol{D}\boldsymbol{U}^{-1}\boldsymbol{A})^{-1}\\ (\boldsymbol{U}-\boldsymbol{A}\boldsymbol{V}^{-1}\boldsymbol{D})^{-1} & (\boldsymbol{D}-\boldsymbol{V}\boldsymbol{A}^{-1}\boldsymbol{U})^{-1}\end{bmatrix} \tag{2-47}$$

利用逆矩阵的定义,不难分别验证增广矩阵求逆和分块矩阵求逆的正确性。矩阵求逆在信号处理、神经网络、自动控制和系统理论等中具有广泛的应用。

下面介绍 Woodbury 公式的两个典型应用。

令 $\boldsymbol{J}_n$ 是一个 $n\times n$ 矩阵,其元素全部为 1,则由于 $n\times n$ 矩阵(其中,$a\neq b$):

$$\boldsymbol{V}=\begin{bmatrix}a & b & \cdots & b\\ b & a & \cdots & b\\ \vdots & \vdots & & \vdots\\ b & b & \cdots & a\end{bmatrix}=[(a-b)\boldsymbol{I}_n+b\boldsymbol{J}_n]=(a-b)\left(\boldsymbol{I}_n+\frac{b}{a-b}\boldsymbol{J}_n\right) \tag{2-48}$$

故由 $\boldsymbol{J}_n=\boldsymbol{1}\boldsymbol{1}^{\mathrm{T}}$(其中 1 是全部元素为 1 的向量),可得逆矩阵

$$\boldsymbol{V}^{-1}=\frac{1}{a-b}\left(\boldsymbol{I}_n+\frac{b}{a-b}\boldsymbol{J}_n\right)^{-1}=\frac{1}{a-b}\left[\boldsymbol{I}_n-\frac{b}{a+(n-1)b}\boldsymbol{J}_n\right] \tag{2-49}$$

假定 $\boldsymbol{A}$、$\boldsymbol{U}$、$\boldsymbol{V}$ 均为 $n\times n$ 矩阵,可以得到求解矩阵方程 $(\boldsymbol{A}-\boldsymbol{U}\boldsymbol{V})\boldsymbol{x}=\boldsymbol{b}$ 的方法如下。

(1) 通过求解矩阵方程 $\boldsymbol{A}\boldsymbol{y}=\boldsymbol{b}$ 得到 $\boldsymbol{y}$。

(2) 通过求解矩阵方程 $\boldsymbol{A}\boldsymbol{w}_i=\boldsymbol{u}_i$ 得到 $\boldsymbol{w}_i$,其中 $\boldsymbol{u}_i$ 是矩阵 $\boldsymbol{U}$ 的第 i 列;然后构造矩阵 $\boldsymbol{W}=[\boldsymbol{w}_1,\boldsymbol{w}_2,\cdots,\boldsymbol{w}_n]$,此即 $\boldsymbol{W}=\boldsymbol{A}^{-1}\boldsymbol{U}$ 的结果。

(3) 构造矩阵 $\boldsymbol{C}=\boldsymbol{I}-\boldsymbol{V}\boldsymbol{W}$ 和向量 $\boldsymbol{V}\boldsymbol{y}$,并求解线性方程 $\boldsymbol{C}\boldsymbol{z}=\boldsymbol{V}\boldsymbol{y}$,得到 $\boldsymbol{z}$。

(4) 矩阵方程 $(\boldsymbol{A}-\boldsymbol{U}\boldsymbol{V})\boldsymbol{x}=\boldsymbol{b}$ 的解由 $\boldsymbol{x}=\boldsymbol{y}+\boldsymbol{W}\boldsymbol{z}$ 给出。

顺便指出,上述方法的所有 4 个步骤都只需要矩阵的初等变换和基本运

算,并不需要直接计算逆矩阵。

最后介绍 Hermitian 矩阵的求逆引理。令 Hermitian 矩阵的分块形式为

$$\boldsymbol{R}_{m+1}=\begin{bmatrix}\boldsymbol{R}_m & \boldsymbol{r}_m\\ \boldsymbol{r}_m^{\mathrm{H}} & \boldsymbol{\rho}_m\end{bmatrix} \tag{2-50}$$

下面考虑使用 $\boldsymbol{R}_m^{-1}$ 递推 $\boldsymbol{R}_{m+1}^{-1}$。为此,令

$$\boldsymbol{Q}_{m+1}=\begin{bmatrix}\boldsymbol{Q}_m & \boldsymbol{q}_m\\ \boldsymbol{q}_m^{\mathrm{H}} & \boldsymbol{\alpha}_m\end{bmatrix} \tag{2-51}$$

于是,有

$$\boldsymbol{R}_{m+1}\boldsymbol{Q}_{m+1}=\begin{bmatrix}\boldsymbol{R}_m & \boldsymbol{r}_m\\ \boldsymbol{r}_m^{\mathrm{H}} & \boldsymbol{\rho}_m\end{bmatrix}\begin{bmatrix}\boldsymbol{Q}_m & \boldsymbol{q}_m\\ \boldsymbol{q}_m^{\mathrm{H}} & \boldsymbol{\alpha}_m\end{bmatrix}=\begin{bmatrix}\boldsymbol{I}_m & \boldsymbol{0}_m\\ \boldsymbol{0}_m^{\mathrm{H}} & \boldsymbol{1}\end{bmatrix} \tag{2-52}$$

由此可以导出下面 4 个方程式:

$$\boldsymbol{R}_m\boldsymbol{Q}_m+\boldsymbol{r}_m\boldsymbol{q}_m^{\mathrm{H}}=\boldsymbol{I}_m \tag{2-53}$$

$$\boldsymbol{r}_m^{\mathrm{H}}\boldsymbol{Q}_m+\boldsymbol{\rho}_m\boldsymbol{q}_m^{\mathrm{H}}=\boldsymbol{0}_m^{\mathrm{H}} \tag{2-54}$$

$$\boldsymbol{R}_m\boldsymbol{q}_m+\boldsymbol{r}_m\boldsymbol{\alpha}_m=\boldsymbol{0}_m \tag{2-55}$$

$$\boldsymbol{r}_m^{\mathrm{H}}\boldsymbol{q}_m+\boldsymbol{\rho}_m\boldsymbol{\alpha}_m=\boldsymbol{1} \tag{2-56}$$

若 $\boldsymbol{R}_m$ 可逆,则有

$$\boldsymbol{q}_m=-\boldsymbol{\alpha}_m\boldsymbol{R}_m^{-1}\boldsymbol{r}_m \tag{2-57}$$

即

$$\boldsymbol{\alpha}_m=\frac{1}{\boldsymbol{\rho}_m-\boldsymbol{r}_m^{\mathrm{H}}\boldsymbol{R}_m^{-1}\boldsymbol{r}_m} \tag{2-58}$$

又可以求得

$$\boldsymbol{q}_m=\frac{-\boldsymbol{R}_m^{-1}\boldsymbol{r}_m}{\boldsymbol{\rho}_m-\boldsymbol{r}_b^{\mathrm{H}}\boldsymbol{R}_m^{-1}\boldsymbol{r}_m} \tag{2-59}$$

则

$$\boldsymbol{Q}_m=\boldsymbol{R}_m^{-1}-\boldsymbol{R}_m^{-1}\boldsymbol{r}_m\boldsymbol{q}_m^{\mathrm{H}}=\boldsymbol{R}_m^{-1}+\frac{\boldsymbol{R}_m^{-1}\boldsymbol{r}_m(\boldsymbol{R}_m^{-1}\boldsymbol{r}_m)^{\mathrm{H}}}{\boldsymbol{\rho}_m-\boldsymbol{r}_m^{\mathrm{H}}\boldsymbol{R}_m^{-1}\boldsymbol{r}_m} \tag{2-60}$$

不妨令

$$\boldsymbol{b}_m\overset{\text{def}}{=\!=}[b_0^{(m)},b_1^{(m)},\cdots,b_{m-1}^{(m)}]^{\mathrm{T}}=-\boldsymbol{R}_m^{-1}\boldsymbol{r}_m \tag{2-61}$$

$$\boldsymbol{\beta}_m\overset{\text{def}}{=\!=}\boldsymbol{\rho}_m-\boldsymbol{r}_m^{\mathrm{H}}\boldsymbol{R}_m^{-1}\boldsymbol{r}_m=\boldsymbol{\rho}_m+\boldsymbol{r}_m^{\mathrm{H}}\boldsymbol{b}_m \tag{2-62}$$

这样一来,可依次简化为

$$\boldsymbol{\alpha}_m=\frac{1}{\boldsymbol{\beta}_m}$$

$$\boldsymbol{q}_m = \frac{1}{\boldsymbol{\beta}_m}\boldsymbol{b}_m$$

$$\boldsymbol{Q}_m = \boldsymbol{R}_m^{-1} + \frac{1}{\boldsymbol{\beta}_m}\boldsymbol{b}_m\boldsymbol{b}_m^{\mathrm{H}}$$

即得

$$\boldsymbol{R}_{m+1}^{-1} = \boldsymbol{Q}_{m+1} = \begin{bmatrix} \boldsymbol{R}_m^{-1} & \boldsymbol{0}_m \\ \boldsymbol{0}_m^{\mathrm{H}} & \boldsymbol{0} \end{bmatrix} + \frac{1}{\boldsymbol{\beta}_m}\begin{bmatrix} \boldsymbol{b}_m\boldsymbol{b}_m^{\mathrm{H}} & \boldsymbol{b}_m \\ \boldsymbol{b}_m^{\mathrm{H}} & \boldsymbol{1} \end{bmatrix} \tag{2-63}$$

这一由 $\boldsymbol{R}_m^{-1}$ 求 $\boldsymbol{R}_{m+1}^{-1}$ 的秩 1 修正公式称为 Hermitian 矩阵的分块求逆引理。

从广义的角度讲，任何一个矩阵 $\boldsymbol{G}$ 都可以称为矩阵 $\boldsymbol{A}$ 的逆矩阵，若它与矩阵 $\boldsymbol{A}$ 的乘积等于单位矩阵 $\boldsymbol{I}$，即 $\boldsymbol{GA}=\boldsymbol{I}$。根据矩阵 $\boldsymbol{A}$ 本身的特点，满足这一定义的矩阵 $\boldsymbol{G}$ 存在以下 3 种可能的答案。

(1) 在某些情况下，$\boldsymbol{G}$ 存在，并且唯一。

(2) 在另一些情况下，$\boldsymbol{G}$ 存在，但不唯一。

(3) 在有些情况下，$\boldsymbol{G}$ 不存在。

例 2.2 考虑以下 3 个矩阵

$$\boldsymbol{A}_1 = \begin{bmatrix} 2 & -2 & -1 \\ 1 & 1 & -2 \\ 1 & 0 & -1 \end{bmatrix}, \boldsymbol{A}_2 = \begin{bmatrix} 4 & 8 \\ 5 & -7 \\ -2 & 3 \end{bmatrix}, \boldsymbol{A}_3 = \begin{bmatrix} 1 & 3 & 1 \\ 2 & 5 & 1 \end{bmatrix}$$

对矩阵 $\boldsymbol{A}_1$，存在唯一矩阵

$$\boldsymbol{G} = \begin{bmatrix} -1 & -2 & 5 \\ -1 & -1 & 3 \\ -1 & -2 & 4 \end{bmatrix}$$

不仅使得 $\boldsymbol{GA}_1 = \boldsymbol{I}_{3\times3}$，而且使得 $\boldsymbol{A}_1\boldsymbol{G} = \boldsymbol{I}_{3\times3}$。此时，矩阵 $\boldsymbol{G}$ 实际就是矩阵 $\boldsymbol{A}_1$ 的逆矩阵，即 $\boldsymbol{G} = \boldsymbol{A}_1^{-1}$。

在矩阵 $\boldsymbol{A}_2$ 的情况下，存在多个 2×3 矩阵 $\boldsymbol{L}$ 使得 $\boldsymbol{LA}_2 = \boldsymbol{I}_{2\times2}$，例如：

$$\boldsymbol{L} = \begin{bmatrix} \frac{7}{68} & \frac{2}{17} & 0 \\ 0 & 2 & 5 \end{bmatrix}, \boldsymbol{L} = \begin{bmatrix} 0 & 3 & 7 \\ 0 & 2 & 5 \end{bmatrix}, \cdots$$

对矩阵 $\boldsymbol{A}_3$，没有任何 3×2 矩阵使得 $\boldsymbol{G}_3\boldsymbol{A}_3 = \boldsymbol{I}_{3\times3}$，但存在多个 3×2 矩阵 $\boldsymbol{R}$，使得 $\boldsymbol{A}_3\boldsymbol{R} = \boldsymbol{I}_{2\times2}$，例如：

$$\boldsymbol{R} = \begin{bmatrix} 1 & 1 \\ -1 & 0 \\ 3 & -1 \end{bmatrix}, \boldsymbol{R} = \begin{bmatrix} -1 & 1 \\ 0 & 0 \\ 2 & -1 \end{bmatrix}, \cdots$$

总结以上讨论可知，除了满足 $\boldsymbol{AA}^{-1}=\boldsymbol{A}^{-1}\boldsymbol{A}=\boldsymbol{I}$ 的逆矩阵 $\boldsymbol{A}^{-1}$ 外，还存在两种其他形式的逆矩阵，它们只满足 $\boldsymbol{LA}=\boldsymbol{I}$ 或 $\boldsymbol{AR}=\boldsymbol{I}$。

定义 2.12 满足 $\boldsymbol{LA}=\boldsymbol{I}$，但不满足 $\boldsymbol{AL}=\boldsymbol{I}$ 的矩阵 $\boldsymbol{L}$ 称为矩阵 $\boldsymbol{A}$ 的左逆矩阵(Left Inverse)。类似地，满足 $\boldsymbol{AR}=\boldsymbol{I}$，但不满足 $\boldsymbol{RA}=\boldsymbol{I}$ 的矩阵称为矩阵的右逆矩阵(Right Inverse)。

(1) 仅当 $m\geqslant n$ 时，矩阵 $\boldsymbol{A}\in\mathbb{C}^{m\times n}$ 可能有左逆矩阵。

(2) 仅当 $m\leqslant n$ 时，矩阵 $\boldsymbol{A}\in\mathbb{C}^{m\times n}$ 可能有右逆矩阵。

对于给定的 $m\times n$ 矩阵 $\boldsymbol{A}$，当 $m>n$ 时，可能存在多个 $n\times m$ 矩阵 $\boldsymbol{L}$ 使得 $\boldsymbol{LA}=\boldsymbol{I}_n$；当 $m<n$ 时，则可能有多个 $n\times m$ 矩阵 $\boldsymbol{R}$ 满足 $\boldsymbol{AR}=\boldsymbol{I}_m$，即一个矩阵 $\boldsymbol{A}$ 的左逆矩阵或者右逆矩阵往往非唯一。下面考虑左和右逆矩阵的唯一解。

考察 $m>n$ 并且 $\boldsymbol{A}$ 具有满列秩($\text{rank}\boldsymbol{A}=n$)的情况。此时，$n\times n$ 矩阵 $\boldsymbol{A}^{\text{H}}\boldsymbol{A}$ 是可逆的。容易验证

$$\boldsymbol{L}=(\boldsymbol{A}^{\text{H}}\boldsymbol{A})^{-1}\boldsymbol{A}^{\text{H}} \tag{2-64}$$

满足左逆矩阵的定义 $\boldsymbol{LA}=\boldsymbol{I}$。这种左逆矩阵是唯一确定的，常称为左伪逆矩阵(Left Pseudo Inverse)。

再考察 $m<n$ 并且 $\boldsymbol{A}$ 具有满行秩($\text{rank}\boldsymbol{A}=m$)的情况。此时，$m\times m$ 矩阵 $\boldsymbol{AA}^{\text{H}}$ 是可逆的。定义

$$\boldsymbol{R}=\boldsymbol{A}^{\text{H}}(\boldsymbol{AA}^{\text{H}})^{-1} \tag{2-65}$$

不难验证，它满足右逆矩阵的定义 $\boldsymbol{AR}=\boldsymbol{I}$。这一特殊的右逆矩阵也是唯一确定的，常称为右伪逆矩阵(Right Pseudo Inverse)。

左伪逆矩阵与超定方程的最小二乘解密切相关，而右伪逆矩阵则与欠定方程的最小二乘最小范数解密切联系在一起。

下面是左伪逆矩阵与右伪逆矩阵的阶数递推。

考虑 $n\times m$ 矩阵 $\boldsymbol{F}_m$(其中 $n>m$)，并设 $\boldsymbol{F}_m^{\dagger}=(\boldsymbol{F}_m^{\text{H}}\boldsymbol{F}_m)^{-1}\boldsymbol{F}_m^{\text{H}}$ 是 $\boldsymbol{F}_m$ 的左伪逆矩阵。令 $\boldsymbol{F}_m=[\boldsymbol{F}_{m-1},\boldsymbol{f}_m]$，其中 $\boldsymbol{f}_m$ 是矩阵 $\boldsymbol{F}_m$ 的第 m 列，且 $\text{rank}(\boldsymbol{F}_m)=m$，则计算 $\boldsymbol{F}_m^{\dagger}$ 的递推公式由

$$\boldsymbol{F}_m^{\dagger}=\begin{bmatrix}\boldsymbol{F}_{m-1}^{\dagger}-\boldsymbol{F}_{m-1}^{\dagger}\boldsymbol{f}_m\boldsymbol{e}_m^{\text{H}}\boldsymbol{\Delta}_m^{-1}\\ \boldsymbol{e}_m^{\text{H}}\boldsymbol{\Delta}_m^{-1}\end{bmatrix} \tag{2-66}$$

给出，式中 $\boldsymbol{e}_m=[\boldsymbol{I}_n-\boldsymbol{F}_{m-1}\boldsymbol{F}_{m-1}^{\dagger}]\boldsymbol{f}_m$ 及 $\boldsymbol{\Delta}_m^{-1}=[\boldsymbol{f}_m^{\text{H}}\boldsymbol{e}_m]^{-1}$；初始值为 $\boldsymbol{F}_1^{\dagger}=\boldsymbol{f}_1^{\text{H}}/(\boldsymbol{f}_1^{\text{H}}\boldsymbol{f}_1)$。

对于矩阵 $\boldsymbol{F}_m\in\mathbb{C}^{n\times m}$，其中 $n<m$，若记 $\boldsymbol{F}_m=[\boldsymbol{F}_{m-1},\boldsymbol{f}_m]$，则右伪逆矩阵 $\boldsymbol{F}_m^{\dagger}=\boldsymbol{F}_m^{\text{H}}(\boldsymbol{F}_m\boldsymbol{F}_m^{\text{H}})^{-1}$ 具有以下递推公式：

$$\boldsymbol{F}_m^{\dagger}=\begin{bmatrix}\boldsymbol{F}_{m-1}^{\dagger}-\boldsymbol{\Delta}_m\boldsymbol{F}_{m-1}^{\dagger}\boldsymbol{f}_m\boldsymbol{c}_m\\ \boldsymbol{\Delta}_m\boldsymbol{c}_m^{\mathrm{H}}\end{bmatrix} \tag{2-67}$$

式中：$\boldsymbol{c}_m^{\mathrm{H}}=\boldsymbol{f}_m^{\mathrm{H}}(\boldsymbol{I}_n-\boldsymbol{F}_{m-1}\boldsymbol{F}_{m-1}^{\dagger})$；$\boldsymbol{\Delta}_m=\boldsymbol{c}_m^{\mathrm{H}}\boldsymbol{f}_m$。递推的初始值为 $\boldsymbol{F}_1^{\dagger}=\boldsymbol{f}_1^{\mathrm{H}}/(\boldsymbol{f}_1^{\mathrm{H}}\boldsymbol{f}_1)$。

2.1.5 矩阵微分

函数矩阵的微分定义如下：设 $\boldsymbol{A}(t)=(a_{ij}(t))_{m\times n}$，若 $a_{ij}(t)$ 可导，则称 $\boldsymbol{A}(t)$ 可导，记作 $\frac{\mathrm{d}}{\mathrm{d}t}\boldsymbol{A}(t)=(a'_{ij}(t))_{m\times n}$ 或者 $\boldsymbol{A}'(t)=(a'_{ij}(t))_{m\times n}$。

定理 2.2 设 $\boldsymbol{A}(t)$、$\boldsymbol{B}(t)$ 可导，则有

(1) $\frac{\mathrm{d}}{\mathrm{d}t}[\boldsymbol{A}(t)+\boldsymbol{B}(t)]=\boldsymbol{A}'(t)+\boldsymbol{B}'(t)$；

(2) $\frac{\mathrm{d}}{\mathrm{d}t}[\boldsymbol{f}(t)\boldsymbol{A}(t)]=\boldsymbol{f}'(t)\cdot\boldsymbol{A}(t)+\boldsymbol{f}(t)\boldsymbol{A}'(t)$；

(3) $\frac{\mathrm{d}}{\mathrm{d}t}[\boldsymbol{A}(t)\cdot\boldsymbol{B}(t)]=\boldsymbol{A}'(t)\cdot\boldsymbol{B}(t)+\boldsymbol{A}(t)\cdot\boldsymbol{B}'(t)$。

设 $\boldsymbol{X}=(\xi_{ij})_{m\times n}$，函数 $\boldsymbol{f}(\boldsymbol{X})=\boldsymbol{f}(\xi_{11},\xi_{12},\cdots,\xi_{1n},\cdots,\xi_{mn})$，定义函数对矩阵的导数为

$$\frac{\mathrm{d}\boldsymbol{f}}{\mathrm{d}\boldsymbol{X}}\overset{\text{def}}{=}\left(\frac{\partial f}{\partial\xi_{ij}}\right)_{m\times n}=\begin{bmatrix}\frac{\partial f}{\partial\xi_{11}} & \cdots & \frac{\partial f}{\partial\xi_{1n}}\\ \vdots & & \vdots\\ \frac{\partial f}{\partial\xi_{m1}} & \cdots & \frac{\partial f}{\partial\xi_{mn}}\end{bmatrix} \tag{2-68}$$

设 $\boldsymbol{X}=(\xi_{ij})_{m\times n}$，函数 $\boldsymbol{f}_{kl}(\boldsymbol{X})\overset{\text{def}}{=}\boldsymbol{f}_{kl}(\xi_{11},\xi_{12},\cdots,\xi_{1n},\cdots,\xi_{mn})$，定义函数矩阵 $\boldsymbol{F}=(\boldsymbol{f}_{kl}(\boldsymbol{X}))_{r\times s}$，则函数矩阵对 $\boldsymbol{X}$ 的导数为

$$\frac{\mathrm{d}\boldsymbol{F}}{\mathrm{d}\boldsymbol{X}}\overset{\text{def}}{=}\left(\frac{\partial\boldsymbol{F}}{\partial\xi_{ij}}\right)_{m\times n} \tag{2-69}$$

其中

$$\frac{\partial\boldsymbol{F}}{\partial\xi_{ij}}\overset{\text{def}}{=}\left(\frac{\partial f_{kl}}{\partial\xi_{ij}}\right)_{r\times s} \tag{2-70}$$

2.2 矩阵分解

本节主要介绍矩阵的 4 种分解：矩阵的特征值分解、奇异值分解、满秩分解

和 QR 分解[113-116]。

2.2.1　特征值分解

若向量 $\boldsymbol{v}$ 是方阵 $\boldsymbol{A}$ 的特征向量,则可表示为

$$\boldsymbol{A}\boldsymbol{v} = \lambda\boldsymbol{v} \tag{2-71}$$

λ 为特征向量 $\boldsymbol{v}$ 对应的特征值。特征值分解是将一个矩阵分解为如下形式:

$$\boldsymbol{A} = \boldsymbol{Q}\boldsymbol{\Sigma}\boldsymbol{Q}^{-1} \tag{2-72}$$

式中:$\boldsymbol{Q}$ 是矩阵特征向量组成的矩阵;$\boldsymbol{\Sigma}$ 为对角矩阵,每一个对角线元素就是一个特征值,其中的特征值是由大到小排列的,因此这些特征值所对应的特征向量可以描述矩阵变化方向。对于矩阵为高维的情况,矩阵就是高维空间下的线性变换通过特征值分解得到的特征向量,那么,就对应了这个矩阵最主要的变化方向。

2.2.2　奇异值分解

为了引入矩阵的奇异值,先介绍两个引理。

引理 2.2　对于任何一个矩阵 $\boldsymbol{A}$ 都有

$$\text{rank}(\boldsymbol{A}\boldsymbol{A}^{\text{H}}) = \text{rank}(\boldsymbol{A}^{\text{H}}\boldsymbol{A}) = \text{rank}\boldsymbol{A}$$

引理 2.3　对于任何一个矩阵 $\boldsymbol{A}$ 都有 $\boldsymbol{A}^{\text{H}}\boldsymbol{A}$ 与 $\boldsymbol{A}\boldsymbol{A}^{\text{H}}$ 是半正定 Hermite 阵。

设 $\boldsymbol{A} \in \boldsymbol{C}_r^{m\times n}$,$\lambda_i$ 是 $\boldsymbol{A}\boldsymbol{A}^{\text{H}}$ 的特征值,它们都是实数,且设

$$\begin{aligned} &\lambda_1 \geqslant \lambda_2 \geqslant \cdots \geqslant \lambda_r > \lambda_{r+1} = \lambda_{r+2} = \cdots = \lambda_m = 0 \\ &\mu_1 \geqslant \mu_2 \geqslant \cdots \geqslant \mu_r > \mu_{r+1} = \mu_{r+2} = \cdots = \mu_n = 0 \end{aligned} \tag{2-73}$$

特征值 λ_i 与 μ_i 之间有下面定理。

定理 2.3　设 $\boldsymbol{A} \in \boldsymbol{C}_r^{m\times n}$,则

$$\lambda_i = \mu_i > 0, i = 1, 2, \cdots, r \tag{2-74}$$

定义 2.13　设 $\boldsymbol{A} \in \boldsymbol{C}_r^{m\times n}$,$\boldsymbol{A}\boldsymbol{A}^{\text{H}}$ 的正特征值为 λ_i,$\boldsymbol{A}^{\text{H}}\boldsymbol{A}$ 的正特征值为 μ_i,称

$$\alpha_i = \sqrt{\lambda_i} = \sqrt{\mu_i}, i = 1, 2, \cdots, r \tag{2-75}$$

是 $\boldsymbol{A}$ 的正奇异值,简称奇异值。

定理 2.4　若 $\boldsymbol{A}$ 是正规矩阵,则 $\boldsymbol{A}$ 的奇异值是 $\boldsymbol{A}$ 的非零特征值的绝对值。

定理 2.5　若 $\boldsymbol{A} \in \boldsymbol{C}_r^{m\times n}$,$\delta_1 \geqslant \delta_2 \geqslant \cdots \geqslant \delta_r$ 是 $\boldsymbol{A}$ 的 r 个正奇异值,则存在 m 阶酉矩阵 $\boldsymbol{U}$ 和 n 阶酉矩阵 $\boldsymbol{V}$,满足

$$\boldsymbol{A} = \boldsymbol{U}\boldsymbol{D}\boldsymbol{V}^{\text{H}} = \boldsymbol{U}\begin{bmatrix} \Delta & 0 \\ 0 & 0 \end{bmatrix}\boldsymbol{V}^{\text{H}} \tag{2-76}$$

式中：$\Delta = \mathrm{diag}(\delta_1, \delta_2, \cdots, \delta_r)$；$\boldsymbol{U}$ 满足 $\boldsymbol{U}^{\mathrm{H}}\boldsymbol{A}\boldsymbol{A}^{\mathrm{H}}\boldsymbol{U}$ 是对角阵；$\boldsymbol{V}$ 满足 $\boldsymbol{V}^{\mathrm{H}}\boldsymbol{A}^{\mathrm{H}}\boldsymbol{A}\boldsymbol{V}$ 是对角阵。

定理 2.6 若 $\boldsymbol{A} \in \boldsymbol{C}_r^{m \times n}$，$\delta_1 \geqslant \delta_2 \geqslant \cdots \geqslant \delta_r$ 是 $\boldsymbol{A}$ 的正奇异值，则总有次酉矩阵 $\boldsymbol{U}_r \in \boldsymbol{U}_r^{m \times r}$，$\boldsymbol{V}_1 \in \boldsymbol{U}_r^{n \times r}$ 满足

$$\boldsymbol{A} = \boldsymbol{U}_r \Delta \boldsymbol{V}_r^{\mathrm{H}} \tag{2-77}$$

式中：$\Delta = \mathrm{diag}(\delta_1, \delta_2, \cdots, \delta_r)$。

2.2.3 满秩分解

由线性代数可知，可以对矩阵只作初等行变换求得矩阵秩。同样，也可只作初等行变换得到矩阵的满秩分解。

定理 2.7 若 $\boldsymbol{A} \in \boldsymbol{C}_r^{m \times n}$，则存在 $\boldsymbol{B} \in \boldsymbol{C}_r^{m \times r}$，$\boldsymbol{C} \in \boldsymbol{C}_r^{r \times n}$，满足

$$\boldsymbol{A} = \boldsymbol{B}\boldsymbol{C} \tag{2-78}$$

对秩为 r 的矩阵 $\boldsymbol{A}$ 作满秩分解时，无论 $\boldsymbol{A}$ 的前 r 个列向量是线性无关还是线性相关，都是对 $\boldsymbol{A}$ 只作初等行变换就可以得到 $\boldsymbol{A}$ 的满秩分解。

矩阵的满秩分解不是唯一的，但是不同的分解之间有以下关系。

定理 2.8 若 $\boldsymbol{A} = \boldsymbol{B}\boldsymbol{C} = \boldsymbol{B}_1\boldsymbol{C}_1$ 均为 $\boldsymbol{A}$ 的满秩分解，则

(1) 存在 $\boldsymbol{\theta} \in \boldsymbol{C}_r^{r \times r}$，满足 $\boldsymbol{B} = \boldsymbol{B}_1\boldsymbol{\theta}$，$\boldsymbol{C} = \boldsymbol{\theta}^{-1}\boldsymbol{C}_1$；

(2) $\boldsymbol{C}^{\mathrm{H}}(\boldsymbol{C}\boldsymbol{C}^{\mathrm{H}})^{-1}(\boldsymbol{B}^{\mathrm{H}}\boldsymbol{B})^{-1}\boldsymbol{B}^{\mathrm{H}} = \boldsymbol{C}_1^{\mathrm{H}}(\boldsymbol{C}_1\boldsymbol{C}_1^{\mathrm{H}})^{-1}(\boldsymbol{B}_1^{\mathrm{H}}\boldsymbol{B}_1)^{-1}\boldsymbol{B}_1^{\mathrm{H}}$。

2.2.4 QR 分解

定理 2.9 设 $\boldsymbol{A} \in \boldsymbol{C}_n^{n \times n}$，则 $\boldsymbol{A}$ 可以唯一地分解为

$$\boldsymbol{A} = \boldsymbol{U}\boldsymbol{R} \tag{2-79}$$

或

$$\boldsymbol{A} = \boldsymbol{R}_1\boldsymbol{U}_1 \tag{2-80}$$

式中：$\boldsymbol{U}, \boldsymbol{U}_1 \in \boldsymbol{U}^{n \times n}$；$\boldsymbol{R}$ 是正线上三角阵；$\boldsymbol{R}_1$ 是正线下三角阵。

定理 2.10 设 $\boldsymbol{A} \in \boldsymbol{C}_r^{m \times r}$，则 $\boldsymbol{A}$ 可以唯一地分解为

$$\boldsymbol{A} = \boldsymbol{U}\boldsymbol{R} \tag{2-81}$$

式中：$\boldsymbol{U} \in \boldsymbol{U}_r^{m \times r}$；$\boldsymbol{R}$ 是 r 阶正线上三角阵。

推论 2.2 若 $\boldsymbol{A} \in \boldsymbol{C}_r^{r \times n}$，则 $\boldsymbol{A}$ 可以唯一地分解成

$$\boldsymbol{A} = \boldsymbol{L}\boldsymbol{U} \tag{2-82}$$

式中：$\boldsymbol{L}$ 是 r 阶正线下三角阵；$\boldsymbol{U} \in \boldsymbol{U}_r^{r \times n}$。

定理 2.11 若 $\boldsymbol{A} \in \boldsymbol{C}_r^{m \times n}$，则 $\boldsymbol{A}$ 可以分解为

$$A = U_1 R_1 L_2 U_2 \tag{2-83}$$

式中：$U_1 \in U_r^{m \times r}$；$U_2 \in U_r^{r \times n}$；R_1 是正线上三角阵；L_2 是 r 阶正线下三角阵。

2.3　线性与非线性滤波基础

2.3.1　卡尔曼滤波和扩展卡尔曼滤波

估计理论要解决的基本问题是：如何从被噪声污染的观测信息中尽可能充分地滤除干扰噪声的影响，求得在某种标准下被估计信号的最优估计[117]。由于干扰噪声和被估计信号都可能是随机信号，因此，只有采用统计学方法才能解决问题[118-119]。

卡尔曼滤波是一种离散状态空间模型下的线性最小方差估计。系统的动态方程和量测方程都是线性高斯的，通常表示为

$$\boldsymbol{x}_k = \boldsymbol{F}_{k-1}\boldsymbol{x}_{k-1} + \boldsymbol{q}_{k-1} \tag{2-84}$$

$$\boldsymbol{y}_k = \boldsymbol{H}_k\boldsymbol{x}_k + \boldsymbol{r}_k \tag{2-85}$$

式中：$\boldsymbol{x}_k \in \boldsymbol{R}^n$ 表示状态向量；$\boldsymbol{y}_k \in \boldsymbol{R}^m$ 表示量测向量；$\boldsymbol{q}_{k-1} \sim N(\boldsymbol{0},\boldsymbol{Q}_{k-1})$ 和 $\boldsymbol{r}_{k-1} \sim N(\boldsymbol{0},\boldsymbol{R}_k)$ 分别是服从高斯分布的过程噪声序列与量测噪声序列；矩阵 $\boldsymbol{F}_{k-1}$ 是动态模型的转移矩阵；$\boldsymbol{H}_k$ 是量测模型矩阵。假设先验分布也符合高斯分布，即 $\boldsymbol{x}_0 \sim N(\boldsymbol{x}_{0|0},\boldsymbol{P}_0)$，则可将上述模型以概率形式表示为

$$p(\boldsymbol{x}_k|\boldsymbol{x}_{k-1}) = N(\boldsymbol{x}_k;\boldsymbol{F}_{k-1}\boldsymbol{x}_{k-1},\boldsymbol{Q}_{k-1}) \tag{2-86}$$

$$p(\boldsymbol{y}_k|\boldsymbol{x}_k) = N(\boldsymbol{y}_k;\boldsymbol{H}_k\boldsymbol{x}_k,\boldsymbol{R}_k) \tag{2-87}$$

线性滤波模型式(2-84)、式(2-85)的最优滤波方程可以通过下列近似方法获取，其结果都符合高斯分布，即

$$p(\boldsymbol{x}_k|\boldsymbol{y}_{1:k-1}) = N(\boldsymbol{x}_k;\hat{\boldsymbol{x}}_{k|k-1},\boldsymbol{P}_{k|k-1}) \tag{2-88}$$

$$p(\boldsymbol{x}_k|\boldsymbol{y}_{1:k}) = N(\boldsymbol{x}_k;\hat{\boldsymbol{x}}_{k|k},\boldsymbol{P}_{k|k}) \tag{2-89}$$

$$p(\boldsymbol{y}_k|\boldsymbol{y}_{1:k-1}) = N(\boldsymbol{y}_k;\boldsymbol{H}_k\hat{\boldsymbol{x}}_{k|k-1},\boldsymbol{J}_k) \tag{2-90}$$

上述分布中的参数可以根据下面的卡尔曼滤波器的预测和更新步骤计算。

预测步骤：

$$\hat{\boldsymbol{x}}_{k|k-1} = \boldsymbol{F}_{k-1}\hat{\boldsymbol{x}}_{k-1|k-1} \tag{2-91}$$

$$\boldsymbol{P}_{k|k-1} = \boldsymbol{F}_{k-1}\boldsymbol{P}_{k-1|k-1}\boldsymbol{F}_{k-1}^{\mathrm{T}} + \boldsymbol{Q}_{k-1} \tag{2-92}$$

更新步骤：

$$\boldsymbol{e}_k = \boldsymbol{y}_k - \boldsymbol{H}_k\hat{\boldsymbol{x}}_{k|k-1} \tag{2-93}$$

$$\boldsymbol{J}_k = \boldsymbol{H}_k \boldsymbol{P}_{k|k-1} \boldsymbol{H}_k^{\mathrm{T}} + \boldsymbol{R}_k \tag{2-94}$$

$$\boldsymbol{K}_k = \boldsymbol{P}_{k|k-1} \boldsymbol{H}_k^{\mathrm{T}} \boldsymbol{J}_k^{-1} \tag{2-95}$$

$$\hat{\boldsymbol{x}}_{k|k} = \hat{\boldsymbol{x}}_{k|k-1} + \boldsymbol{K}_k \boldsymbol{e}_k \tag{2-96}$$

$$\boldsymbol{P}_{k|k} = \boldsymbol{P}_{k|k-1} - \boldsymbol{K}_k \boldsymbol{J}_k \boldsymbol{K}_k^{\mathrm{T}} \tag{2-97}$$

在实际应用系统中,动态过程和量测过程通常是非线性的,不能直接使用卡尔曼滤波算法。但是可以通过泰勒级数展开的方法,获得非线性系统的线性近似表达,从而能够采用卡尔曼滤波过程处理非线性系统的滤波问题,这就是扩展卡尔曼滤波[120]。

以带有加性噪声的一阶扩展卡尔曼滤波过程为例进行说明,假定过程噪声和量测噪声都是加性噪声,扩展卡尔曼滤波系统模型如下:

$$\boldsymbol{x}_k = f(\boldsymbol{x}_{k-1}) + \boldsymbol{q}_{k-1} \tag{2-98}$$

$$\boldsymbol{y}_k = h(\boldsymbol{x}_k) + \boldsymbol{r}_k \tag{2-99}$$

式中:$\boldsymbol{x} \in \boldsymbol{R}^n$ 是状态向量;$\boldsymbol{y}_k \in \boldsymbol{R}^m$ 表示量测向量;$\boldsymbol{q}_{k-1} \sim N(\boldsymbol{0}, \boldsymbol{Q}_{k-1})$ 和 $\boldsymbol{r}_{k-1} \sim N(\boldsymbol{0}, \boldsymbol{R}_k)$ 分别是高斯过程噪声及高斯量测噪声;f 是动态模型函数;h 是量测模型函数。需要指出的是,函数 f、h 有时也将离散的时间变量 k 作为参数。

预测步骤:

$$\hat{\boldsymbol{x}}_{k|k-1} = f(\hat{\boldsymbol{x}}_{k-1|k-1}) \tag{2-100}$$

$$\boldsymbol{P}_{k|k-1} = \boldsymbol{F}_x(\hat{\boldsymbol{x}}_{k-1|k-1}) \boldsymbol{P}_{k-1|k-1} \boldsymbol{F}_x^{\mathrm{T}}(\hat{\boldsymbol{x}}_{k-1|k-1}) + \boldsymbol{Q}_{k-1} \tag{2-101}$$

更新步骤:

$$\boldsymbol{e}_k = \boldsymbol{y}_k - h(\hat{\boldsymbol{x}}_{k|k-1}) \tag{2-102}$$

$$\boldsymbol{J}_k = \boldsymbol{H}_x(\hat{\boldsymbol{x}}_{k|k-1}) \boldsymbol{P}_{k|k-1} \boldsymbol{H}_x^{\mathrm{T}}(\hat{\boldsymbol{x}}_{k|k-1}) + \boldsymbol{R}_k \tag{2-103}$$

$$\boldsymbol{K}_k = \boldsymbol{P}_{k|k-1} \boldsymbol{H}_k^{\mathrm{T}} \boldsymbol{J}_k^{-1} \tag{2-104}$$

$$\hat{\boldsymbol{x}}_{k|k} = \hat{\boldsymbol{x}}_{k|k-1} + \boldsymbol{K}_k \boldsymbol{e}_k \tag{2-105}$$

$$\boldsymbol{P}_{k|k} = \boldsymbol{P}_{k|k-1} - \boldsymbol{K}_k \boldsymbol{J}_k \boldsymbol{K}_k^{\mathrm{T}} \tag{2-106}$$

式中:$\boldsymbol{F}_x(\hat{\boldsymbol{x}}_{k-1|k-1}) = \left.\dfrac{\partial f(\boldsymbol{x})}{\partial x}\right|_{\boldsymbol{x}=\hat{\boldsymbol{x}}_{k-1|k-1}}$;$\boldsymbol{H}_x(\hat{\boldsymbol{x}}_{k|k-1}) = \left.\dfrac{\partial h(\boldsymbol{x})}{\partial \boldsymbol{x}}\right|_{\boldsymbol{x}=\hat{\boldsymbol{x}}_{k|k-1}}$,均可通过泰勒级数展开近似得到。

2.3.2 粒子滤波

粒子滤波直接根据概率密度计算条件均值,即最小方差估计,其中概率密度由 EKF 或 UKF 近似确定,k 时刻的估计值 $\hat{\boldsymbol{x}}_k$ 由众多不同分布的样本值(粒子)加权平均确定,而计算每个粒子必须完成一次 EKF 或 UKF 计算,所以粒子滤波适用于系统和量测为非线性条件下的估计,并且估计精度高于单独采用 EKF 或 UKF 时的精度,但计算量远高于 EKF 和 UKF。

标准粒子滤波算法包括时间预测、量测更新和重采样 3 个步骤[121-122]。其具体的实现过程如下。

首先,进行初始化,得到初始时刻的粒子集合。以已知的概率密度 $p(\boldsymbol{x}_0)$ 生成 N 个初始粒子,并且这 N 个粒子是等权重的,即

$$\{\boldsymbol{x}_0^{(i)},1/N;i=1,2,\cdots,N\} \tag{2-107}$$

选取重要性函数

$$q(\boldsymbol{x}_{k+1}|\boldsymbol{x}_{0:k},\boldsymbol{z}_{1:k+1})=p(\boldsymbol{x}_{k+1}|\boldsymbol{x}_k) \tag{2-108}$$

那么,从重要性函数中采样得到预测的新粒子为

$$\boldsymbol{x}_{k+1}^{(i)}=p(\boldsymbol{x}_{k+1}^{(i)}|\hat{\boldsymbol{x}}_k^{(i)}),i=1,2,\cdots,N \tag{2-109}$$

根据获得的新量测值 z_{k+1} 可以实现权值的更新:

$$W_{k+1}^{(i)}=p(z_k|\boldsymbol{x}_{k+1}^{(i)})W_k^{(i)},i=1,2,\cdots,N \tag{2-110}$$

然后,对权值作归一化处理:

$$\overline{W}_{k+1}^{(i)}=\frac{W_{k+1}^{(i)}}{\sum_{j=1}^{N}W_{k+1}^{(i)}},i=1,2,\cdots,N \tag{2-111}$$

输出的状态估计和协方差分别为

$$\hat{\boldsymbol{x}}_{k+1}=\sum_{i=1}^{N}\overline{W}_{k+1}^{(i)}\boldsymbol{x}_{k+1}^{(i)} \tag{2-112}$$

$$\boldsymbol{P}_{xx}=\sum_{i=1}^{N}\overline{W}_{k+1}^{(i)}(\boldsymbol{x}_{k+1}^{(i)}-\hat{\boldsymbol{x}}_{k+1})(\boldsymbol{x}_{k+1}^{(i)}-\hat{\boldsymbol{x}}_{k+1})^{\mathrm{T}} \tag{2-113}$$

根据下式进行重采样:

$$p(\boldsymbol{x}_{k+1}^{(i)}=\boldsymbol{x}_{k+1}^{(j)})=\overline{W}_{k+1}^{(j)},i,j=1,2,\cdots,N \tag{2-114}$$

得到 N 个等权值的新粒子:

$$\{\hat{\boldsymbol{x}}_{k+1}^{(i)},1/N;i=1,2,\cdots,N\} \tag{2-115}$$

重采样得到的粒子集可以在下一次的滤波送代中继续使用。

2.3.3　确定性采样滤波

基于采样方法的滤波算法在非线性滤波领域内应用广泛,其共同特点是利用抽样粒子点模拟系统状态的概率分布,从而不受状态先验分布假设的约束,拥有更高的滤波精度。确定性采样滤波根据状态先验信息的前几阶矩构造采样点,采样点的位置和权重是确定的,通过解定性采样点和权重的综合计算来

近似求解滤波中的非线性状态估计问题[123]。无迹卡尔曼滤波(UKF)是经典的确定性采样滤波方法之一,下面进行具体介绍[124-125]。

1. 无迹卡尔曼滤波概述

无迹卡尔曼滤波对状态向量的概率密度函数进行近似化,表现为一系列选取好的西格玛采样点。这些西格玛点集可以用来近似随机变量高斯分布的均值和协方差。当这些点经过非线性系统的传递后,得到的后验均值和协方差能够精确到二阶(即对系统的非线性强度不敏感)。由于不需要对非线性系统进行线性化,并可以很容易地应用于非线性系统的状态估计,所以,UKF 在很多方面得到了广泛的应用。

2. 无迹变换

无迹卡尔曼滤波是在无迹变换的基础上发展起来的。无迹变换(Unscented Transformation,UT)的基本思想是由 Julier 等首先提出的,是用于计算经过非线性变换的随机变量统计的一种新方法[126]。该方法不需要对非线性状态和量测模型进行线性化,而是对状态向量的概率密度函数进行近似。近似化后的概率密度函数仍然是高斯的,但表现为一系列选取好的 σ 采样点。

假设 $\boldsymbol{x}$ 为一个 n_x 维随机向量,$g:R^{n_x}\to R^{n_y}$ 为一非线性函数,并且 $\boldsymbol{y}=g(\boldsymbol{x})$。$\boldsymbol{x}$ 的均值和协方差分别为 $\bar{\boldsymbol{x}}$ 和 $\boldsymbol{P}$。计算 UT 变换的步骤可简单叙述如下。

(1) 首先计算 $2n_x+1$ 个 σ 采样点 $\boldsymbol{\chi}_i$ 和相应权值 ω_i,即

$$\begin{cases}\boldsymbol{\chi}_0=\bar{\boldsymbol{x}}, i=0\\ \boldsymbol{\chi}_i=\bar{\boldsymbol{x}}+[\sqrt{(n_x+\kappa)\boldsymbol{P}}]_i, i=1,2,\cdots,n_x\\ \boldsymbol{\chi}_{i+n_x}=\bar{\boldsymbol{x}}-[\sqrt{(n_x+\kappa)\boldsymbol{P}}]_i, i=1,2,\cdots,n_x\end{cases}\tag{2-116}$$

$$\begin{cases}\omega_0=\dfrac{\kappa}{(n_x+\lambda)}, i=0\\ \omega_i=\dfrac{1}{[2(n_x+\lambda)]}, i=1,2,\cdots,n_x\\ \omega_{i+n_x}=\dfrac{1}{[2(n_x+\lambda)]}, i=1,2,\cdots,n_x\end{cases}\tag{2-117}$$

式中:$[\ ]_i$ 表示矩阵的第 i 列;n_x 为状态向量的维数;λ 是一个尺度参数,定义如下:

$$\lambda=\alpha^2(n_x+\kappa)-n_x\tag{2-118}$$

式中:参数 α、κ 决定 σ 样本点以均值为原点的分散程度。

(2) 每个 σ 采样点通过非线性函数传播,得到

$$\boldsymbol{y}_i = g(\boldsymbol{\chi}_i),i=0,\cdots,2n_x \tag{2-119}$$

(3) $\boldsymbol{y}$ 的估计值和协方差估计如下：

$$\bar{\boldsymbol{y}} = \sum_{i=0}^{2n_x} \omega_i \boldsymbol{y}_i \tag{2-120}$$

$$\boldsymbol{P}_y = \sum_{i=0}^{2n_x} \omega_i (\boldsymbol{y}_i - \bar{\boldsymbol{y}})(\boldsymbol{y}_i - \bar{\boldsymbol{y}})^{\mathrm{T}} \tag{2-121}$$

3. 无迹卡尔曼滤波算法步骤

假设非线性系统中的状态向量的初始均值和协方差分别为 $\hat{\boldsymbol{x}}_0 = E[\boldsymbol{x}_0]$，$\boldsymbol{P}_0 = E[(\boldsymbol{x}_0 - \hat{\boldsymbol{x}}_0)(\boldsymbol{x}_0 - \hat{\boldsymbol{x}}_0)^{\mathrm{T}}]$。

UKF 算法中的初始状态向量则是由原始状态向量、过程噪声以及量测噪声三者组成的扩维向量，其初始值和协方差定义如下：

$$\hat{\boldsymbol{x}}_0^a = E[\boldsymbol{x}_0^a] = [\boldsymbol{x}_0^{\mathrm{T}} \quad \boldsymbol{0} \quad \boldsymbol{0}] \tag{2-122}$$

$$\boldsymbol{P}_0^a = E[(\boldsymbol{x}_0^a - \hat{\boldsymbol{x}}_0^a)(\boldsymbol{x}_0^a - \hat{\boldsymbol{x}}_0^a)^{\mathrm{T}}] = \begin{bmatrix} \boldsymbol{P}_0 & \boldsymbol{0} & \boldsymbol{0} \\ \boldsymbol{0} & \boldsymbol{Q} & \boldsymbol{0} \\ \boldsymbol{0} & \boldsymbol{0} & \boldsymbol{R} \end{bmatrix} \tag{2-123}$$

式中：$\boldsymbol{Q}$ 和 $\boldsymbol{R}$ 分别是过程噪声和量测噪声的协方差。UKF 算法过程如下。

(1) 用式(2-117)计算 σ 采样点的权值，用下式计算 σ 采样点：

$$\boldsymbol{\chi}_{k-1|k-1}^a = [\hat{\boldsymbol{x}}_{k-1|k-1}^a + \sqrt{(n_x+\lambda)\boldsymbol{P}_{k-1|k-1}^a} \quad \hat{\boldsymbol{x}}_{k-1|k-1}^a - \sqrt{(\boldsymbol{n}_x+\lambda)\boldsymbol{P}_{k-1|k-1}^a}] \tag{2-124}$$

(2) σ 采样点的一步预测：

$$\boldsymbol{\chi}_{i,k|k-1}^x = f(\boldsymbol{\chi}_{i,k-1|k-1}^x, \boldsymbol{\chi}_{i,k-1|k-1}^v) \tag{2-125}$$

(3) 状态预测：

$$\hat{\boldsymbol{x}}_{k|k-1} = \sum_{i=0}^{2n_x} \omega_i \boldsymbol{\chi}_{i,k|k-1}^x \tag{2-126}$$

$$\boldsymbol{P}_{k|k-1} = \sum_{i=0}^{2n_x} \omega_i (\boldsymbol{\chi}_{i,k|k-1}^x - \hat{\boldsymbol{x}}_{k|k-1})(\boldsymbol{\chi}_{i,k|k-1}^x - \hat{\boldsymbol{x}}_{k|k-1})^{\mathrm{T}} \tag{2-127}$$

(4) 计算量测预测采样点：

$$\boldsymbol{z}_{i,k|k-1} = h(\boldsymbol{\chi}_{i,k|k-1}^x, \boldsymbol{\chi}_{i,k|k-1}^\omega) \tag{2-128}$$

式中：$\boldsymbol{\chi}_{i,k|k-1}^\omega$ 表示与量测噪声相对应的采样点。

(5) 估计量测预测值：

$$\hat{\boldsymbol{z}}_{k|k-1} = \sum_{i=0}^{2n_x} \omega_i \boldsymbol{z}_{i,k|k-1} \tag{2-129}$$

(6) 估计新息协方差矩阵：

$$\boldsymbol{P}_{zz,k|k-1} = \sum_{i=0}^{2n_x} \omega_i (\boldsymbol{z}_{i,k|k-1} - \hat{\boldsymbol{z}}_{k|k-1})(\boldsymbol{z}_{i,k|k-1} - \hat{\boldsymbol{z}}_{k|k-1})^{\mathrm{T}} \tag{2-130}$$

(7) 估计互协方差矩阵：

$$\boldsymbol{P}_{xz,k|k-1} = \sum_{i=0}^{2n_x} \omega_i (\boldsymbol{\chi}_{i,k|k-1}^{x} - \hat{\boldsymbol{x}}_{k|k-1})(\boldsymbol{z}_{i,k|k-1} - \hat{\boldsymbol{z}}_{k|k-1})^{\mathrm{T}} \tag{2-131}$$

(8) 计算增益矩阵：

$$\boldsymbol{W}_k = \boldsymbol{P}_{xz,k|k-1} \boldsymbol{P}_{zz,k|k-1}^{-1} \tag{2-132}$$

(9) 状态更新：

$$\hat{\boldsymbol{x}}_{k|k} = \hat{\boldsymbol{x}}_{k|k-1} + \boldsymbol{W}_k (\boldsymbol{z}_k - \hat{\boldsymbol{z}}_{k|k-1}) \tag{2-133}$$

(10) 协方差更新：

$$\boldsymbol{P}_{k|k} = \boldsymbol{P}_{k|k-1} + \boldsymbol{W}_k \boldsymbol{P}_{zz,k|k-1} \boldsymbol{W}_k^{\mathrm{T}} \tag{2-134}$$

2.4 误差分析

在科学实验和生产实际中，为了掌握事物发展的规律性，人们总是通过各种方法观测记录许多数据。由于外界的随机干扰，数据实际上是带有随机误差的近似数据，对这些近似数据必须根据需要进行合适的处理，需要误差理论的基础知识。

2.4.1 观测误差

观测对象的量是客观存在的，称为真值。每次观测所得数值称为观测值。设观测对象的真值为 x，观测值为 x_i，则差数

$$a = x - x_i, i = 1, 2, \cdots \tag{2-135}$$

称为观测误差，简称为误差。

误差主要有系统误差、随机误差和过失误差等几类。系统误差主要原因是：仪器结构不良和周围环境的变化。误差的鉴别方法是：观测值总往一个方向偏差；误差的大小和符号在多次观测中几乎相同；经过校正和处理可以消除误差。

随机误差主要原因是：某些难以控制的偶然因素造成的。误差的鉴别方法是：误差绝对值不会超过一定界限；绝对值小的误差比绝对值大的误差出现的个数要多，近于零的误差出现的个数最多；绝对值相等的正误差与负误差出现的个数几乎相等；误差的算术平均值随着观测次数的增加而趋近于零。

过失误差主要原因是：人为错误导致的观测误差或计算误差。误差的鉴别

方法是:观测结果与事实不符;改进方法避免错误可以消除误差。

观测的准确度与精密度的区别是:如果观测的系统误差小,则称观测的准确度高,可以使用更精确的仪器来提高观测的准确度;如果观测的随机误差小,则称观测的精密度高,可以增加观测次数取其平均值来提高观测的精密度。

2.4.2　误差的标量描述

误差产生因素众多,特性差异很大。利用数值大小描述导航误差性能是一种较为直观且简单的表述方法,这里简称为误差的标量描述。

设 $x_1, x_2, \cdots, x_n$ 是某观测对象的一组观测数据。

算术平均值可表示为

$$\bar{x} = \frac{1}{n}(x_1 + x_2 + \cdots + x_n) = \frac{1}{n}\sum_{i=1}^{n} x_i \tag{2-136}$$

它在最小二乘意义下是所求真值的最佳近似,是最常用的一种平均值。

几何平均值可表示为

$$\bar{x} = \sqrt[n]{x_1 x_2 \cdots x_n}\left(或\ \lg\bar{x} = \frac{1}{n}\sum_{i=1}^{n} \lg x_i\right) \tag{2-137}$$

当对一组观测值取常用对数所得图形的分布曲线更为对称时,常用此法。

加权平均值为

$$\bar{x} = \frac{(w_1 x_1 + w_2 x_2 + \cdots + w_n x_n)}{w_1 + w_2 + \cdots + w_n} \tag{2-138}$$

式中:w_i 是第 i 个观测值 x_i 的对应权。计算用不同方法或不同条件观测同一物理量的均值时,常对不同可靠程度的数据给予不同的权值。

中位数:观测值依大小顺序排列后处在中间位置的值。当 n 为偶数时,取为中间两数的算术平均。它是一种顺序统计量,能反映匀称观测值的取值中心。

设误差为 $a = x - x_i, i = 1, 2, \cdots$,离差为 $v_i = x_i - \bar{x}, i = 1, 2, \cdots$,真值对平均值的误差为 $\delta = |\bar{x} - x|$。

标准误差 σ:各个误差平方和的平均值的平方根,即

$$\sigma = \sqrt{\frac{\sum_{i=1}^{n} a_i^2}{n}} = \sqrt{\frac{\sum_{i=1}^{n} (x - x_i)^2}{n}} \tag{2-139}$$

平均误差 η:离差的绝对值的算术平均值,即

$$\eta = \frac{\sum_{i=1}^{n} |v_i|}{n} \tag{2-140}$$

概率误差 γ:它的绝对值比它大的误差和绝对值比它小的误差出现的可能性一样大,即

$$P(|\alpha| \leqslant \gamma) = \frac{1}{2} \tag{2-141}$$

最大误差:在概率论中,一般用 σ 表示标准误差,同时也可以用来表示测量值偏离数学期望的程度,这里通常假设测量值偏差服从正态分布。如给出某测距系统距离测量误差为200m 的概率可达到68.26%,并给出测距误差为200m(2σ)、200m(3σ),则表明实测值小于200m 的概率可达到95.45%、99.73%。通常,定义均方误差的3 倍(3σ)为最大误差,也就是说,在正态分布下,随机误差几乎均落在 $\pm 3\sigma$ 范围之内。

2.4.3 误差的向量描述

当误差不仅给出数值大小,而且给出误差的分布方向时,这种导航误差的描述方法就称为向量描述方法。与标量描述法相比,向量描述更为完善、准确。

1. 正态分布

在进行系统误差分析时,经常假定系统误差服从正态分布。这主要鉴于以下两个原因:第一,高斯型误差可用具体数学表述式进行表述,因此便于进一步分析、推导和运算;第二,高斯型误差能够基本准确地反映系统误差,比较真实地代表了导航误差的特性。

一维正态分布函数可以表示为

$$f(x) = \frac{1}{\sqrt{2\pi}\sigma}\exp\left\{-\frac{(x-m)^2}{2\sigma^2}\right\} \tag{2-142}$$

式中:m 表示误差 x 的均值;σ^2 表示方差。Q 函数与正态分布函数的关系如下:

$$Q(x) = \int_x^{\infty} \frac{1}{\sqrt{2\pi}\sigma}\exp\left\{-\frac{y^2}{2\sigma^2}\right\}\mathrm{d}y \tag{2-143}$$

Q 函数可以通过查表获得其值。

2. 三维正态分布

若空间分布的误差满足正态分布,则误差可以用下式表示它的空间概率密度分布,即

$$f(\boldsymbol{x}) = \frac{1}{\sqrt{2\pi}|\boldsymbol{P}|^{1/2}}\exp\left\{-\frac{(\boldsymbol{x}-\boldsymbol{m})^{\mathrm{T}}\boldsymbol{P}^{-1}(\boldsymbol{x}-\boldsymbol{m})}{2}\right\} \tag{2-144}$$

式中:误差向量和均值向量可以分别表示为

$$\boldsymbol{x}=[x \quad y \quad z]^{\mathrm{T}}, m=[m_x \quad m_y \quad m_z]^{\mathrm{T}}$$

协方差矩阵 $\boldsymbol{P}$ 是一个对称的实矩阵,即

$$\boldsymbol{P}=E\{(\boldsymbol{x}-\boldsymbol{m})(\boldsymbol{x}-\boldsymbol{m})^{\mathrm{T}}\}=\begin{bmatrix} \sigma_x^2 & \rho_{xy}\sigma_x\sigma_y & \rho_{xz}\sigma_x\sigma_z \\ \rho_{yx}\sigma_x\sigma_y & \sigma_y^2 & \rho_{yz}\sigma_y\sigma_z \\ \rho_{zx}\sigma_x\sigma_z & \rho_{zy}\sigma_y\sigma_z & \sigma_z^2 \end{bmatrix}$$

式中:$\rho_{xz}=\rho_{yx}$;$\rho_{xz}=\rho_{zx}$;$\rho_{zy}=\rho_{yz}$。当误差分量在不同方向上两两不相关,即 $\rho_{xy}=\rho_{zx}=\rho_{yz}=0$ 时,协方差矩阵为对角阵:

$$\boldsymbol{P}=\begin{bmatrix} \sigma_x^2 & 0 & 0 \\ 0 & \sigma_y^2 & 0 \\ 0 & 0 & \sigma_z^2 \end{bmatrix}=\mathrm{diag}[\sigma_x^2 \quad \sigma_y^2 \quad \sigma_z^2] \tag{2-145}$$

这时,三维误差的概率密度函数可以写为

$$\begin{aligned} f(x,y,z) &= \frac{1}{(\sqrt{2\pi})^3\sigma_x\sigma_y\sigma_z}\exp\left\{-\frac{1}{2}\left[\frac{(x-m_x)^2}{\sigma_x^2}+\frac{(x-m_y)^2}{\sigma_y^2}+\frac{(x-m_z)^2}{\sigma_z^2}\right]\right\} \\ &= f_x(x)\cdot f_y(y)\cdot f_z(z) \end{aligned} \tag{2-146}$$

式中:$f_x(x)$、$f_y(y)$、$f_z(z)$分别为误差 x、y、z 分量的分布函数。

3. 误差椭球(概率密度椭球)

设概率密度函数的某一取值为 N,则有

$$\begin{aligned} f(x,y,z) &= \frac{1}{(\sqrt{2\pi})^3\sigma_x\sigma_y\sigma_z}\exp\left\{-\frac{1}{2}\left[\frac{(x-m_x)^2}{\sigma_x^2}+\frac{(x-m_y)^2}{\sigma_y^2}+\frac{(x-m_z)^2}{\sigma_z^2}\right]\right\} \\ &= N \end{aligned} \tag{2-147}$$

进一步写为

$$\exp\left\{-\frac{1}{2}\left[\frac{(x-m_x)^2}{\sigma_x^2}+\frac{(x-m_y)^2}{\sigma_y^2}+\frac{(x-m_z)^2}{\sigma_z^2}\right]\right\}=N[(\sqrt{2\pi})^3\sigma_x\sigma_y\sigma_z] \tag{2-148}$$

式(2-148)等式右边为常数,可进一步写为

$$\frac{1}{2}\left[\frac{(x-m_x)^2}{\sigma_x^2}+\frac{(x-m_y)^2}{\sigma_y^2}+\frac{(x-m_z)^2}{\sigma_z^2}\right]=M \tag{2-149}$$

很显然,式(2-149)为一个椭球方程。

对应于确定的N值，概率密度函数$f(x,y,z)$与式(2-149)表述的椭球面相对应，椭球体积则与$f(x,y,z)$积分即误差分布函数相对应，因此，这里称式(2-149)表述的椭球为误差椭球，其椭球中心位于坐标(m_x,m_y,m_z)处，对应不同的主半轴长度分别为$\sigma_x,\sigma_y,\sigma_z$。

4. 落入误差球的概率

根据立体几何相关知识可知，误差椭球的体积为

$$V_k=\frac{4}{3}\pi(2\pi)^3\sigma_x\sigma_y\sigma_z \tag{2-150}$$

应用概率论理论，能够得到误差落入椭球V内的概率，具体计算公式如下：

$$P(x,y,z\in V)=\iiint_V f(x,y,z)\,\mathrm{d}x\mathrm{d}y\mathrm{d}z \tag{2-151}$$

同样，上述情况也可以退化到平面上来描述，即将椭球投影到$X-Y$平面上，显然，此时投影结果为一个椭圆，这个椭圆称为误差椭圆，其中位于(m_x,m_y)处，X和Y方向的主半轴长度分别为$\sqrt{2M}\sigma_x$，$\sqrt{2M}\sigma_y$。误差落入误差椭圆S内的概率，可以通过下式计算：

$$P(x,y\in S)=\iint_S f(x,y)\,\mathrm{d}x\mathrm{d}y \tag{2-152}$$

当误差椭球（圆）的各方向主半轴长度均相等时，误差椭球（圆）则退化为误差球（圆）。

5. 球概率误差和圆概率误差

假设在半径为r的误差球或圆内，误差出现的概率为50%（或95%），那么，这个半径r就称为球概率误差（SEP）或圆概率误差（CEP，简称圆误差）。也就是说，在一组测量中，误差落在$\pm r$之内的测量次数占总测量次数的50%（或95%）。例如，定位误差为100m（CEP），则表示实测位置偏离真实位置小于100m概率为50%（或95%）。

计算SEP或CEP的方法较为复杂，特别是计算SEP，需要经坐标变换等复杂数学处理，才有可能计算出来，多数情况无法得到解析表达式。因此，为了简化在计算SEP或CEP时多采用经验公式。

经推导可以得到CEP经验计算公式：

$$\mathrm{CEP}=\begin{cases}0.59\cdot(\sigma_x+\sigma_y) & ,\dfrac{\sigma_y}{\sigma_x}\geqslant 0.5\\ \left[0.67+0.8\cdot\left(\dfrac{\sigma_y}{\sigma_x}\right)^2\right]\cdot\sigma_x & ,\dfrac{\sigma_y}{\sigma_x}<0.5\end{cases} \tag{2-153}$$

使用上式计算 CEP 时,其误差小于 1%。除此之外,还可以使用下列 CEP 经验计算公式:

$$\mathrm{CEP}=0.75\cdot(\sigma_x^2+\sigma_y^2)^{1/2} \tag{2-154}$$

$$\mathrm{CEP}=0.536\max(\sigma_x,\sigma_y)+0.614\min(\sigma_x,\sigma_y) \tag{2-155}$$

有关计算 SEP 采用的经验公式,可参考相关文献。

2.4.4 位置线误差及其特性

几何导航定位跟踪参量为定值的运行体的轨迹(几何图形)称为位置线或位置面。位置线误差是指待定点的真实位置线或者理想位置线与所测得的位置线之间的垂直距离。由此可见,位置线误差既与位置线类型有关,又与获得此位置线的观测量精度有关。在导航定位跟踪中最常用的位置线有 3 种:直线位置线、圆位置线、双曲线位置线。

这 3 种位置线分别由测角、测距、测距差获得。在分析位置线误差特性时,重点分析随距离变化的情况,通常是在假定测量误差(如测角误差、测距误差、测距差误差等)一定的条件下进行。

1. 直线位置线误差

直线位置线是指在一个特定平面上,相对某一个基准方向线夹角恒定不变的线是一条射线,在这条线上的所有点相对基准线的方位保持不变。因此,一切测角系统均可以提供直线位置线。

图 2-1 所示为直线位置线误差特性示意图,其中 θ_1 是点 $P_1,P_2,\cdots P_n$ 所在真实位置线对应的角参量,θ_2 是测得的角参量,由此提供一条测得位置线,由于角度 θ_1 与 θ_2 之间存在 $\Delta\theta$ 测量误差,所以产生了位置线误差。其中 P_1 点到观测点"O"的距离为 r_1,产生的位置线误差为 $\overline{P_1P_1'}$,P_n 点产生的位置线误差为 $\overline{P_nP_n'}$。可见,在 $\Delta\theta$ 一定时,目标点距离观测点越远,位置线误差越大。

利用初等几何知识可以证明

$$\overline{P_iP_i'}=2r_i\sin\frac{\Delta\theta}{2} \tag{2-156}$$

考虑到 $\Delta\theta$ 很小,直线位置线误差与测角误差关系可以写为 $\overline{P_iP_i'}\approx r_i\Delta\theta$。

2. 圆位置线误差

圆线位置线是指在一个特定平面上,与某一基准点保持距离恒定的轨迹,因此,一切测距系统均可以提供圆位置线。圆位置线的真实位置线和测得位置线是同心圆,所以只要测量误差 Δr 一定,则圆位置线误差均相等,并且等于测

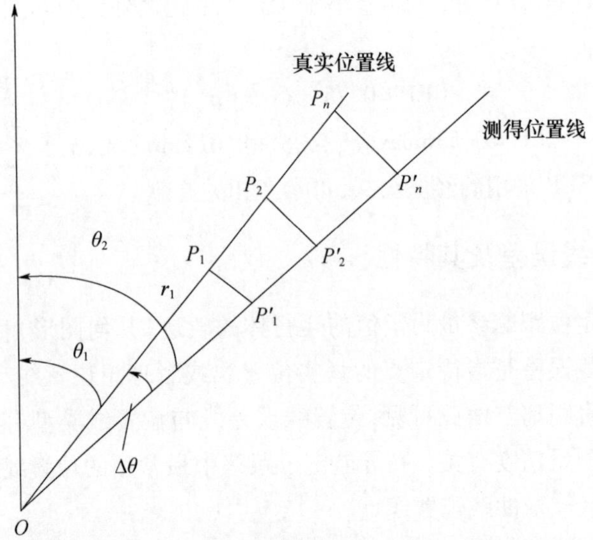

图 2-1　直线位置线误差特性示意图

距误差。由此可见,圆位置线误差和运动体所在距离无关,就等于测距误差,这是圆位置线误差和其他位置线误差明显不同的特性。

3. 双曲线位置线误差

双曲线位置线是指在一个特定平面上,保持运行体与两个指定基准点距离差为恒定值的轨迹,这个轨迹是以这两个基准点为焦点的双曲线。因此,一切测距差系统均可以提供双曲线位置线。双曲线的特点是两条距离差不同的相邻双曲线之间的距离随着偏离基线的远近而不同,相距基线越远就越大,这就是双曲线的发散特性。另外,它的发散程度又与基线长度有关,通常基线越短,发散越厉害。当基线短到一定程度时,双曲线趋近于由基线中心发出的射线。因此,双曲线位置线误差特性和直线位置线误差特性有一定类似性,即随着偏离基线距离的增大而增大。

2.5　抗差自适应估计理论

2.5.1　抗差 M 估计原理

抗差估计的含义是当理论模型与实际有微小差异时,其估计方法的性能只受到微小的影响,即估计方法具有一定的"稳定性";否则,针对理论模型假设下的参数估值的优良性没有实际意义。Huber[127]曾提到抗差估计的3个主要目标:一是在所假定的模型下,估值具有合理的有效性;二是当实际模型与假设的模型有微小差异时,其参数估值或统计方法所受的影响也较小;三是当实际模型与假定模型有严重偏离时,其参数估值的性能仍不致使参数估值受到破坏性影响[128-129]。

1. M估计的定义

先从一维参数M估计出发,介绍M估计的基本原理。

设观测样本$L_1,L_2,\cdots,L_n$,观测值L_i的分布密度$f(x-L_i)$,极大似然(ML)估计要求参数满足

$$\Omega = \sum_{i=1}^{n} \ln f(x - L_i) = \max \tag{2-157}$$

若以$\rho(\cdot)$代替$-\ln f(\cdot)$,则极大似然估计要求

$$\Omega = \sum_{i=1}^{n} \rho(x - L_i) = \min \tag{2-158}$$

式中:$\rho(\cdot)$函数一般为对称、连续、严凸或在正半轴上非降的函数。参数M估计即为上述极小化问题的解。

M估计的另一种定义是由式(2-158)求极值后的方程衍生的,即参数M估计是下列方程的解:

$$\sum_{i=1}^{n} \phi(x - L_i) = 0 \tag{2-159}$$

式中:ϕ一般为$\rho(\cdot)$函数的导数,也可以是其他适当选择的降函数。式(2-159)的泛涵形式为

$$\int \phi(x - L_i)\,\mathrm{d}G(L) = 0 \tag{2-160}$$

式中:G为分布函数,如高斯分布等。

2. 污染分布

设L的污染分布函数为

$$F = (1-\varepsilon)G + \varepsilon H \tag{2-161}$$

式中:ε为污染率,$0 \leqslant \varepsilon < 1$;$F$为污染分布;$G$为模型分布(一般为正态分布);$H$为污染源分布。将式(2-161)代入式(2-160),并在$\varepsilon=0$处关于ε微分,即可得参数x的误差影响函数(IF)表达式为

$$\mathrm{IF}(L;x,F) = \frac{\phi(L,x(G))}{-\int (\partial/\partial x)[\phi(L',x)]_{x(F)}\,\mathrm{d}F(L')} \tag{2-162}$$

式中：L'为受污染后的观测量。显然 IF 与 ϕ 成正比。

3. 多维参数 M 估计及影响函数

多维参数 M 估计的定义与一维情形类似，其泛函定义为

$$\int \rho(L,X)\mathrm{d}F(L) = \min \tag{2-163}$$

如果由 ϕ 函数定义，则参数 M 估计满足下列方程：

$$\int \phi(L,X)\mathrm{d}F(L) = \min \tag{2-164}$$

参数估值的影响函数为

$$\mathrm{IF}(L;X,F) = \boldsymbol{M}(\phi,F)^{-1}\phi(L,X(F)) \tag{2-165}$$

式中：$\boldsymbol{M}$ 为 $m \times m$ 阶方阵，其形式为

$$\boldsymbol{M} = -\int \left[\frac{\partial}{\partial x}\phi(L,x)\right]_{x(F)} \mathrm{d}F(L) \tag{2-166}$$

4. 等价权函数

设观测向量 $\boldsymbol{L} = [L_1, L_2, \cdots, L_n]^{\mathrm{T}}$，未知参数向量估计 $\hat{\boldsymbol{X}}$，误差方程

$$\boldsymbol{V} = \boldsymbol{A}\hat{\boldsymbol{X}} - \boldsymbol{L} = \begin{bmatrix} \boldsymbol{a}_1 \\ \boldsymbol{a}_2 \\ \vdots \\ \boldsymbol{a}_n \end{bmatrix} \hat{\boldsymbol{X}} - \begin{bmatrix} \boldsymbol{L}_1 \\ \boldsymbol{L}_2 \\ \vdots \\ \boldsymbol{L}_n \end{bmatrix} \tag{2-167}$$

式中：$\boldsymbol{V}$ 为 n 维残差向量；$\boldsymbol{A}$ 为 $n \times m$ 阶设计矩阵；$\boldsymbol{a}_i$ 为 $\boldsymbol{A}$ 的第 i 行；设观测值独立，先验权矩阵 $\boldsymbol{P}$ 为对角阵。

按 M 估计原理，取极值函数为

$$\sum_{i=1}^{n} p_i \rho(\boldsymbol{V}_i) = \sum_{i=1}^{n} p_i \rho(\boldsymbol{a}_i \hat{\boldsymbol{X}} - \boldsymbol{L}_i) = \min \tag{2-168}$$

上式对 $\boldsymbol{X}$ 求导，并令其为零，同时记 $\phi(\boldsymbol{V}_i) = \partial\rho/\partial\boldsymbol{V}_i$，则有

$$\sum_{i=1}^{n} p_i \rho(\boldsymbol{V}_i)\boldsymbol{a}_i = 0 \tag{2-169}$$

令 $\phi(\boldsymbol{V}_i)/\boldsymbol{V}_i = W_i$（权因子），$\bar{p}_{ii} = p_i W_i$ 为等价权元素，则式（2-169）可写成

$$\boldsymbol{A}^{\mathrm{T}}\bar{\boldsymbol{P}}\boldsymbol{V} = 0 \tag{2-170}$$

式中：$\bar{\boldsymbol{P}}$ 为等价权阵。考虑式（2-167），有

$$\boldsymbol{A}^{\mathrm{T}}\bar{\boldsymbol{P}}\boldsymbol{A}\hat{\boldsymbol{X}} - \boldsymbol{A}^{\mathrm{T}}\bar{\boldsymbol{P}}\boldsymbol{L} = 0 \tag{2-171}$$

由此解得参数向量的抗差 M 估值为

$$\hat{\boldsymbol{X}} = (\boldsymbol{A}^{\mathrm{T}}\bar{\boldsymbol{P}}\boldsymbol{A})^{-1}\boldsymbol{A}^{\mathrm{T}}\bar{\boldsymbol{P}}\boldsymbol{L} \tag{2-172}$$

式(2－172)的解算一般采用迭代法,即第 $k+1$ 步迭代解为

$$\hat{\boldsymbol{X}}^{k+1}=(\boldsymbol{A}^{\mathrm{T}}\overline{\boldsymbol{P}}^{k}\boldsymbol{A})^{-1}\boldsymbol{A}^{\mathrm{T}}\overline{\boldsymbol{P}}^{k}\boldsymbol{L} \tag{2-173}$$

其中,$\overline{\boldsymbol{P}}^{k}$ 的元素为

$$\overline{p}_{ii}^{k}=p_i W_i^k=p_i\phi(\boldsymbol{V}_i^k)/\boldsymbol{V}_i^k \tag{2-174}$$

式中:$\boldsymbol{V}_i^k$ 为第 k 步迭代观测值的残差分量。

当观测受到污染时,可以使用权函数对污染部分进行降权处理,以减小其对整体状态估计的影响。按照定权方法的不同,等价权函数可分为两段权函数和三段权函数。两段权函数是指利用异常误差判别量将测量数据划分为可信域和异常域,保持可信域数据的权值,降低异常域数据的权值,如 Huber 权函数:

$$\overline{w}_k=\begin{cases}\breve{w}_k & ,|\tilde{r}_k|<c_0\\ \operatorname{sgn}(r_k)\dfrac{\breve{w}_k\cdot c_0}{r_k} & ,|\tilde{r}_k|\geqslant c_0\end{cases} \tag{2-175}$$

式中:$\tilde{r}_k$ 为标准化残差;c_0 为异常误差判决门限。

三段权函数进一步将异常域划分为怀疑域和淘汰域,对怀疑域的数据进行降权,剔除淘汰域的数据,如 IGGⅢ权函数:

$$\overline{w}_k=\begin{cases}w_k & ,|\tilde{r}_k|<c_1\\ w_k\cdot\dfrac{c_1}{|\tilde{r}_k|}\left(\dfrac{c_2-|\tilde{r}_k|}{c_2-c_1}\right)^2 & ,c_1\leqslant|\tilde{r}_k|<c_2\\ 0 & ,|\tilde{r}_k|\geqslant c_2\end{cases} \tag{2-176}$$

式中:c_1、c_2 为判决门限。

从定位准确性和可靠性的角度来看,可信域保障了估计的效率,其中的数据应当是测量数据的主体;怀疑域综合考虑了估计的效率和可靠性,表示其中的数据出现异常但还可以利用;怀疑域和淘汰域共同体现了定位方法的抗异常误差能力,通常,$c_1\in[1.3,2]$,$c_2\in[2.5,8]$。

5. 影响函数

为了推导式(2－172)的影响函数,将式(2－169)表示为泛函形式,以便使用 Fisher 一致性准则。在分布 $\boldsymbol{F}$ 处将式(2－172)表示成

$$\int p_i\phi(\boldsymbol{a}_i\hat{\boldsymbol{X}}(F_1,F_2,\cdots,F_n)-\boldsymbol{L}_i)\boldsymbol{a}_i\mathrm{d}F_i=0 \tag{2-177}$$

为了讨论 $\boldsymbol{L}_j$ 的误差对参数的影响,可将实际边际分布 $F_{j;L}$ 表示成

$$F_{j;L}=(1-\varepsilon)G_j+\varepsilon\delta l,0<\varepsilon<1 \tag{2-178}$$

式中,G_j 为 $\boldsymbol{L}_j$ 的模型边际分布。将式(2-178)代入式(2-177)并对 ε 求导,得

$$\int p_j\phi(\boldsymbol{a}_j\boldsymbol{X}-\boldsymbol{L}_i)\boldsymbol{a}_i\mathrm{d}(-G_j+\delta l)+\sum_{i=1}^{n}\int p_j\phi'(\boldsymbol{a}_j\boldsymbol{X}-\boldsymbol{L}_i)\boldsymbol{a}_i(\boldsymbol{a}_i)^{\mathrm{T}}\mathrm{d}F(\boldsymbol{L}_i)\frac{\partial\boldsymbol{X}}{\partial\varepsilon}\bigg|_{\varepsilon=0}=0 \tag{2-179}$$

式中:$\dfrac{\partial\boldsymbol{X}}{\partial\varepsilon}=\mathrm{IF}$。注意到

$$\int p_j\phi(\boldsymbol{a}_j\boldsymbol{X}-\boldsymbol{L}_i)\boldsymbol{a}_i\mathrm{d}(-G_j)=0 \tag{2-180}$$

$$\int p_j\phi(\boldsymbol{a}_j\boldsymbol{X}-\boldsymbol{L}_i)\boldsymbol{a}_i\mathrm{d}(\delta l)=p_j\phi(\boldsymbol{a}_j\boldsymbol{X}-\boldsymbol{L}_i)\boldsymbol{a}_i \tag{2-181}$$

$$\sum_{i=1}^{n}\int p_j\phi'(\boldsymbol{a}_j\boldsymbol{X}-\boldsymbol{L}_i)\boldsymbol{a}_i(\boldsymbol{a}_i)^{\mathrm{T}}\mathrm{d}F(\boldsymbol{L}_i)=\sum_{i=1}^{n}p_jE\phi'(\boldsymbol{a}_j\boldsymbol{X}-\boldsymbol{L}_i)(\boldsymbol{a}_i)^{\mathrm{T}}\boldsymbol{a}_i \tag{2-182}$$

式中:E 表示数学期望。将式(2-180)~式(2-182)代入式(2-179)得 $\hat{\boldsymbol{X}}$ 的 m 维影响函数向量为

$$\mathrm{IF}(\boldsymbol{L}_i,\hat{\boldsymbol{X}},\boldsymbol{F})=-\boldsymbol{M}(\phi,\boldsymbol{F})^{-1}(\boldsymbol{a}_i)^{\mathrm{T}}p_j\phi(\boldsymbol{a}_j\boldsymbol{X}-\boldsymbol{L}_i) \tag{2-183}$$

式中:$\boldsymbol{M}$ 为 $m\times m$ 阶方阵,即

$$\boldsymbol{M}=\boldsymbol{A}^{\mathrm{T}}\boldsymbol{Z}\boldsymbol{A} \tag{2-184}$$

$$\boldsymbol{Z}=\begin{bmatrix}p_1E\phi'(\boldsymbol{a}_j\boldsymbol{X}-\boldsymbol{L}_1) & & & \\ & p_2E\phi'(\boldsymbol{a}_2\boldsymbol{X}-\boldsymbol{L}_2) & & \\ & & \ddots & \\ & & & p_nE\phi'(\boldsymbol{a}_n\boldsymbol{X}-\boldsymbol{L}_n)\end{bmatrix} \tag{2-185}$$

从式(2-183)表示的影响函数可见,参数 M 估计的影响函数向量主要与 ϕ 函数有关。

2.5.2 自适应估计原理

自适应抗差滤波具有控制观测异常和状态方程信息异常的能力[130-131]。本节着重讨论自适应滤波解的性质。现假设观测向量无异常干扰,观测向量的等价权为原始协方差矩阵的逆矩阵。为后面公式推演方便,下面简要给出 Kalman 滤波的数学原则和自适应滤波解的表达式。

我们知道,标准 Kalman 滤波基于如下原则:

$$\boldsymbol{V}_k^{\mathrm{T}}\boldsymbol{P}_k\boldsymbol{V}_k+(\hat{\boldsymbol{X}}_k-\overline{\boldsymbol{X}}_k)^{\mathrm{T}}\boldsymbol{P}_{\overline{X}_k}(\hat{\boldsymbol{X}}_k-\overline{\boldsymbol{X}}_k)=\min \tag{2-186}$$

则得到标准的 Kalman 滤波解为

$$\hat{\boldsymbol{X}}_k=(\boldsymbol{A}_k^{\mathrm{T}}\boldsymbol{P}_k\boldsymbol{A}_k+\boldsymbol{P}_{\overline{X}_k})^{-1}(\boldsymbol{P}_{\overline{X}_k}\overline{\boldsymbol{X}}_k+\boldsymbol{A}_k^{\mathrm{T}}\boldsymbol{P}_k\boldsymbol{L}_k) \tag{2-187}$$

式中符号意义同前。

自适应滤波解为

$$\boldsymbol{V}_k^{\mathrm{T}}\boldsymbol{P}_k\boldsymbol{V}_k+\alpha_k(\hat{\boldsymbol{X}}_k-\overline{\boldsymbol{X}}_k)^{\mathrm{T}}\boldsymbol{P}_{\overline{X}_k}(\hat{\boldsymbol{X}}_k-\overline{\boldsymbol{X}}_k)=\min \tag{2-188}$$

式中：$\boldsymbol{P}_k$ 和 $\boldsymbol{P}_{\overline{X}_k}$ 分别为观测向量 $\boldsymbol{L}_k$ 和状态预测向量 $\overline{\boldsymbol{X}}_k$ 的权矩阵，它们是相应协方差矩阵的逆矩阵；α_k 为自适应因子，$0\leqslant\alpha_k\leqslant1$。

当前历元观测值求得的状态估计值 $\widetilde{\boldsymbol{X}}_k$ 与状态向量预报值之差组成的函数 $|\Delta\widetilde{\boldsymbol{X}}_k|$，应能反应状态预报值的偏差程度，$|\Delta\widetilde{\boldsymbol{X}}_k|$ 越大，表明状态方程预报值与实际观测状态偏差越大。

2.5.3 抗差自适应滤波

1. 自由极值原理

利用抗差估计原理可实现动态系统的自适应滤波。设状态预测信息向量的误差方程为

$$\boldsymbol{V}_{\overline{X}_k}=\hat{\boldsymbol{X}}_k-\overline{\boldsymbol{X}}_k=\hat{\boldsymbol{X}}_k-\boldsymbol{\Phi}_{k,k-1}\hat{\boldsymbol{X}}_{k-1} \tag{2-189}$$

在 t_k 历元观测向量 $\boldsymbol{L}_k$ 的误差方程为

$$\boldsymbol{V}_k=\boldsymbol{A}_k\hat{\boldsymbol{X}}_k-\boldsymbol{L}_k \tag{2-190}$$

设 t_k 历元状态预测向量 $\overline{\boldsymbol{X}}_k$ 的协方差矩阵为 $\boldsymbol{\Sigma}_{\overline{X}_k}$，相应权矩阵为 $\boldsymbol{P}_{\overline{X}_k}=\boldsymbol{\Sigma}_{\overline{X}_k}^{-1}$，观测向量的协方差矩阵为 $\boldsymbol{\Sigma}_k$，相应的权矩阵为 $\boldsymbol{P}_k=\boldsymbol{\Sigma}_k^{-1}$。为控制观测异常和状态预测信息异常对状态参数估值的影响，构造如下极值原则：

$$\boldsymbol{\Omega}_k=\boldsymbol{V}_k^{\mathrm{T}}\overline{\boldsymbol{P}}_k\boldsymbol{V}_k+\alpha_k\boldsymbol{V}_{\overline{X}_k}^{\mathrm{T}}\boldsymbol{P}_{\overline{X}_k}\boldsymbol{V}_{\overline{X}_k}=\min \tag{2-191}$$

式中：$\overline{\boldsymbol{P}}_k$ 为 $\boldsymbol{L}_k$ 的抗差等价权矩阵，它是观测向量权矩阵的自适应估值；α_k 称为自适应因子，在该模型中，$0\leqslant\alpha_k\leqslant1$，由于对观测向量采用了抗差估计原则，对状态预测信息采用了自适应估计原则，于是，上述极值原则称为抗差自适应滤波原则。

式(2-191)对状态参数向量 $\hat{\boldsymbol{X}}_k$ 求极值后，有

$$\boldsymbol{A}_k^{\mathrm{T}}\overline{\boldsymbol{P}}_k\boldsymbol{V}_k+\alpha_k\boldsymbol{P}_{\overline{X}_k}\boldsymbol{V}_{\overline{X}_k}=0 \tag{2-192}$$

将误差方程式(2-189)和式(2-190)代入式(2-192)，即可得状态参数向量的抗差自适应滤波解：

$$\hat{\boldsymbol{X}}_k=(\boldsymbol{A}_k^{\mathrm{T}}\overline{\boldsymbol{P}}_k\boldsymbol{A}_k+\alpha_k\boldsymbol{P}_{\overline{X}_k})^{-1}(\alpha_k\boldsymbol{P}_{\overline{X}_k}\overline{\boldsymbol{X}}_k+\boldsymbol{A}_k^{\mathrm{T}}\overline{\boldsymbol{P}}_k\boldsymbol{L}_k) \tag{2-193}$$

从上述抗差自适应滤波解的表达式中可以看出，若观测信息异常，则相应

的等价权矩阵元素减小，从而可以控制观测异常对状态参数估值的影响；若动力模型产生异常扰动，相应的自适应因子 α_k 减小，从而可以控制状态模型预测信息异常对状态参数估计的影响；极端地说，若 α_k 为0，则状态预测信息 $\overline{\boldsymbol{X}}_k$ 对状态参数估计 $\hat{\boldsymbol{X}}_k$ 的影响为0，此时，抗差自适应滤波自动变成了抗差平差。

2. 条件极值原理

抗差自适应滤波解也可通过求条件极值的方法求得，求极值函数为

$$\boldsymbol{\Omega}_k = \boldsymbol{V}_k^{\mathrm{T}}\overline{\boldsymbol{\Sigma}}_k^{-1}\boldsymbol{V}_k + \alpha_k \boldsymbol{V}_{\overline{X}_k}^{T}\boldsymbol{\Sigma}_{\overline{X}_k}^{-1}\boldsymbol{V}_{\overline{X}_k} - 2\boldsymbol{\lambda}_k^{\mathrm{T}}(\boldsymbol{A}_k\hat{\boldsymbol{X}}_k - \boldsymbol{L}_k - \boldsymbol{V}_k) = \min \quad (2-194)$$

式中：$\overline{\boldsymbol{\Sigma}}_k$ 为观测向量的等价协方差矩阵，它可以通过双因子方差－协方差膨胀模型获得；$\boldsymbol{\lambda}_k$ 为拉格朗日乘数向量。式(2－194)分别对 $\boldsymbol{V}_k$ 和 $\hat{\boldsymbol{X}}_k$ 求导并令其为零，得

$$\frac{\partial \boldsymbol{\Omega}_k}{\partial \boldsymbol{V}_k} = 2\boldsymbol{V}_k^{\mathrm{T}}\overline{\boldsymbol{\Sigma}}_k^{-1} + 2\boldsymbol{\lambda}_k^{\mathrm{T}} = 0 \quad (2-195)$$

$$\frac{\partial \boldsymbol{\Omega}_k}{\partial \hat{\boldsymbol{X}}_k} = 2\alpha_k \boldsymbol{V}_{\overline{X}_k}^{\mathrm{T}}\boldsymbol{\Sigma}_{\overline{X}_k}^{-1} + 2\boldsymbol{\lambda}_k^{\mathrm{T}}\boldsymbol{A}_k = 0 \quad (2-196)$$

由上两式显然有

$$\boldsymbol{V}_k = -\overline{\boldsymbol{\Sigma}}_k\boldsymbol{\lambda}_k \quad (2-197)$$

$$\boldsymbol{V}_{\overline{X}_k} = \frac{1}{\alpha_k}\boldsymbol{\Sigma}_{\overline{X}_k}\boldsymbol{A}_k^{\mathrm{T}}\boldsymbol{\lambda}_k \quad (2-198)$$

将式(2－197)和式(2－198)代入观测误差方程得

$$\boldsymbol{\lambda}_k = \left(\frac{1}{\alpha_k}\boldsymbol{A}_k\boldsymbol{\Sigma}_{\overline{X}_k}\boldsymbol{A}_k^{\mathrm{T}} + \overline{\boldsymbol{\Sigma}}_k\right)^{-1}(\boldsymbol{L}_k - \boldsymbol{A}_k\overline{\boldsymbol{X}}_k) \quad (2-199)$$

将式(2－199)代入式(2－198)，并顾及式(2－189)得

$$\hat{\boldsymbol{X}}_k = \overline{\boldsymbol{X}}_k + \frac{1}{\alpha_k}\boldsymbol{\Sigma}_{\overline{X}_k}\boldsymbol{A}_k^{\mathrm{T}}\left(\frac{1}{\alpha_k}\boldsymbol{A}_k\boldsymbol{\Sigma}_{\overline{X}_k}\boldsymbol{A}_k^{\mathrm{T}} + \overline{\boldsymbol{\Sigma}}_k\right)^{-1}(\boldsymbol{L}_k - \boldsymbol{A}_k\overline{\boldsymbol{X}}_k) \quad (2-200)$$

其实，式(2－200)可以从式(2－193)利用矩阵恒等变换直接获得。但是利用式(2－200)求解状态参数估计值必须注意，自适应因子 α_k 不能为零，即 $0 < \alpha_k \leqslant 1$。

令新的增益矩阵为

$$\overline{\boldsymbol{K}}_k = \frac{1}{\alpha_k}\boldsymbol{\Sigma}_{\overline{X}_{k1}}\boldsymbol{A}_k^{\mathrm{T}}\left(\frac{1}{\alpha_k}\boldsymbol{A}_k\overline{\boldsymbol{\Sigma}}_{\overline{X}_k}\boldsymbol{A}_k^{\mathrm{T}} + \overline{\boldsymbol{\Sigma}}_k\right)^{-1} \quad (2-201)$$

则状态参数向量的抗差自适应滤波解为

$$\hat{\boldsymbol{X}}_k = (\boldsymbol{I} - \overline{\boldsymbol{K}}_k\boldsymbol{A}_k)\overline{\boldsymbol{X}}_k + \overline{\boldsymbol{K}}_k\boldsymbol{L}_k \quad (2-202)$$

由于 $\overline{\boldsymbol{X}}_k$ 与 $\boldsymbol{L}_k$ 不相关，则利用协方差矩阵传播定律可写出 $\hat{\boldsymbol{X}}_k$ 的协方差矩

阵为

$$\boldsymbol{\Sigma}_{\hat{X}_k} = (\boldsymbol{I} - \overline{\boldsymbol{K}}_k \boldsymbol{A}_k) \boldsymbol{\Sigma}_{\overline{X}_{k-1}} (\boldsymbol{I} - \overline{\boldsymbol{K}}_k^{\mathrm{T}} \boldsymbol{A}_k^{\mathrm{T}}) + \overline{\boldsymbol{K}}_k \boldsymbol{\Sigma}_k \overline{\boldsymbol{K}}_k^{\mathrm{T}} \tag{2-203}$$

式(2 - 203)也可写成

$$\boldsymbol{\Sigma}_{\hat{X}_k} = (\boldsymbol{I} - \overline{\boldsymbol{K}}_k \boldsymbol{A}_k) \boldsymbol{\Sigma}_{\overline{X}_k} / \alpha_k \tag{2-204}$$

由抗差估计方法自适应确定观测噪声协方差矩阵,并利用自适应因子调节状态噪声的协方差矩阵,可以控制观测异常和动态模型噪声异常对状态参数估值的影响。

当观测向量 $\boldsymbol{L}_k$ 的维数较高而状态参数向量的维数较低时,建议采用式(2 - 193),因为从计算角度考虑,式(2 - 193)的矩阵求逆相对容易;相反,若在 k 历元观测向量维数相对较低时,利用式(2 - 200)计算相对容易。

2.6　本章小结

本章介绍了矩阵的基本运算、滤波基础、误差分析和抗差估计等内容,将与目标定位和跟踪有关的矩阵、误差计算方法以及抗差和自适应理论进行数学描述,为后续章节的理论推导和数学描述打下基础。

第3章 基于抗差M估计的单站纯方位定位方法

对静止目标而言,由于单观测站测量的角度信息和目标位置信息是非线性关系,因此,对静止目标定位问题就转化为利用单观测站多次测得的角度信息,根据非线性测量模型对目标的位置进行估计[132]。

在复杂多变环境中,目标工作模式的切换、各类干扰、设备故障等因素都会导致测量异常误差出现的概率大大增加,与随机误差不同,异常误差通常呈非对称、非高斯分布,会使得传统定位方法所得的结果产生较大偏差。于是,对目标准确定位就有两层含义:一是有效性,即能够有效克服测量噪声的影响以及系统的非线性,得到准确的定位结果;二是可靠性,即当测量条件恶劣,出现异常误差时,依然能够得到可靠的定位结果。

本章讨论如何在测量异常误差存在的情况下实现对静止目标的有效和可靠定位。首先,根据测量角度和目标位置信息的关系,建立单站纯方位定位模型,在进行可观测性分析的基础上介绍经典定位算法。其次,将非线性定位模型等价伪线性化变换,同时考虑系数矩阵和观测向量中的误差,构建结构总体最小二乘定位准则,确保定位的有效性。最后,考虑到测量异常误差的影响,引入抗差M估计准则,并设计三段等价权函数,通过减小异常数据对定位的贡献降低异常误差的影响,从而实现复杂恶劣环境下对静止目标定位有效性和可靠性的统一。

3.1 单站纯方位定位模型

考虑二维情况,建立平面直角坐标系,设静止目标的位置向量为 $\boldsymbol{x}^{\mathrm{p}}=[x^{\mathrm{t}},y^{\mathrm{t}}]^{\mathrm{T}}$,单观测站 k 时刻的位置向量为 $\boldsymbol{x}_k^{\mathrm{o}}=[x_k^{\mathrm{o}},y_k^{\mathrm{o}}]^{\mathrm{T}}$,其中,$k=1,2,\cdots,n$,$n$ 为测量次数。为了简便,这里假定单观测站做匀速直线运动,等间隔地对目标的方位角进行测量,单站纯方位定位示意图如图 3-1 所示。

将 y 轴正方向作为参考方向,记 k 时刻单观测站到目标的真实方位角为 $\tilde{z}_k$,则单站纯方位定位的测量方程可表示为

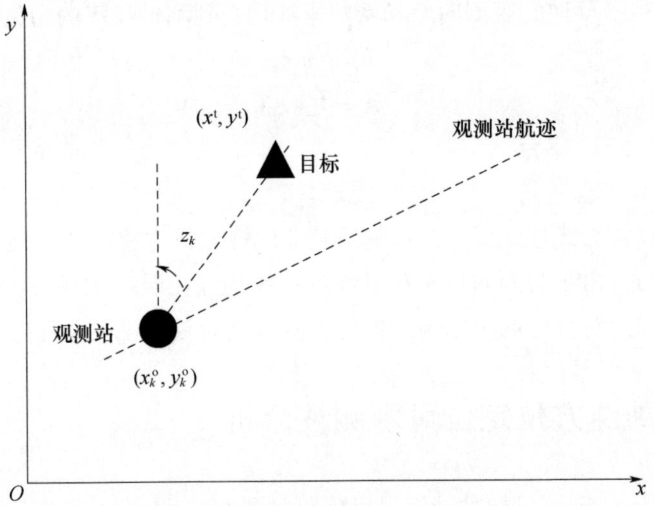

图 3-1　单站纯方位定位示意图

$$\tilde{z}_k = \arctan\left(\frac{x^t - x_k^o}{y^t - y_k^o}\right) \tag{3-1}$$

考虑测量噪声，式(3-1)可重写为

$$z_k = \tilde{z}_k + e_k = \arctan\left(\frac{x^t - x_k^o}{y^t - y_k^o}\right) + e_k \tag{3-2}$$

式中：z_k 为 k 时刻单观测站测得的方位角；e_k 为 k 时刻的测量噪声，通常假定其为独立同分布的 0 均值高斯噪声，其方差为 σ_z^2。

当然，由于模型中采用的是目标和观测站的相对位置，因此，可以在保证可观测性的前提下不限制观测站的运动形式，模型形式也不会发生改变。

非线性方程求解较为复杂，为了避免求解上述非线性模型，可以利用单站纯方位定位的特点将以上模型进行等价变换，从而将非线性方程转化为方便求解的线性方程[133]。

记 $\tilde{b}_k = x_k^o \cos\tilde{z}_k - y_k^o \sin\tilde{z}_k$，于是，测量方程可转化为

$$\tilde{\boldsymbol{A}}\boldsymbol{x}^p = \tilde{\boldsymbol{b}} \tag{3-3}$$

式中：目标位置向量 $\boldsymbol{x}^p = [x^t, y^t]^T$，观测向量为 $\tilde{\boldsymbol{b}} = [\tilde{b}_1, \tilde{b}_2, \cdots, \tilde{b}_n]^T$，系数矩阵为

$$\tilde{\boldsymbol{A}} = \begin{bmatrix} \cos\tilde{z}_1 & -\sin\tilde{z}_1 \\ \cos\tilde{z}_2 & -\sin\tilde{z}_2 \\ \vdots & \vdots \\ \cos\tilde{z}_n & -\sin\tilde{z}_n \end{bmatrix}$$

由式(3-2)可知,观测向量和系数矩阵均受到测量噪声的污染,即

$$\boldsymbol{b}=\tilde{\boldsymbol{b}}+\boldsymbol{e}_b$$

$$\boldsymbol{A}=\tilde{\boldsymbol{A}}+\boldsymbol{e}_A$$

因此,式(3-3)可写为

$$\boldsymbol{A}\boldsymbol{x}^{\mathrm{P}}=\boldsymbol{b} \tag{3-4}$$

于是,就在无线性化误差的前提下将非线性测量方程转化为线性方程[133]。需要注意的是,由于观测向量 $\boldsymbol{b}$ 和系数矩阵 $\boldsymbol{A}$ 均存在误差,因此,式(3-4)也称为伪线性方程,对目标的单站纯方位定位就转化为对伪线性方程组的求解。

3.2 单站纯方位定位可观测性分析

单站纯方位定位只能被动获得目标辐射源的信号,为了得到目标的位置信息,需要使用单观测站的状态信息和所获取的测量信息通过一定的算法进行求解。如果利用以上信息可以求得唯一的数学解算结果,则系统是可观测的。单站纯方位定位模型简单,数据处理过程简单,但表现出典型的不完全可观测的特点,即在某些情况下即使没有噪声干扰,也是不可观测的。因此,本节研究可观测性问题,即讨论只利用方位角信息,观测站需要满足何种运动条件,才能够实现目标的唯一定位。

首先分析线性系统可观测性。设连续线性系统状态方程与观测方程为[134-135]

$$\boldsymbol{X}(t)=\boldsymbol{A}(t)\boldsymbol{X}(t)+\boldsymbol{B}(t)\boldsymbol{u}(t) \tag{3-5}$$

$$\boldsymbol{Z}(t)=\boldsymbol{H}(t)\boldsymbol{X}(t) \tag{3-6}$$

如果 $\boldsymbol{X}(0)$ 可以由 $\{\boldsymbol{Z}(1),\boldsymbol{Z}(2),\cdots,\boldsymbol{Z}(n)\}$ 唯一确定,则线性系统是可观测的,如果任意初始时刻上述结论都正确,则系统完全可观测。

对于线性离散系统,线性系统完全可观测的充要条件为 $n\times n$ 维对称矩阵:

$$\boldsymbol{M}(t_0,t_k)=\int_{t_0}^{t_k}\boldsymbol{F}^{\mathrm{T}}(t,t_0)\boldsymbol{H}^{\mathrm{T}}(t)\boldsymbol{H}(t)\boldsymbol{F}(t,t_0)\,\mathrm{d}t \tag{3-7}$$

对于确定的 $n>0$ 正定。

如果系统为常系数离散线性系统,则有推论:

$$\boldsymbol{U}=[\boldsymbol{H}^{\mathrm{T}},\boldsymbol{F}^{\mathrm{T}}\boldsymbol{H}^{\mathrm{T}},\cdots,(\boldsymbol{F}^{\mathrm{T}})^{n-1}\boldsymbol{H}^{\mathrm{T}}] \tag{3-8}$$

$\mathrm{rank}(\boldsymbol{U})=n$ 为系统完全可观测的充要条件。

对于连续非线性系统,有

$$\dot{x}(t)=f(x(t),t),x(t_0)=x_0 \tag{3-9}$$

$$z(t)=h(x(t),t) \tag{3-10}$$

如果对于凸集 $S\in R^n$ 上的所有 x_0，均有

$$\boldsymbol{M}(x_0)=\int_{t_0}^{t_1}\boldsymbol{F}^{\mathrm{T}}(\tau,t_0)\boldsymbol{H}^{\mathrm{T}}(\tau)\boldsymbol{H}(\tau)\boldsymbol{F}(\tau,t_0)\mathrm{d}\tau \tag{3-11}$$

是正定的，则系统完全可观测。式中 $\boldsymbol{H}(t)=\dfrac{\partial h(x,t)}{\partial x}$；$\boldsymbol{F}(t,t_0)$ 是 $\dfrac{\partial f(x,t)}{\partial x}$ 的转移矩阵。令

$$\boldsymbol{Q}=[\boldsymbol{N}_0(t),\boldsymbol{N}_1(t),\cdots,\boldsymbol{N}_{n-1}(t)]^{\mathrm{T}} \tag{3-12}$$

若存在某一时刻 t，使得 $\mathrm{rank}(\boldsymbol{Q})=n$，则系统完全可观测，其中

$$\boldsymbol{N}_0(t)=\frac{\partial h}{\partial X^{\mathrm{T}}}$$

$$\boldsymbol{N}_i(t)=\frac{\mathrm{d}}{\mathrm{d}t}\boldsymbol{N}_{i-1}(t)+\boldsymbol{N}_{i-1}(t)\frac{\partial f}{\partial X^{\mathrm{T}}},\qquad i=1,2,\cdots,n-1$$

现针对静止目标的无源定位进行可观测性分析。系统的状态方程可用微分方程描述如下：

$$\begin{cases}\dot{r}_x=-v_x(t)\\ \dot{r}_y=-v_y(t)\end{cases} \tag{3-13}$$

式中：r_x、r_y 分别为观测站到目标的 x 和 y 方向距离；$v_x(t)$、$v_y(t)$ 分别为 t 时刻观测站的 x、y 方向速度。对观测方程进行线性化处理：

$$\boldsymbol{Z}=\ln(\cot\phi)=\ln(r_x)-\ln(r_y) \tag{3-14}$$

$$\boldsymbol{N}_0(t)=\frac{\partial \boldsymbol{h}}{\partial \boldsymbol{X}^{\mathrm{T}}}=\begin{bmatrix}\dfrac{1}{r_x} & -\dfrac{1}{r_y}\end{bmatrix} \tag{3-15}$$

$$\boldsymbol{N}_1(t)=\frac{\mathrm{d}}{\mathrm{d}t}\boldsymbol{N}_0(t)+\boldsymbol{N}_0(t)\frac{\partial f}{\partial \boldsymbol{X}^{\mathrm{T}}}=\begin{bmatrix}-\dfrac{v_x}{(r_x)^2} & \dfrac{v_y}{(r_y)^2}\end{bmatrix} \tag{3-16}$$

故有

$$\boldsymbol{Q}=\begin{bmatrix}\dfrac{1}{r_x} & -\dfrac{1}{r_y}\\ -\dfrac{v_x}{(r_x)^2} & \dfrac{v_y}{(r_y)^2}\end{bmatrix} \tag{3-17}$$

根据可观测性条件，系统完全可观测的充要条件是存在某一时刻使得 $\mathrm{rank}(\boldsymbol{Q})=n$，即

$$\det\boldsymbol{Q}=\frac{r_xv_y-v_xr_y}{(r_xr_y)^2} \tag{3-18}$$

令 $\det\boldsymbol{Q}=0$,由式(3-18)解得:$v_x=v_y=0$ 或$\frac{r_x}{r_y}=\cot\boldsymbol{\phi}$。

当 $v_x=v_y=0$ 时,观测站静止,$\mathrm{rank}(\boldsymbol{Q})=0$,不满足可观测性条件。也就是说,观测站必须运动才能实现对静止辐射源目标的定位。

当$\frac{r_x}{r_y}=\cot\boldsymbol{\phi}$ 时,观测站向着目标运动,$\mathrm{rank}(\boldsymbol{Q})=1$,不满足可观测性条件。也就是说,观测站不朝向辐射源目标运动才能满足可观测性条件。

3.3 经典定位算法

为实现单站纯方位定位,可分别求解式(3-2)对应的非线性模型和式(3-4)对应的伪线性模型,得到不同的单站纯方位定位方法,下面进行讨论。

3.3.1 非线性方程直接求解法

直接求解式(3-2)的主要方法可以分为线性化近似法、迭代法、高阶偏导直接法、最优化方法、随机搜索法等。

线性化近似法,即将非线性方程利用泰勒级数进行一阶展开,忽略其高阶项从而转化为线性形式,再利用最小二乘算法得到估计结果。然而,当非线性程度较高时,这种方法会带来较大的线性化误差,因此,只适用于精度要求不高的场合。下面讨论牛顿迭代法和高斯-牛顿法。

1. 牛顿迭代法

设定位准则:

$$g(\hat{\boldsymbol{x}})=\boldsymbol{S}^{\mathrm{T}}\boldsymbol{W}\boldsymbol{S}=[f(\hat{\boldsymbol{x}})-\boldsymbol{b}]^{\mathrm{T}}\boldsymbol{W}[f(\hat{\boldsymbol{x}})-\boldsymbol{b}]=\min \tag{3-19}$$

式中:$\boldsymbol{S}$ 为测量残差向量;$\boldsymbol{W}$ 为加权矩阵。加权矩阵 $\boldsymbol{W}$ 由先验信息确定,通常为单位矩阵。

假定 $g(\hat{\boldsymbol{x}})$ 存在二阶连续导数,并将 $g(\hat{\boldsymbol{x}})$ 对 $\boldsymbol{x}$ 进行二阶泰勒级数展开,得

$$g(\hat{\boldsymbol{x}})=g(\boldsymbol{x}+\Delta\boldsymbol{x})\approx g(\boldsymbol{x})+\boldsymbol{\nabla}(\Delta\boldsymbol{x})+\frac{1}{2}(\Delta\boldsymbol{x})^{\mathrm{T}}\boldsymbol{H}(\Delta\boldsymbol{x}) \tag{3-20}$$

式中:∇为 $\boldsymbol{x}$ 处的一阶偏导数,称为 Jacobin 矩阵,是 $g(\hat{\boldsymbol{x}})$ 在 $\boldsymbol{x}$ 处的梯度,即

$$\boldsymbol{\nabla}=\left[\frac{\partial g(x)}{\partial x_1}\quad \frac{\partial g(x)}{\partial x_2}\quad \cdots \quad \frac{\partial g(x)}{\partial x_n}\right]$$

$\boldsymbol{H}$ 为 $\boldsymbol{x}$ 处的二阶偏导矩阵,称为 Hessian 矩阵,即

$$
\boldsymbol{H}=\begin{bmatrix}
\frac{\partial^2 g(x)}{\partial x_1^2} & \frac{\partial^2 g(x)}{\partial x_1 x_2} & \cdots & \frac{\partial^2 g(x)}{\partial x_1 x_n} \\
\frac{\partial^2 g(x)}{\partial x_1 x_2} & \frac{\partial^2 g(x)}{\partial x_2^2} & \cdots & \frac{\partial^2 g(x)}{\partial x_2 x_n} \\
\vdots & \vdots & \ddots & \vdots \\
\frac{\partial^2 g(x)}{\partial x_n x_1} & \frac{\partial^2 g(x)}{\partial x_n x_2} & \cdots & \frac{\partial^2 g(x)}{\partial x_n^2}
\end{bmatrix}
$$

要使式(3－19)成立，将式(3－20)对 $\Delta\boldsymbol{x}$ 求偏导，并令其为0，得

$$
(\Delta\boldsymbol{x})^{\mathrm{T}}\boldsymbol{H}+\boldsymbol{\nabla}=0 \tag{3-21}
$$

当 $\boldsymbol{H}$ 满秩时，则有

$$
\Delta\boldsymbol{x}=-\boldsymbol{\nabla}\boldsymbol{H}^{-1} \tag{3-22}
$$

为使估值结果达到足够的精度，对 $\boldsymbol{X}$ 进行迭代求解，其基本公式为

$$
\hat{\boldsymbol{x}}(k+1)=\hat{\boldsymbol{x}}(k)-\boldsymbol{H}^{-1}\boldsymbol{\nabla}(k) \tag{3-23}
$$

2. 高斯－牛顿法

由于迭代公式构造简单，解算精度高，高斯－牛顿法被广泛应用于数据处理领域。其基本思想是：将二阶偏导数 Hessian 矩阵分解为高斯－牛顿矩阵和非线性二阶项之和。其实质就是把非线性最小二乘问题化为一系列的线性最小二乘问题进行迭代求解。对单站纯方位定位问题来讲，首先假定目标位置的初值为 $T_0(x_0^*,y_0^*)$，将观测方程在初值 T_0 处进行一阶泰勒级数展开，然后利用线性最小二乘迭代对初值不断进行修正，从而得到目标准确的估值。

如图3－2所示，令

$$
\boldsymbol{H}_0=\begin{bmatrix}
-\frac{y_0^*-y_1}{d_{0i}^2} & \frac{x_0^*-x_1}{d_{0i}^2} \\
\vdots & \vdots \\
-\frac{y_0^*-y_n}{d_{0i}^2} & \frac{x_0^*-x_n}{d_{0i}^2}
\end{bmatrix} \tag{3-24}
$$

$$
\boldsymbol{\phi}_0=\begin{bmatrix}
\varphi_1-\arctan\left(\frac{y_1-y_0^*}{x_1-x_0^*}\right) \\
\vdots \\
\varphi_n-\arctan\left(\frac{y_n-y_0^*}{x_n-x_0^*}\right)
\end{bmatrix} \tag{3-25}
$$

式中：d_{0i}为 T_0 到第 i 个测量点的距离。目标位置T的最小二乘估计为

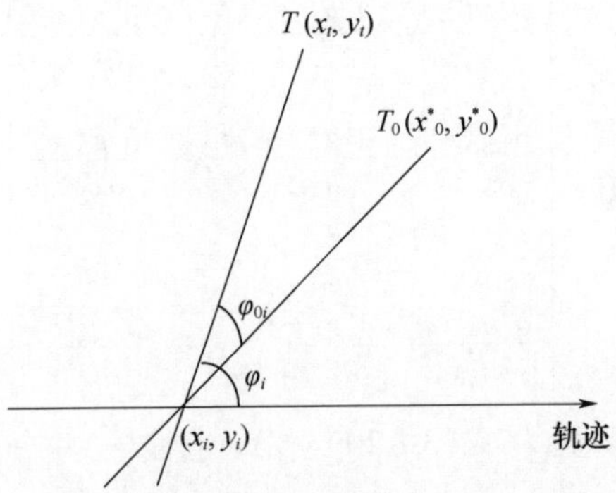

图 3-2　高斯-牛顿最小二乘算法示意图

$$\hat{\boldsymbol{x}}_{\mathrm{LS}} = \boldsymbol{x}_0 + (\boldsymbol{H}_0^{\mathrm{T}}\boldsymbol{H}_0)^{-1}\boldsymbol{H}_0^{\mathrm{T}}\boldsymbol{\phi}_0 \tag{3-26}$$

然后,再将估计值作为初值重复求解式(3-26)。当估值满足

$$\hat{\boldsymbol{x}}_{\mathrm{LS}}(k+1) - \hat{\boldsymbol{x}}_{\mathrm{LS}}(k) < \boldsymbol{\kappa} \tag{3-27}$$

时,迭代结束。

当测量误差服从零均值高斯分布时,该算法具有一致性、无偏性等优良特性。在其他算法都失效时,仍然可以得到较为理想的估值。然而,该算法较为依赖初值,当初值离真实值较远时,容易陷入局部最小值,并且由于需要迭代运算,运算复杂度较高,实时性较差。

3.3.2　伪线性方程求解法

1. 最小二乘(Least Squares, LS)定位算法

(1) 批处理最小二乘定位算法。考虑式(3-4)对应的方程,由于其形式上为线性的,因此,首先考虑将系数矩阵看作精确矩阵,则可利用最小二乘方法求解定位模型。

最小化代价函数可表示为

$$g(\hat{\boldsymbol{x}}) = \boldsymbol{S}^{\mathrm{T}}\boldsymbol{W}\boldsymbol{S} \tag{3-28}$$

这里令加权矩阵 $\boldsymbol{W}$ 为单位矩阵,则目标位置的最小二乘估计为

$$\boldsymbol{x}_{\mathrm{LS}}^{\mathrm{p}} = (\boldsymbol{A}^{\mathrm{T}}\boldsymbol{A})^{-1}\boldsymbol{A}^{\mathrm{T}}\boldsymbol{b} \tag{3-29}$$

(2) 递推最小二乘(Recursive Least Squares, RLS)定位算法。为了提高定位的实时性,利用矩阵分解的性质,可将以上批处理最小二乘算法转化为递推最小二乘算法。

所谓递推算法,就是依时间顺序,每获得一次新的观测数据就修正一次参

数估计值,随着观测数据的增多,就能获得满意的估计结果。可以概括为:新的位置估计值 = 旧的位置估计值 + 修正值。这不但可以减少计算量和存储量,而且能够实现在线实时估计。

记 $\hat{\boldsymbol{x}}_k$ 为用前 k 个观测数据进行最小二乘算法得到的估计值,故有

$$\hat{\boldsymbol{x}}_k = (\boldsymbol{A}_k^{\mathrm{T}}\boldsymbol{A}_k)^{-1}\boldsymbol{A}_k^{\mathrm{T}}\boldsymbol{b}_k \tag{3-30}$$

式中:$\boldsymbol{A}_k$ 表示矩阵 $\boldsymbol{A}$ 前 k 行组成的矩阵;$\boldsymbol{b}_k$ 表示向量 $\boldsymbol{b}$ 的前 k 行组成的向量。

令 $\boldsymbol{P}_k = (\boldsymbol{A}_k^{\mathrm{T}}\boldsymbol{A}_k)^{-1}$,则有 $\boldsymbol{P}_k = ([\boldsymbol{A}_{k-1}^{\mathrm{T}} \quad \boldsymbol{a}_k]^{\mathrm{T}}[\boldsymbol{A}_{k-1}^{\mathrm{T}} \quad \boldsymbol{a}_k])^{-1}$,解得

$$\boldsymbol{P}_k = [\boldsymbol{P}_{k-1}^{-1} + \boldsymbol{a}_k \quad \boldsymbol{a}_k^{\mathrm{T}}]^{-1} \tag{3-31}$$

式中:$\boldsymbol{a}_k$ 表示 $\boldsymbol{A}$ 矩阵第 k 行元素组成的向量。利用矩阵反演公式化简,得

$$\boldsymbol{P}_{\mathrm{RLS}}(k) = \left[\boldsymbol{I} - \frac{\boldsymbol{P}_{\mathrm{RLS}}(k-1)\boldsymbol{a}_k\boldsymbol{a}_k^{\mathrm{T}}}{1 + \boldsymbol{a}_k^{\mathrm{T}}\boldsymbol{P}_{\mathrm{RLS}}(k-1)\boldsymbol{a}_k}\right]\boldsymbol{P}_{\mathrm{RLS}}(k-1) \tag{3-32}$$

式中:$\boldsymbol{I}$ 表示单位矩阵,则由式(3-30)可知

$$\hat{\boldsymbol{x}}_{\mathrm{RLS}}(k) = \boldsymbol{P}_{\mathrm{RLS}}(k)[\boldsymbol{A}_{k-1}^{\mathrm{T}} \quad \boldsymbol{a}_k][\boldsymbol{b}_{k-1}^{\mathrm{T}} \quad b_k]^{\mathrm{T}} \tag{3-33}$$

式中:b_k 表示 $\boldsymbol{b}$ 向量的第 k 个元素。利用式(3-31)将式(3-33)化简为

$$\hat{\boldsymbol{x}}_{\mathrm{RLS}}(k) = \hat{\boldsymbol{x}}_{\mathrm{RLS}}(k-1) + \boldsymbol{P}_{\mathrm{RLS}}(k)\boldsymbol{a}_k[b_k - \boldsymbol{a}_k^{T}\hat{\boldsymbol{x}}_{\mathrm{RLS}}(k-1)] \tag{3-34}$$

式(3-34)即为最小二乘定位算法的递推形式。一般来说,还需得到估计初值才能对目标的位置进行估计。主要有两种方法:一是直接设定估计初值,令 $\boldsymbol{P}_{\mathrm{RLS}}$ 矩阵足够大,再利用式(3-32)和式(3-34)对目标的位置进行实时估计;二是先用少量测量值进行批处理最小二乘估计作为估计初始值,再利用之后的测量值进行递推最小二乘估计。

由于这种方法忽略了系数矩阵 $\boldsymbol{A}$ 的不确定性,在测量误差较大时往往造成较大的定位误差,因此,只适合于定位精度要求不高的场合或者对目标位置的粗略估计。

2. 总体最小二乘(Total Least Squares,TLS)定位算法

(1) 批处理总体最小二乘定位算法。同时考虑观测向量 $\boldsymbol{b}$ 和系数矩阵 $\boldsymbol{A}$ 中的误差,构造增广矩阵 $\boldsymbol{D} = [\boldsymbol{A}, \boldsymbol{b}]$,其误差矩阵为 $\boldsymbol{e}_D = [\boldsymbol{e}_A, \boldsymbol{e}_b]$,则总体最小二乘准则可写为[16,136]

$$\begin{cases} \min\limits_{\boldsymbol{e}_D, \boldsymbol{x}^{\mathrm{p}}} \|\boldsymbol{e}_D\|_{\mathrm{F}}^2 \\ \text{s. t. } (\boldsymbol{D} + \boldsymbol{e}_D)\begin{bmatrix} \boldsymbol{x}^{\mathrm{p}} \\ -1 \end{bmatrix} = 0 \end{cases} \tag{3-35}$$

式中:$\|\cdot\|_{\mathrm{F}}$ 表示 Frobenius 范数。

TLS 准则同时考虑了观测向量 $\boldsymbol{b}$ 和系数矩阵 $\boldsymbol{A}$ 的扰动对定位精度的影响，理论上比最小二乘方法精度更高。

为求得总体最小二乘定位解，将增广矩阵 $\boldsymbol{D}$ 进行奇异值分解，得

$$\boldsymbol{D}=\boldsymbol{U\Sigma V}^{\mathrm{T}} \tag{3-36}$$

式中：$\boldsymbol{U}\in\mathbb{R}^{n\times n}$；$\boldsymbol{V}\in\mathbb{R}^{(n_x+1)\times(n_x+1)}$，$\mathbb{R}$ 表示实数域，n_x 为估计参量个数，本章 $n_x=2$。$\boldsymbol{V}=[\boldsymbol{v}_1,\boldsymbol{v}_2,\cdots,\boldsymbol{v}_{n_x+1}]$，$\boldsymbol{\Sigma}=\mathrm{diag}(\sigma_1,\sigma_2,\cdots,\sigma_{n_x+1})$。diag(·)表示将括号中元素依次放在主对角线，组成对角矩阵，且有

$$\sigma_1\geqslant\sigma_2\geqslant\cdots\geqslant\sigma_{n_x+1} \tag{3-37}$$

式中：σ_i 为 $\boldsymbol{D}$ 的奇异值。故目标的总体最小二乘解为

$$\hat{\boldsymbol{x}}_{\mathrm{TLS}}^{\mathrm{p}}=(-1/v_{n_x+1,n_x+1})[v_{1,n_x+1},v_{2,n_x+1},\cdots,v_{n_x,n_x+1}]^{\mathrm{T}} \tag{3-38}$$

显然，系数矩阵 $\boldsymbol{A}$ 各列相互独立，故其列满秩，上式还可以表示为

$$\hat{\boldsymbol{x}}_{\mathrm{TLS}}^{\mathrm{p}}=(\boldsymbol{A}^{\mathrm{T}}\boldsymbol{A}-\sigma_{n_x+1}^2\boldsymbol{I})^{-1}\boldsymbol{A}^{\mathrm{T}}\boldsymbol{b} \tag{3-39}$$

式中：$\boldsymbol{I}$ 为 2×2 维单位矩阵。与式(3-29)相比，式(3-39)减小了系数矩阵 $\boldsymbol{A}$ 中噪声的影响，得到的定位结果通常更准确。

(2) 递推总体最小二乘定位算法。在电子战等无源定位应用中，需要实时提供目标位置信息，并且要求定位算法运算复杂度低、所需数据存储空间尽量小。式(3-38)和式(3-39)所示的批处理总体最小二乘定位算法需要所有测量数据，并且要进行奇异值分解和求逆运算，运算复杂度高、实时性差，显然不满足以上需求。为此，推导递推总体最小二乘算法[137]。

加权总体最小二乘准则可表示为

$$\boldsymbol{e}_b^{\mathrm{T}}\boldsymbol{W}_b\boldsymbol{e}_b+\mathrm{vec}(\boldsymbol{e}_A)^{\mathrm{T}}\boldsymbol{W}_A\mathrm{vec}(\boldsymbol{e}_A)=\min \tag{3-40}$$

式中：vec(·)表示将矩阵元素按从左到右顺序写为向量形式；$\boldsymbol{W}_b$ 为 $n\times n$ 对角加权矩阵；$\boldsymbol{W}_A$ 为 $2n\times2n$ 对角加权矩阵。

考虑到观测向量和系数矩阵的扰动均是由角度噪声所引起的，并且同一测量数据对观测向量和系数矩阵的影响是一致的，故对同一测量数据对应的观测值和系数矩阵值赋予同样的权值。令

$$\boldsymbol{W}=\boldsymbol{W}_b=\mathrm{diag}(w_1,w_2,\cdots,w_n)$$

$$\boldsymbol{W}_A=\mathrm{diag}(w_1,w_1,w_2,w_2,\cdots,w_n,w_n)$$

则式(3-40)可化为

$$\sum_{i=1}^{n}w_i[e_{a_{i1}}^2+e_{a_{i2}}^2+e_{b_i}^2]=\min \tag{3-41}$$

式中：$e_{a_{i1}}$、$e_{a_{i2}}$分别为 $\boldsymbol{A}$ 矩阵第 i 行第 1、2 列元素对应的误差；e_{b_i}为 $\boldsymbol{b}$ 向量第 i 个

元素的误差。记$\boldsymbol{D}(k)$为由前k个数据得到的增广矩阵,其他表达式的意义与之类似。令

$$\boldsymbol{P}=[\boldsymbol{D}^{\mathrm{T}}\boldsymbol{W}\boldsymbol{D}]^{-1} \tag{3-42}$$

利用矩阵反演公式可将$\boldsymbol{P}$矩阵递推如下:

$$\boldsymbol{P}_{\mathrm{RTLS}}(k)=\left[\boldsymbol{I}-\frac{w_k\boldsymbol{P}_{\mathrm{RTLS}}(k-1)\boldsymbol{d}_k\boldsymbol{d}_k^{\mathrm{T}}}{1+w_k\boldsymbol{d}_k^{\mathrm{T}}\boldsymbol{P}_{\mathrm{RTLS}}(k-1)\boldsymbol{d}_k}\right]\boldsymbol{P}_{\mathrm{RTLS}}(k-1) \tag{3-43}$$

式中:$\boldsymbol{d}_k$为$\boldsymbol{D}^{\mathrm{T}}$矩阵的第$k$列。

由奇异值分解性质可知,$\boldsymbol{V}(k)$为正交矩阵,其列向量是$\boldsymbol{D}^{\mathrm{T}}(k)\boldsymbol{W}(k)\boldsymbol{D}(k)$的特征向量,故$\boldsymbol{V}(k)$的列向量可看作$m+1$维空间的一组正交基,因此,$\boldsymbol{V}$的最右奇异向量$\boldsymbol{v}_{m+1}(k-1)$可以用$\boldsymbol{v}_1(k),\boldsymbol{v}_2(k),\cdots,\boldsymbol{v}_{m+1}(k)$的线性组合表示如下:

$$\boldsymbol{v}_{m+1}(k-1)=c_1(k)\boldsymbol{v}_1(k)+\cdots+c_{m+1}(k)\boldsymbol{v}_{m+1}(k) \tag{3-44}$$

引入向量$\boldsymbol{w}(k)$,令

$$\boldsymbol{w}(k)=\boldsymbol{P}_{\mathrm{RTLS}}(k)\boldsymbol{v}_{m+1}(k-1) \tag{3-45}$$

利用式(3-35)和式(3-44),将式(3-45)化简如下:

$$\begin{aligned}\boldsymbol{w}(k)&=\boldsymbol{P}_{\mathrm{RTLS}}(k)\boldsymbol{v}_{m+1}(k-1)\\&=\left(\sum_{i=1}^{m+1}\frac{1}{\sigma_i^2(k)}\boldsymbol{v}_i(k)\boldsymbol{v}_i^{\mathrm{T}}(k)\right)\left(\sum_{j=1}^{m+1}c_j(k)\boldsymbol{v}_j(k)\right)\\&=\sum_{i=1}^{m+1}\frac{c_i(k)}{\sigma_i^2(k)}\boldsymbol{v}_i(k)\end{aligned} \tag{3-46}$$

由式(3-43)可知,$\boldsymbol{P}_{\mathrm{RTLS}}(k)$和$\boldsymbol{P}_{\mathrm{RTLS}}(k-1)$具有较高的相关性,而$\boldsymbol{v}_{m+1}(k)$和$\boldsymbol{v}_{m+1}(k-1)$为它们的特征向量,因此也具有较高的相关性,故由式(3-44)可知

$$a_{m+1}(k)\gg a_i(k),\qquad i=1,2,\cdots,m \tag{3-47}$$

根据式(3-39)和式(3-47),我们有

$$\frac{c_{m+1}(k)}{\sigma_{m+1}(k)}\gg\frac{c_i(k)}{\sigma_i(k)},\qquad i=1,2,\cdots,m \tag{3-48}$$

则式(3-46)可化简为

$$\boldsymbol{w}(k)\approx\frac{c_{m+1}(k)}{\sigma_{m+1}^2(k)}\boldsymbol{v}_{m+1}(k) \tag{3-49}$$

将$\boldsymbol{w}(k)$单位化,得到$\boldsymbol{v}_{m+1}(k)$的估计值为

$$\hat{\boldsymbol{v}}_{m+1}(k)=\frac{\boldsymbol{w}(k)}{\|\boldsymbol{w}(k)\|} \tag{3-50}$$

故

$$\hat{\boldsymbol{X}}_{\text{RTLS}}(k)=(-1/\hat{v}_{m+1,m+1}(k))[\hat{v}_{1,m+1}(k),\cdots,\hat{v}_{m,m+1}(k)]^{\text{T}} \tag{3-51}$$

从式(3-43)、式(3-45)、式(3-50)、式(3-51)可以看出,RTLS 算法利用测量数据实时更新 $\boldsymbol{P}_{\text{RTLS}}$ 矩阵与最右奇异向量 $\boldsymbol{v}_{m+1}(k)$,进而得到目标位置的递推估计值。与批处理 TLS 算法相比,RTLS 算法不仅实现了目标位置的实时估计,而且所需存储空间大大减少,运算复杂度也由 $O(n^3)$ 降为 $O(n)$。同理,递推总体最小二乘定位算法的初值也可以利用直接设定或者少量数据进行批处理 TLS 算法的方式进行确定。

RTLS 算法与 RLS 算法形式上接近。运算复杂度上,前者略高于后者;定位精度上,由于考虑了系数矩阵的扰动,前者比后者精确度更高[138]。

RTLS 算法的流程如表 3-1 所列。

表 3-1 RTLS 算法流程

初始化	$\boldsymbol{P}_{\text{RTLS}}(0),\boldsymbol{x}_{\text{RTLS}}(0),\boldsymbol{v}_{m+1}(0)$
算法递推	$k=1:n$ 1. 更新 $\boldsymbol{P}_{\text{RTLS}}$ 矩阵 $\boldsymbol{P}_{\text{RTLS}}(k)=\left[\boldsymbol{I}-\dfrac{w_k\boldsymbol{P}_{\text{RTLS}}(k-1)\boldsymbol{d}_k\boldsymbol{d}_k^{\text{T}}}{1+w_k\boldsymbol{d}_k^{\text{T}}\boldsymbol{P}_{\text{RTLS}}(k-1)\boldsymbol{d}_k}\right]\boldsymbol{P}_{\text{RTLS}}(k-1)$ 2. $\boldsymbol{w}(k)=\boldsymbol{P}_{\text{RTLS}}(k)\boldsymbol{v}_{m+1}(k-1)$ 3. $\hat{\boldsymbol{v}}_{m+1}(k)=\dfrac{\boldsymbol{w}(k)}{\Vert\boldsymbol{w}(k)\Vert}$ 4. $\hat{\boldsymbol{x}}_{\text{RTLS}}(k)=(-1/\hat{v}_{m+1,m+1}(k))[\hat{v}_{1,m+1}(k),\hat{v}_{2,m+1}(k),\cdots,\hat{v}_{m,m+1}(k)]^{\text{T}}$

3.4 基于抗差 M 估计的结构总体最小二乘定位准则

3.4.1 结构总体最小二乘定位准则

事实上,系数矩阵 $\boldsymbol{A}$ 和观测向量 $\boldsymbol{b}$ 中的误差均来自测角误差,也就是说,$\boldsymbol{e}_A$ 和 $\boldsymbol{e}_b$ 之间存在相关关系。为利用这一约束关系,考虑如下泰勒展开式[139]:

$$\begin{cases}\cos\widetilde{z}_k=\cos(z_k-e_k)=\cos z_k-e_k\sin z_k+o(e_k)\\ \sin\widetilde{z}_k=\sin(z_k-e_k)=\sin z_k+e_k\cos z_k+o(e_k)\end{cases} \tag{3-52}$$

记系数矩阵 $\boldsymbol{A}$ 第 k 行元素为 $\boldsymbol{A}_k$(k 时刻的系数),观测向量 $\boldsymbol{b}$ 第 k 行元素为 b_k,于是其误差 $\boldsymbol{e}_{A_k}$ 和 $\boldsymbol{e}_{b_k}$ 可分别写为

$$\boldsymbol{e}_{A_k}=[e_k\sin z_k+o(e_k),e_k\cos z_k+o(e_k)]$$

$$\boldsymbol{e}_{b_k}=e_k(x_k^{\text{o}}\sin z_k+y_k^{\text{o}}\cos z_k)+o(e_k)$$

式中：$o(e_k)$代表误差 e_k 的高阶项。

记 $G_{1,k}=\sin z_k$，$G_{2,k}=\cos z_k$，$G_{3,k}=x_k^{\mathrm{o}}\sin z_k+y_k^{\mathrm{o}}\cos z_k$，$\boldsymbol{G}_1=\mathrm{diag}(G_{1,1},G_{1,2},\cdots,G_{1,n})$，$\boldsymbol{G}_2=\mathrm{diag}(G_{2,1},G_{2,2},\cdots,G_{2,n})$，$\boldsymbol{G}_3=\mathrm{diag}(G_{3,1},G_{3,2},\cdots,G_{3,n})$。约束条件可进一步写为

$$\boldsymbol{D}(\boldsymbol{e})\begin{bmatrix}\boldsymbol{x}^{\mathrm{p}}\\-1\end{bmatrix}=(\boldsymbol{D}_0+\boldsymbol{D}_1e_1+\boldsymbol{D}_2e_2+\cdots+\boldsymbol{D}_ne_n)\begin{bmatrix}\boldsymbol{x}^{\mathrm{p}}\\-1\end{bmatrix}=0 \tag{3-53}$$

其中

$$\boldsymbol{D}_0=\boldsymbol{D}=[\boldsymbol{A},\boldsymbol{b}],\boldsymbol{D}_k=[G_{1,k},G_{2,k},G_{3,k}],k=1,2,\cdots,n$$

因此，结构总体最小二乘（Structured Total Least Squares，STLS）准则可表示为

$$\begin{cases}\min\limits_{\boldsymbol{e}\in\mathbb{R}^n}\boldsymbol{e}^{\mathrm{T}}\boldsymbol{e}\\ \mathrm{s.\,t.}\begin{cases}\boldsymbol{D}(\boldsymbol{e})\boldsymbol{b}=0\\ \boldsymbol{b}^{\mathrm{T}}\boldsymbol{b}=1\end{cases}\end{cases} \tag{3-54}$$

式中：$\boldsymbol{e}=[e_1,e_2,\cdots,e_n]^{\mathrm{T}}$ 为测量误差向量。与 TLS 方法相比，STLS 准则考虑了系数矩阵和观测向量噪声之间的约束条件，理论上具有更高的定位精度[140]。

3.4.2　抗异常误差准则

若测量环境较好，测量误差呈高斯分布，则以上 STLS 方法能得到较为准确的定位结果。但是，战场环境复杂、恶劣可能会导致出现偏离于高斯分布的异常误差，即测量误差不完全服从高斯分布，这时，就需要对异常误差进行处理，以保证定位的可靠性。

引入污染分布[11,141]：

$$G_e=(1-\varepsilon)N+\varepsilon M \tag{3-55}$$

式中：N 代表主体高斯分布；M 为干扰分布；ε 表示污染率，即受污染的数据占总数据的比例，通常有 $\varepsilon\in[0,0.5]$。于是，异常误差可看作来自未知干扰分布的误差，为得到准确的定位结果，需要同时考虑主体分布和干扰分布的影响。

传统方法抗异常误差性能不高，正是因为忽略了干扰分布的影响，于是，这里引入抗差 M 估计思想，利用一定的准则判断数据是否受到异常误差的污染，然后对异常数据进行降权，减小其对定位的贡献，进而减小异常误差带来的不利影响。

设权矩阵为 $\boldsymbol{W}=\mathrm{diag}(w_1,w_2,\cdots,w_n)$，$w_k$ 为 k 时刻测量数据的权值。于是，结构总体最小二乘准则可转化为加权结构总体最小二乘（Weighted Structured

Total Least Squares, WSTLS)准则,即

$$\begin{cases}\min\limits_{\boldsymbol{e}\in\mathbb{R}^n} \boldsymbol{e}^{\mathrm{T}}\boldsymbol{W}\boldsymbol{e} \\ \text{s. t.} \begin{cases}\breve{\boldsymbol{D}}(\boldsymbol{e})\boldsymbol{b}=0 \\ \boldsymbol{b}^{\mathrm{T}}\boldsymbol{b}=1\end{cases}\end{cases} \tag{3-56}$$

其中

$$\breve{\boldsymbol{D}}(\boldsymbol{e})=\boldsymbol{D}_0+\breve{\boldsymbol{D}}_1 e_1+\breve{\boldsymbol{D}}_2 e_2+\cdots+\breve{\boldsymbol{D}}_n e_n, \breve{\boldsymbol{D}}_k=\boldsymbol{D}_k/\sqrt{w_k}, k=1,2,\cdots,n$$

当测量噪声严格服从高斯分布时,各数据权值相同。但若出现异常误差,就需要对其进行降权,以降低不利影响。依据抗差 M 估计原理,定义等价权矩阵 $\overline{\boldsymbol{W}}=\mathrm{diag}(\overline{w}_1,\overline{w}_2,\cdots,\overline{w}_n)$。其中,$\overline{w}_k$ 为等价权函数,一般为有界、非增函数。于是,抗差结构总体最小二乘(Robust Structured Total Least Squares, RSTLS)准则可表示为[142]

$$\begin{cases}\min\limits_{\boldsymbol{e}\in\mathbb{R}^n} \boldsymbol{e}^{\mathrm{T}}\overline{\boldsymbol{W}}\boldsymbol{e} \\ \text{s. t.} \begin{cases}\overline{\boldsymbol{D}}(\boldsymbol{e})\boldsymbol{b}=0 \\ \boldsymbol{b}^{\mathrm{T}}\boldsymbol{b}=1\end{cases}\end{cases} \tag{3-57}$$

其中

$$\overline{\boldsymbol{D}}(\boldsymbol{e})=\boldsymbol{D}_0+\overline{\boldsymbol{D}}_1 e_1+\overline{\boldsymbol{D}}_2 e_2+\cdots+\overline{\boldsymbol{D}}_n e_n, \overline{\boldsymbol{D}}_k=\boldsymbol{D}_k/\sqrt{\overline{w}_k}, k=1,2,\cdots,n$$

于是,问题就转化为构造合适的等价权函数,使得当存在异常误差时其权值较小或为0,以减小甚至消除异常误差对定位造成的不利影响。等价权函数的构建通常包括异常误差判别量的设计和各数据权值的确定。考虑伪线性测量方程的残差向量:

$$\boldsymbol{r}=\boldsymbol{A}\hat{\boldsymbol{x}}^{p}-\boldsymbol{b} \tag{3-58}$$

式中:$\boldsymbol{r}=[r_1,r_2,\cdots,r_n]^{\mathrm{T}}$。忽略噪声的高阶项,由式(3-52)可以得到

$$\begin{aligned} r_k &= x^{\mathrm{t}}\sin z_k - y^{\mathrm{t}}\cos z_k - (x_k^{\mathrm{o}}\sin z_k - y_k^{\mathrm{o}}\cos z_k) \\ &= e_k[(x^{\mathrm{t}}+x_k^{\mathrm{o}})\cos\tilde{z}_k + (y^{\mathrm{t}}+y_k^{\mathrm{o}})\sin\tilde{z}_k] \end{aligned} \tag{3-59}$$

从式(3-59)可知,$|e_k|$越大,$|r_k|$越大,也就是说,伪线性测量方程残差绝对值的大小反映了测量误差的大小。因此,这里以$|r_k|$为异常误差判别量来构建等价权函数。按照定权方法的不同,等价权函数可分为两段权函数和三段权函数。两段权函数是指利用异常误差判别量将测量数据划分为可信域和异常域,保持可信域数据的权值,降低异常域数据的权值,如 Huber 权函数:

$$\bar{w}_k=\begin{cases} w_k & ,|\tilde{r}_k|<c_0 \\ \operatorname{sgn}(r_k)\dfrac{w_k\cdot c_0}{r_k} & ,|\tilde{r}_k|\geqslant c_0 \end{cases} \tag{3-60}$$

式中：$\tilde{r}_k$ 为标准化残差；c_0 为异常误差判决门限。

三段权函数进一步将异常域划分为怀疑域和淘汰域，对怀疑域的数据进行降权，剔除淘汰域的数据，如 IGGⅢ权函数：

$$\bar{w}_k=\begin{cases} w_k & ,|\tilde{r}_k|<c_1 \\ w_k\cdot\dfrac{c_1}{|\tilde{r}_k|}\left(\dfrac{c_2-|\tilde{r}_k|}{c_2-c_1}\right)^2 & ,c_1\leqslant|\tilde{r}_k|<c_2 \\ 0 & ,|\tilde{r}_k|\geqslant c_2 \end{cases} \tag{3-61}$$

式中：c_1、c_2 为判决门限。

从定位准确性和可靠性的角度来看，可信域保障了估计的效率，其中的数据应当是测量数据的主体；怀疑域综合考虑了估计的效率和可靠性，表示其中的数据出现异常但还可以利用；怀疑域和淘汰域共同体现了定位方法的抗异常误差能力。通常，$c_1\in[1.3,2]$，$c_2\in[2.5,8]$。

需要注意的是，在 RSTLS 准则中，当 $\bar{w}_k=0$ 时，会使得等价权矩阵奇异以及 $\bar{\boldsymbol{D}}(\boldsymbol{e})$ 趋于无穷大，进而导致定位失败。于是，本书构建改进的 IGGⅢ(p－IGGⅢ)权函数：

$$\bar{w}_k=\begin{cases} w_k & ,|\tilde{r}_k|<c_1 \\ w_k\cdot\dfrac{c_1}{|\tilde{r}_k|}\left(\dfrac{c_2-|\tilde{r}_k|}{c_2-c_1}\right)^2 & ,c_1\leqslant|\tilde{r}_k|<c_2 \\ \delta & ,|\tilde{r}_k|\geqslant c_2 \end{cases} \tag{3-62}$$

式中：δ 为较小的正数。

当 $|\tilde{r}_k|\geqslant c_2$ 时，异常数据的权值不再随残差的增大而增大。通常来讲，在抗差估计中要求权函数区间划分和对应的权值有连续性，于是，从表面上看，δ 的引入降低了 IGGⅢ等价权函数的抗异常误差能力，并且可能造成异常区间分配出现差异。但事实上，由于测量角度有界，角度异常对定位结果的影响也是有界的，因此，在基于 p－IGGⅢ等价权函数的 RSTLS 中，合适选取的 δ 不会使得大异常误差对定位性能造成恶化。

3.4.3　误差分析

高斯假设下 WSTLS 算法的位置均方误差（Mean Squares Error in Position,

$\mathrm{MSE}_{\mathrm{pos}}$)表达式见文献[21],考虑污染分布和异常误差,存在异常误差情况下的 $\mathrm{MSE}_{\mathrm{pos}}$ 可表示为

$$\mathrm{MSE}_{\mathrm{pos,WSTLS}} = \breve{\boldsymbol{R}}[\boldsymbol{A}^{\mathrm{T}}(\boldsymbol{H}_X \boldsymbol{W}^{-1}\boldsymbol{H}_X^{\mathrm{T}})^{-1}\boldsymbol{A}]^{-1} \tag{3-63}$$

式中:$\boldsymbol{H}_X = x^{\mathrm{t}}\boldsymbol{G}_1 + y^{\mathrm{t}}\boldsymbol{G}_2 - \boldsymbol{G}_3$;$\breve{\boldsymbol{R}} = \mathrm{diag}(\breve{\sigma}_{z,1}^2, \breve{\sigma}_{z,2}^2, \cdots, \breve{\sigma}_{z,n}^2)$ 为测量数据的协方差矩阵。其中,当 k 时刻的数据为正常数据时,$\breve{\sigma}_{z,k}^2 = \sigma_z^2$;若为受异常污染的数据,则 $\breve{\sigma}_{z,k}^2$ 代表异常误差所对应分布的方差。因此,RSTLS 准则的位置均方误差为

$$\mathrm{MSE}_{\mathrm{pos,RSTLS}} = \breve{\boldsymbol{R}}[\boldsymbol{A}^{\mathrm{T}}(\boldsymbol{H}_X \overline{\boldsymbol{W}}^{-1}\boldsymbol{H}_X^{\mathrm{T}})^{-1}\boldsymbol{A}]^{-1} \tag{3-64}$$

比较式(3-63)和式(3-64),当存在异常误差时,$\breve{\boldsymbol{R}}$ 中的相应方差项会迅速增大。由于 WSTLS 准则没有抗异常误差机制,$\mathrm{MSE}_{\mathrm{pos,WSTLS}}$ 将会受到显著影响;而在 RSTLS 准则中,等价权矩阵减小了异常误差的权值,改善了 $\breve{\boldsymbol{R}}$ 中异常项带来的不利影响,使 $\mathrm{MSE}_{\mathrm{pos,RSTLS}}$ 依然保持稳定。

3.5 抗差结构总体最小二乘问题的求解

由于约束条件的非线性,通常难以得到 RSTLS 问题的闭合解。本节利用 Riemannian 奇异值分解,通过抗差逆迭代法来讨论 RSTLS 问题的求解。

定义对称的非负定矩阵 $\boldsymbol{D}_u$ 和 $\boldsymbol{D}_v$:

$$\begin{cases} \boldsymbol{D}_u \boldsymbol{v} = \sum_{k=1}^{n} \overline{\boldsymbol{D}}_k^{\mathrm{T}}(\boldsymbol{u}^{\mathrm{T}}\overline{\boldsymbol{D}}_k \boldsymbol{v})\boldsymbol{u} \\ \boldsymbol{D}_v \boldsymbol{u} = \sum_{k=1}^{n} \overline{\boldsymbol{D}}_k^{\mathrm{T}}(\boldsymbol{u}^{\mathrm{T}}\overline{\boldsymbol{D}}_k \boldsymbol{v})\boldsymbol{v} \end{cases} \tag{3-65}$$

式中:$\boldsymbol{u} \in \mathbb{R}^{n}$;$\boldsymbol{v} \in \mathbb{R}^{n_x+1}$。则 RSTLS 问题可转化为求解使得方程组:

$$\begin{cases} \boldsymbol{D}_0 \boldsymbol{v} = \boldsymbol{D}_v \boldsymbol{u}\tau, \boldsymbol{u}^{\mathrm{T}}\boldsymbol{D}_v \boldsymbol{u} = 1 \\ \boldsymbol{D}_0^{\mathrm{T}} \boldsymbol{u} = \boldsymbol{D}_u \boldsymbol{v}\tau, \boldsymbol{v}^{\mathrm{T}}\boldsymbol{D}_u \boldsymbol{v} = 1 \end{cases} \tag{3-66}$$

成立的三元组$(\boldsymbol{u}, \tau, \boldsymbol{v})$。

故测量误差和目标位置可分别估计为

$$\hat{e}_k = -\tau \boldsymbol{u}^{\mathrm{T}}\overline{\boldsymbol{D}}_k \boldsymbol{v}\sqrt{\overline{w}_k} \tag{3-67}$$

$$\hat{\boldsymbol{x}}_{\mathrm{RSTLS}}^{\mathrm{p}} = \frac{-\boldsymbol{v}(1:2)}{\boldsymbol{v}(3)} \tag{3-68}$$

式(3-65)称为 Riemannian 奇异值分解,下面考虑测量异常误差的干扰,给出抗差逆迭代解的求解步骤。

初始化:

设 $k=4$,$\boldsymbol{f}=\boldsymbol{O}_{1\times n}$,$\overline{\boldsymbol{W}}=\boldsymbol{I}_{n\times n}=\boldsymbol{W}$,其中 $\boldsymbol{f}$ 代表异常数据标识变量。

步骤 1:

构造 $\boldsymbol{D}(k)$ 为 $\boldsymbol{D}$ 前 k 行元素组成的矩阵,$\overline{\boldsymbol{D}}_j(k)=\dfrac{[\boldsymbol{G}_1^k(:,j),\boldsymbol{G}_2^k(:,j),\boldsymbol{G}_3^k(:,j)]}{\sqrt{w_k}}$,$\overline{\boldsymbol{D}}^k(\boldsymbol{e})=\boldsymbol{D}(k)+\overline{\boldsymbol{D}}_1(k)e_1+\overline{\boldsymbol{D}}_2(k)e_2+\cdots+\overline{\boldsymbol{D}}_k(k)e_k$,其中,$\boldsymbol{G}_1^k=\mathrm{diag}(\cos z_1,\cos z_2,\cdots,\cos z_k)$ $\boldsymbol{G}_2^k=\mathrm{diag}(\sin z_1,\sin z_2,\cdots,\sin z_k)$,$\boldsymbol{G}_3^k=\mathrm{diag}(x_1^{\mathrm{o}}\cos z_1+y_1^{\mathrm{o}}\sin z_1,x_2^{\mathrm{o}}\cos z_2+y_2^{\mathrm{o}}\sin z_2,\cdots,x_k^{\mathrm{o}}\cos z_k+y_k^{\mathrm{o}}\sin z_k)$,$j=1,2,\cdots,k$,对 $\boldsymbol{D}(k)$ 进行 QR 分解得

$$\boldsymbol{D}(k)=[\boldsymbol{Q}_1,\boldsymbol{Q}_2]\begin{bmatrix}\boldsymbol{R}^{\mathrm{d}}\\ \boldsymbol{O}\end{bmatrix} \tag{3-69}$$

式中:$\boldsymbol{Q}_1\in\mathbb{R}^{k\times 3}$;$\boldsymbol{Q}_2\in\mathbb{R}^{k\times(k-3)}$;$\boldsymbol{R}^d\in\mathbb{R}^{(n_x+1)\times(n_x+1)}$;$\boldsymbol{O}\in\mathbb{R}^{(k-3)\times 3}$。设$(\overline{\boldsymbol{u}},\boldsymbol{\tau}^{(0)},\overline{\boldsymbol{v}})=(\boldsymbol{u}_{\min},\boldsymbol{\sigma}_{\min},\boldsymbol{v}_{\min})$为 $\boldsymbol{D}(k)$ 最小奇异值对应的三元组,构建 $\boldsymbol{D}_u$ 和 $\boldsymbol{D}_v$:

$$\begin{cases}\boldsymbol{D}_u=\displaystyle\sum_{j=1}^{k}(\overline{\boldsymbol{D}}_j^{\mathrm{T}}(k)\overline{\boldsymbol{u}})(\overline{\boldsymbol{D}}_k^{\mathrm{T}}(k)\overline{\boldsymbol{u}})^{\mathrm{T}}\\ \boldsymbol{D}_v=\displaystyle\sum_{j=1}^{k}(\overline{\boldsymbol{D}}_j^{\mathrm{T}}(k)\overline{\boldsymbol{v}})(\overline{\boldsymbol{D}}_j^{\mathrm{T}}(k)\overline{\boldsymbol{v}})^{\mathrm{T}}\end{cases} \tag{3-70}$$

令$(\boldsymbol{u}^{(0)},\boldsymbol{\tau}^{(0)},\boldsymbol{v}^{(0)})=\left(\dfrac{\overline{\boldsymbol{u}}}{\sqrt[4]{\overline{\boldsymbol{u}}^{\mathrm{T}}\boldsymbol{D}_v^{(0)}\overline{\boldsymbol{u}}}},\boldsymbol{\sigma}_{\min},\dfrac{\overline{\boldsymbol{v}}}{\sqrt[4]{\overline{\boldsymbol{v}}^{\mathrm{T}}\boldsymbol{D}_v^{(0)}\overline{\boldsymbol{v}}}}\right)$,因此有

$$\boldsymbol{v}^{(0)\mathrm{T}}\boldsymbol{D}_u\boldsymbol{v}^{(0)}=\boldsymbol{u}^{(0)\mathrm{T}}\boldsymbol{D}_v\boldsymbol{u}^{(0)}=1 \tag{3-71}$$

步骤 2:

令 $i=1$,计算:

(1) $\boldsymbol{p}^{(i)}=-\boldsymbol{\tau}^{(i-1)}(\boldsymbol{R}^{-1})^{\mathrm{T}}\boldsymbol{D}_u^{(i-1)}\boldsymbol{v}^{(i-1)}$;

(2) $\boldsymbol{q}^{(i)}=-(\boldsymbol{Q}_2^{\mathrm{T}}\boldsymbol{D}_v^{(i-1)}\boldsymbol{Q}_2)^{-1}(\boldsymbol{Q}_2^{\mathrm{T}}\boldsymbol{D}_v^{(i-1)}\boldsymbol{Q}_1)\boldsymbol{p}^{(i)}$;

(3) $\boldsymbol{u}^{(i)}=\boldsymbol{Q}_1\boldsymbol{p}^{(i)}+\boldsymbol{Q}_2\boldsymbol{q}^{(i)}$;

(4) $\boldsymbol{v}^{(i)}=\dfrac{(\boldsymbol{R}^d)^{-1}\boldsymbol{Q}_1^{\mathrm{T}}\boldsymbol{D}_v^{(i-1)}\boldsymbol{u}^i}{\|(\boldsymbol{R}^d)^{-1}\boldsymbol{Q}_1^{\mathrm{T}}\boldsymbol{D}_v^{(i-1)}\boldsymbol{u}^i\|_2}$;

(5) $\boldsymbol{u}^{(i)}=\dfrac{\boldsymbol{u}^{(i)}}{\sqrt[4]{\boldsymbol{u}^{(i)\mathrm{T}}\boldsymbol{D}_v^{(i)}\boldsymbol{u}^{(i)}}}$,$\boldsymbol{v}^{(i)}=\dfrac{\boldsymbol{v}^{(i)}}{\sqrt[4]{\boldsymbol{u}^{(i)\mathrm{T}}\boldsymbol{D}_v^{(i)}\boldsymbol{u}^{(i)}}}$;

(6) $\boldsymbol{D}_v^{(i)}=\dfrac{\boldsymbol{D}_v^{(i)}}{\sqrt[2]{\boldsymbol{u}^{(i)\mathrm{T}}\boldsymbol{D}_v^{(i)}\boldsymbol{u}^{(i)}}}$,$\boldsymbol{D}_u^{(i)}=\dfrac{\boldsymbol{D}_u^{(i)}}{\sqrt[2]{\boldsymbol{v}^{(i)\mathrm{T}}\boldsymbol{D}_u^{(i)}\boldsymbol{v}^{(i)}}}$;

(7) $\boldsymbol{\tau}^{(i)}=\boldsymbol{u}^{(i)\mathrm{T}}\boldsymbol{D}(k)\boldsymbol{v}^{(i)}$;

(8) $\hat{e}_j^{(i)}=-\boldsymbol{\tau}^{(i)}\boldsymbol{u}^{(i)\mathrm{T}}\overline{\boldsymbol{D}}_j(k)\boldsymbol{v}^{(i)}\sqrt{\overline{w}_k},j=1,2,\cdots,k$;

(9) 计算 $\overline{\boldsymbol{D}}^k(\boldsymbol{e})$ 和 $\overline{\boldsymbol{D}}^k(\boldsymbol{e})$ 的最大特征值 $\boldsymbol{\sigma}_{\max}^i$ 与最小特征值 $\boldsymbol{\sigma}_{\min}^i$，如果 $\boldsymbol{\sigma}_{\min}^i/\boldsymbol{\sigma}_{\max}^i\geqslant\varepsilon_s$，则令 $i=i+1$ 并利用式(3-70)重新计算 $\boldsymbol{D}_u^{(i)}$ 和 $\boldsymbol{D}_v^{(i)}$，然后回到步骤2(1)；

(10) 如果 $\boldsymbol{f}(k)=0$，则转到步骤3；

(11) $k=k+1$. 如果 $k\leqslant n$，回到步骤1；否则，算法结束。

步骤3：

(1) 根据式(3-58)计算残差 $\boldsymbol{r}$；

(2) 根据式(3-62)计算等价权函数 $\overline{w}_k$；

(3) 令 $\boldsymbol{f}(k)=1$，如果 $\overline{w}_k\neq1$，则重复步骤1和步骤2。如果 $\overline{w}_k=1$，则转到步骤2(10)。

目标位置的抗异常误差解可由式(3-68)求出，因此，将抗差逆迭代法流程总结如图3-3所示。

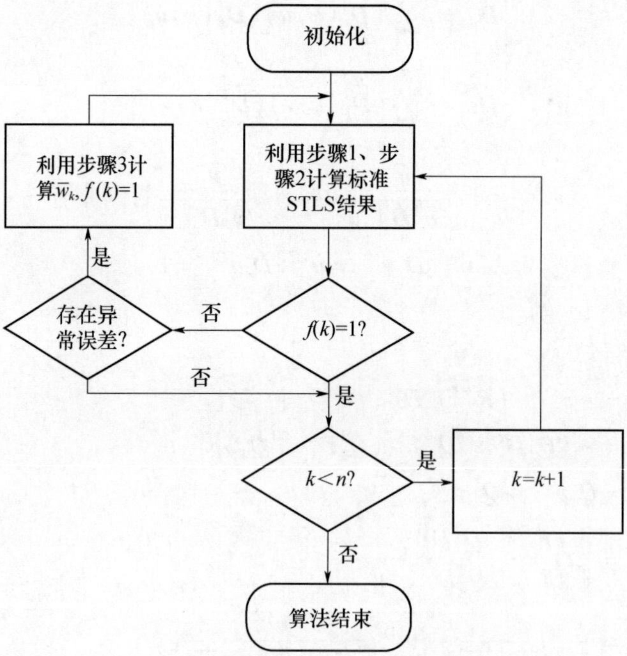

图3-3 抗差逆迭代法流程图

3.6 仿真分析

本节比较传统 LS、TLS、STLS 算法与所提 RSTLS 算法在不同场景下的定位精度。

首先构建仿真场景。由于目标静止,假定单观测站做不朝向目标的匀速直线运动,以满足可观测性。其速度为 30km/h,测量周期为 1min。目标初始时刻和观测站的距离为 10km,真实方位角为 80°。

为比较不同算法的性能,定义 k 时刻的相对距离误差(Relative Distance Error,RDE)以及平均相对距离误差(Average Relative Distance Error,ARDE)分别为

$$\mathrm{RDE}_k = \frac{1}{d^{\mathrm{t}}}\sqrt{\frac{1}{L}\sum_{j=1}^{L}\left[(\hat{x}_{k,j}^{\mathrm{t}} - x^{\mathrm{t}})^2 + (\hat{y}_{k,j}^{\mathrm{t}} - y^{\mathrm{t}})^2\right]} \tag{3-72}$$

$$\mathrm{ARDE} = \frac{1}{n}\sum_{k=1}^{n}\mathrm{RDE}_k \tag{3-73}$$

式中:d^{t} 为目标到观测站航迹之间的距离;$[\hat{x}_{k,j}^{\mathrm{t}},\hat{y}_{k,j}^{\mathrm{t}}]^{\mathrm{T}}$ 为第 j 次蒙特卡罗仿真 k 时刻对目标位置的估计值;L 为蒙特卡罗仿真次数,这里 $L=200$。每一时刻的相对距离误差能够反映定位方法在这一时刻所能达到的定位精度,而平均相对距离误差则反映了不同定位方法的整体定位精度。

比较 LS 算法、TLS 算法、STLS 算法以及 RSTLS 算法在不同情况下的性能,其中 RSTLS 算法中,等价权函数选择 p - IGGⅢ函数,并且 $c_1=1.8$,$c_2=4.5$。

仿真实验 1:不同定位方法的准确性比较。假定测量噪声服从 0 均值的高斯分布,其标准差为 $\sigma_z=1.5°$。各算法的相对距离误差情况如图 3-4 所示。计算各算法的后验残差,按其大小进行数目统计,并求出不同范围内的残差数目所占比例,其直方图如图 3-5 所示。

从图 3-4 看出,不存在异常误差时,随着测量次数的增加,各算法得到的定位结果逐渐接近真值,其中 LS 算法收敛速度最慢,这是因为其忽略了伪线性测量方程中系数矩阵 $\boldsymbol{A}$ 的扰动,定位误差最大。TLS 算法同时考虑了系数矩阵 $\boldsymbol{A}$ 和观测向量 $\boldsymbol{b}$ 的扰动,性能优于 LS 算法。与 TLS 算法相比,STLS 算法和 RSTLS 算法进一步利用了系数矩阵 $\boldsymbol{A}$ 和观测向量 $\boldsymbol{b}$ 中误差的相关关系,因此收敛速度更快,结果更为准确。从图中还可以看出,STLS 在算法初期优于 RSTLS,这是因为 RSTLS 在算法初期可能会对测量数据出现误判,这样就可能使优质数

据的权值降低，进而影响收敛速度。但从图中看出，RSTLS 和 STLS 后期的曲线几乎重合，这说明在等价权函数选取合适的前提下，RSTLS 的有效性并未受到较大影响，也证明了所提算法将 M 估计引入到非线性系统的过程中并未带来额外的误差。

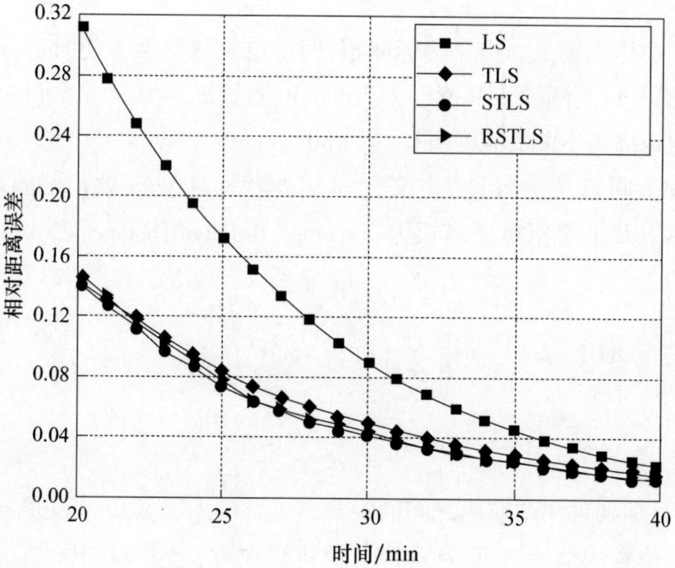

图 3－4　无异常误差时的各算法比较（见彩图）

仿真实验 2：不同定位方法抗异常误差性能比较。实际中，环境恶劣以及其他不确定性因素会导致测量异常误差的出现，从而使估计结果恶化。为比较不同算法在恶劣环境下的性能，这里假定测量角度受异常误差污染，测量噪声的

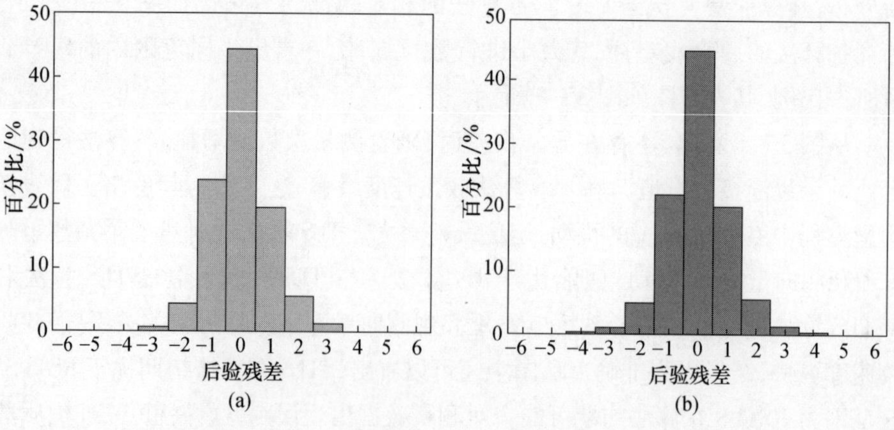

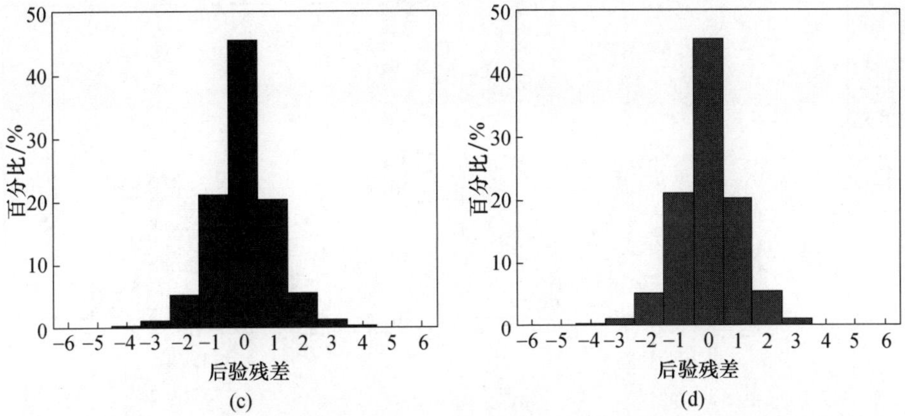

图 3－5　各算法后验残差直方图(无异常误差)

(a)LS;(b)TLS;(c)STLS;(d)RSTLS。

主体分布为 0 均值的高斯分布,其测量误差的标准差为 $\sigma_z = 1.5°$。考虑两种类型的异常误差:一是连续异常误差,假定其出现在 26 ~ 30min,其大小为 $4\sigma_z$;二是大异常误差,假定其出现在 35min,依据权函数的取值,设其大小为 $21\sigma_z$。各算法比较结果如图 3－6 所示。4 种算法的后验残差直方图如图 3－7 所示。

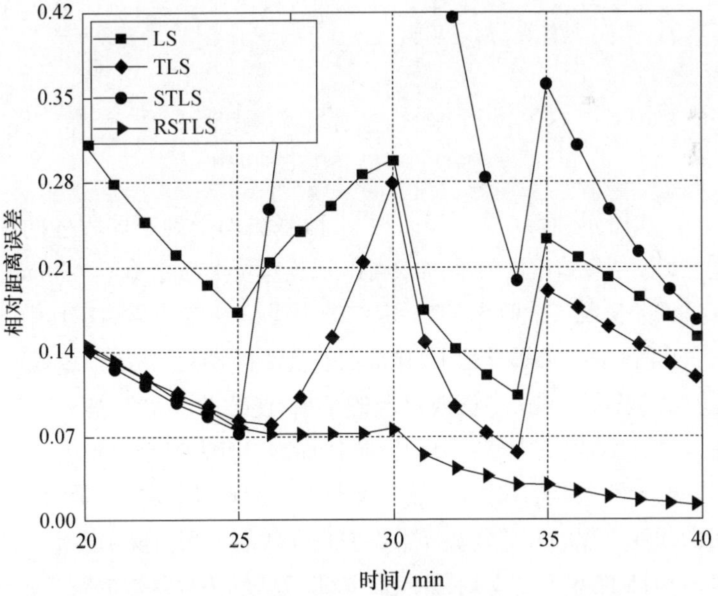

图 3－6　存在异常误差时各算法性能比较(见彩图)

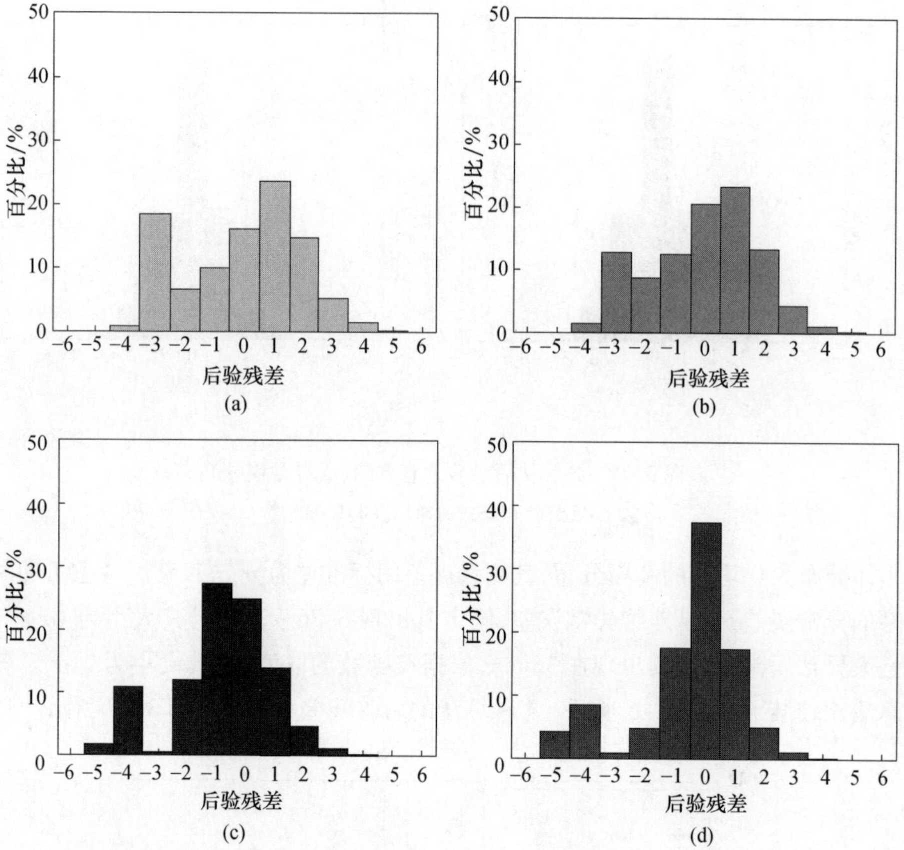

图 3-7 后验残差直方图(存在异常误差)
(a)LS;(b)TLS;(c)STLS;(d)RSTLS。

如图 3-6 所示,存在异常误差时,4 种算法均受到不同程度的影响,其中 RSTLS 受影响最小,估值最为准确。当出现连续异常误差(26~30min)时,由于没有抗异常误差机制,LS、TLS、STLS 定位结果受到一定的影响。其中 STLS 所受影响最大,这是因为在求解过程中,异常误差会使得 STLS 算法中过程矩阵急剧恶化,从而使迭代陷入局部最小值或错误的结果,连续的异常误差又进一步增加了累计误差,使估计结果更为偏离真值。相比而言,RSTLS 能够利用 p-IGGⅢ权函数发现并降低异常误差的权值,虽然也受到不利影响,但其曲线最为平缓,这也证明了利用伪线性方程的残差判别异常误差是有效的。当出现大异常误差(35min)时,LS、TLS、STLS 结果明显受到扭曲,而 RSTLS 能够为异常数据赋予较小的权值,从而有效减小了大异常误差的影响,其定位结果几乎没有受到影响。

如图 3-6 所示,异常误差使 LS、TLS、STLS 算法的后验残差明显偏离高斯分布,其估值可靠性受到质疑,而从 RSTLS 算法的后验残差直方图中能够明显区分出主体高斯分布和异常误差所在的干扰分布,证明了其估值结果最为理想。也就是说,所提算法能够有效处理异常误差,在实际恶劣环境中有望保证定位的鲁棒性,实用性更强。

计算上述 2 个仿真实验中各定位方法的平均相对距离误差 ARDE,并保留 3 位有效数字,其结果如表 3 - 2 所列。

表 3 - 2　算法平均相对距离误差比较

算法	ARDE/%	
	实验 1	实验 2
LS	14.0	22.4
TLS	6.96	14.7
STLS	6.57	—
RSTLS	6.74	7.21

平均相对距离误差能够反映各算法在定位过程中的总体估值能力,其数值越小,总体估计精度越高。从表 3 - 2 看出,无异常误差时,STLS 和 RSTLS 算法估计性能相近,都优于 LS 和 TLS 算法。出现异常误差时,LS、TLS 算法的平均相对距离误差成倍增加,说明其抗异常误差能力较弱。STLS 的平均相对距离误差呈几何增长,表明其可靠性最差。RSTLS 算法的 ARDE 仅增加了 6.97%,其抗异常误差能力最强。

3.7　本章小结

军事和民用领域中,由于静止非合作目标的隐蔽性、工作模式的多变性以及电磁环境的恶劣性,极易出现偏离高斯分布的测量异常误差,对定位辐射源带来不利影响。为解决这一问题,本章在介绍经典定位方法的基础上,引入抗差 M 估计思想,得到了一种基于 M 估计的结构总体最小二乘定位方法。该方法将非线性测量方程伪线性化,然后将抗差 M 估计引入结构总体最小二乘准则中,并给出了抗差结构总体最小二乘准则的抗差逆迭代解。理论分析表明,抗差结构总体最小二乘算法能够利用等价权函数对异常数据降权,提高了恶劣测量条件下的定位可靠性。仿真结果表明:不存在异常误差时,抗差结构总体最小二乘算法与标准结构总体最小二乘算法性能相近,性能较好;存在异常误差时,传统定位方法均受到不同程度的影响,而所提算法依然能够得到准确、可靠的定位结果,其鲁棒性最强。

第4章　基于容积准则的单站纯方位跟踪方法

当目标运动时,需要同时考虑其运动情况和测量情况,对其每一时刻的位置和速度进行求解,这实质是非线性滤波问题。复杂、恶劣环境会使测量角度误差变大,以及系统非线性程度进一步增加,进而影响跟踪的准确性,加大对目标准确跟踪的难度。因此,急需研究抗噪声性能好、抗非线性能力强的运动目标跟踪方法。

为了提高对运动目标跟踪的精度,本章从两个方面进行考虑。

(1) 从贝叶斯非线性滤波框架的角度来看,以上跟踪问题的本质是对目标状态后验密度所对应的多维积分进行求解,因此,需要研究多维积分的精确求解方法,以提高对目标的跟踪精度。容积准则采用一系列加权的容积采样点来对多维积分进行求解,不仅具有精度高、实时性好等优点,而且具有很高的可扩展性。于是,根据容积准则,将多维高斯积分投影至球面径向坐标系,设计新的球面径向容积准则,提高积分求解精度和灵活性。

(2) 采用高斯和策略进一步提高对目标跟踪的有效性。一方面,为有效利用先验信息,利用改进的距离参数化方法,将滤波器在先验初值范围内分割为若干不同权值的子滤波器,依据初值范围的大小来确定每个子滤波器的初始权值,并利用似然函数提高初值准确的子滤波器权值,剔除初值不准确的子滤波器,从而减小运算量,改善滤波精度;另一方面,由于系统不同时刻的非线性程度是不同的,高非线性时刻往往会对跟踪精度产生不利影响。于是,利用容积传播点的二阶统计偏差构建非线性程度判别量,在非线性程度较高的时刻,采用高斯分割方法将预测密度进行分割,从而有针对性地减小高非线性带来的不利影响。

4.1　单站纯方位跟踪模型

如图4-1所示,建立笛卡儿坐标系,记运动目标 k 时刻的状态为 $\boldsymbol{x}_k^{\mathrm{t}}=[x_k^{\mathrm{t}}, y_k^{\mathrm{t}}, \dot{x}_k^{\mathrm{t}}, \dot{y}_k^{\mathrm{t}}]^{\mathrm{T}}$,其中 $\boldsymbol{x}_k^{\mathrm{p}}=[x_k^{\mathrm{t}}, y_k^{\mathrm{t}}]^{\mathrm{T}}$ 为位置向量,$\dot{\boldsymbol{x}}_k^{\mathrm{v}}=[\dot{x}_k^{\mathrm{t}}, \dot{y}_k^{\mathrm{t}}]^{\mathrm{T}}$ 为速度向量,$k=1, 2,\cdots,n$,n 为测量次数。同理,单观测站 k 时刻的状态可表示为 $\boldsymbol{x}_k^{\mathrm{o}}=[x_k^{\mathrm{o}}, y_k^{\mathrm{o}}, \dot{x}_k^{\mathrm{o}}, \dot{y}_k^{\mathrm{o}}]^{\mathrm{T}}$。于是,系统 k 时刻的相对状态为

$$\boldsymbol{x}_k = \boldsymbol{x}_k^{\mathrm{t}} - \boldsymbol{x}_k^{\mathrm{o}} = [x_k, y_k, \dot{x}_k, \dot{y}_k]^{\mathrm{T}}$$

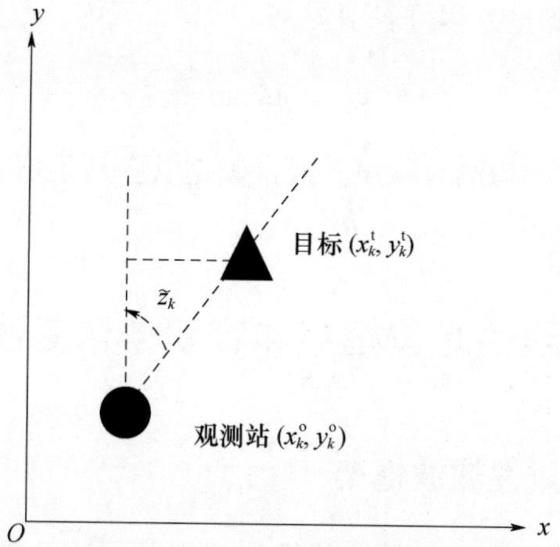

图 4－1　单站纯方位跟踪示意图

因此,非线性系统的动态模型可表示为

$$\boldsymbol{x}_k = f(\boldsymbol{x}_{k-1}, \boldsymbol{u}_{k-1}) + \boldsymbol{v}_{k-1} \tag{4-1}$$

式中:$f(\cdot)$表示目标的运动方式;$\boldsymbol{u}_{k-1}$为控制变量;$\boldsymbol{v}_k$为过程噪声。假定其服从均值为 0 的高斯分布,其协方差为 $\boldsymbol{Q}$。如果目标做受加速度扰动的匀速直线运动,则其状态方程可写为线性形式:

$$\boldsymbol{x}_k = \boldsymbol{F}\boldsymbol{x}_{k-1} + \boldsymbol{v}_{k-1} - \boldsymbol{u}_{k-1,k} \tag{4-2}$$

式中:$\boldsymbol{F}$ 为状态转移矩阵;$\boldsymbol{u}_{k-1,k}$是补偿加速度扰动的确定性输入。因此,$\boldsymbol{F}$、$\boldsymbol{u}_{k-1,k}$和 $\boldsymbol{Q}$ 可写为

$$\boldsymbol{F} = \begin{bmatrix} 1 & 0 & \Delta & 0 \\ 0 & 1 & 0 & \Delta \\ 0 & 0 & 1 & 0 \\ 0 & 0 & 0 & 1 \end{bmatrix}, \boldsymbol{u}_{k-1,k} = \begin{bmatrix} x_k^{\mathrm{o}} - x_{k-1}^{\mathrm{o}} - \Delta \dot{x}_{k-1}^{\mathrm{o}} \\ y_k^{\mathrm{o}} - y_{k-1}^{\mathrm{o}} - \Delta \dot{y}_{k-1}^{\mathrm{o}} \\ \dot{x}_k^{\mathrm{o}} - \dot{x}_{k-1}^{\mathrm{o}} \\ \dot{y}_k^{\mathrm{o}} - \dot{y}_{k-1}^{\mathrm{o}} \end{bmatrix}$$

$$\boldsymbol{Q} = \begin{bmatrix} \dfrac{\Delta^3}{3} & 0 & \dfrac{\Delta^2}{2} & 0 \\ 0 & \dfrac{\Delta^3}{3} & 0 & \dfrac{\Delta^2}{2} \\ \dfrac{\Delta^2}{2} & 0 & \Delta & 0 \\ 0 & \dfrac{\Delta^2}{2} & 0 & \Delta \end{bmatrix} \cdot q$$

式中:Δ 为测量间隔;q 表示过程噪声功率谱密度。

根据几何关系,测量方程可表示为

$$z_k = h(\boldsymbol{x}_k) = \arctan\frac{x_k}{y_k} + e_k \tag{4-3}$$

式中:z_k 为测量角度;e_k 为测量噪声。通常假定其服从均值为 0 的高斯分布,其协方差矩阵为 $\boldsymbol{R} = \mathrm{diag}(R_1, R_2, \cdots, R_n)$。

4.2 贝叶斯非线性滤波框架和容积卡尔曼滤波算法

4.2.1 贝叶斯非线性滤波框架

求解上述系统模型本质上是非线性滤波问题。这里假定过程噪声和测量噪声为高斯分布,则根据贝叶斯非线性滤波框架,滤波过程可分为时间更新和测量更新。时间更新即利用上时刻的状态信息来预测本时刻的状态信息,其中 k 时刻的预测状态和预测协方差可表示为

$$\hat{\boldsymbol{x}}_{k|k-1} = \int_{\mathbb{R}^{n_x}} f(\boldsymbol{x}_{k-1}, \boldsymbol{u}_{k-1}) \mathcal{N}(\boldsymbol{x}_{k-1}; \hat{\boldsymbol{x}}_{k-1|k-1}, \boldsymbol{P}_{k-1|k-1}) \mathrm{d}\boldsymbol{x}_{k-1} \tag{4-4}$$

$$\begin{aligned}\boldsymbol{P}_{k|k-1} = &\int_{\mathbb{R}^{n_x}} f(\boldsymbol{x}_{k-1}, \boldsymbol{u}_{k-1}) f^{\mathrm{T}}(\boldsymbol{x}_{k-1}, \boldsymbol{u}_{k-1}) \mathcal{N}(\boldsymbol{x}_{k-1}; \hat{\boldsymbol{x}}_{k-1|k-1}, \boldsymbol{P}_{k-1|k-1}) \mathrm{d}\boldsymbol{x}_{k-1} \\ &- \hat{\boldsymbol{x}}_{k|k-1} \hat{\boldsymbol{x}}_{k|k-1}^{\mathrm{T}} + \boldsymbol{Q}_{k-1}\end{aligned} \tag{4-5}$$

式中:$\mathcal{N}(\boldsymbol{x}_{k-1}; \hat{\boldsymbol{x}}_{k-1|k-1}, \boldsymbol{P}_{k-1|k-1})$ 表示 $\boldsymbol{x}_{k-1}$ 的高斯密度函数;$\hat{\boldsymbol{x}}_{k-1|k-1}$、$\boldsymbol{P}_{k-1|k-1}$ 分别为 $k-1$ 时刻的估计状态和估计协方差;n_x 为状态 $\boldsymbol{x}_k$ 的维数,这里 $n_x = 4$。

测量更新即利用本时刻的测量信息来对预测信息进行修正,预测测量和相应的新息协方差可表示为

$$\hat{z}_{k|k-1} = \int_{\mathbb{R}^{n_x}} h(\boldsymbol{x}_k) \mathcal{N}(\boldsymbol{x}_k; \hat{\boldsymbol{x}}_{k|k-1}, \boldsymbol{P}_{k|k-1}) \mathrm{d}\boldsymbol{x}_k \tag{4-6}$$

$$\boldsymbol{P}_{zz,k|k-1} = \int_{\mathbb{R}^{n_x}} h(\boldsymbol{x}_k) h^{\mathrm{T}}(\boldsymbol{x}_k) \mathcal{N}(\boldsymbol{x}_k; \hat{\boldsymbol{x}}_{k|k-1}, \boldsymbol{P}_{k|k-1}) \mathrm{d}\boldsymbol{x}_k + \boldsymbol{R}_k \tag{4-7}$$

式中:$h(\cdot)$ 为测量函数。当得到测量信息时,状态的后验密度可写为

$$p(\boldsymbol{x}_k | D_k) = \mathcal{N}(\boldsymbol{x}_k; \hat{\boldsymbol{x}}_{k|k}, \boldsymbol{P}_{k|k}) \tag{4-8}$$

式中:D_k 表示测量的历史累计。于是,估计状态和估计协方差为

$$\hat{\boldsymbol{x}}_{k|k} = \hat{\boldsymbol{x}}_{k|k-1} + \boldsymbol{K}_k (z_k - \hat{z}_{k|k-1}) \tag{4-9}$$

$$\boldsymbol{P}_{k|k} = \boldsymbol{P}_{k|k-1} - \boldsymbol{K}_k \boldsymbol{P}_{zz,k|k-1} \boldsymbol{K}_k^{\mathrm{T}} \tag{4-10}$$

式中：$\boldsymbol{K}_k$ 为卡尔曼增益，可表示为

$$\boldsymbol{K}_k = \boldsymbol{P}_{xz,k|k-1}\boldsymbol{P}_{zz,k|k-1}^{-1} \tag{4-11}$$

4.2.2 容积卡尔曼滤波算法

从上述分析可以看出，单站纯方位跟踪的实质是求解式(4-4)~式(4-7)所示的多维高斯积分，被积函数的形式为非线性函数乘以高斯密度。根据求解方法的不同，非线性滤波方法可以分为扩展卡尔曼滤波，确定性采样滤波等。

扩展卡尔曼滤波的思想是将非线性模型通过一阶泰勒展开转化为线性模型，然后利用标准卡尔曼滤波进行求解。由于忽略了高阶项，该方法会带来较大的线性化误差，只适用于非线性程度较低的场景。

确定性采样滤波即利用一组固定权值的采样点来近似状态的后验概率密度[34]，与扩展卡尔曼滤波相比具有无须求导、精度高等优点，成为目前的研究热点，包括无迹卡尔曼滤波、容积卡尔曼滤波等。其中，容积卡尔曼滤波具有理论依据充分、稳定性好等优点，应用在了各个领域[143]。

标准容积卡尔曼滤波利用三阶球面径向容积准则来近似多维非线性高斯积分。容积采样点可以表示为

$$\boldsymbol{\xi}_j = \sqrt{n_x}\left[\boldsymbol{I}_{n_x} \quad -\boldsymbol{I}_{n_x}\right]_j$$

式中：$\boldsymbol{I}_{n_x}$ 表示 $n_x \times n_x$ 维单位矩阵；$[\cdot]_j$ 表示 $[\cdot]$ 矩阵的第 j 列向量（$j=1,2,\cdots,2n_x$）。

1. 时间更新

k 时刻的容积采样点为

$$\boldsymbol{X}_{j,k-1|k-1} = \boldsymbol{S}_{k-1|k-1}\boldsymbol{\xi}_j + \hat{\boldsymbol{x}}_{k-1|k-1} \tag{4-12}$$

容积点传播：

$$\boldsymbol{X}_{j,k|k-1}^{*} = f(\boldsymbol{X}_{j,k-1|k-1}) \tag{4-13}$$

预测状态和预测协方差矩阵可分别表示为

$$\hat{\boldsymbol{x}}_{k|k-1} = \sum_{j=1}^{m} w_j \boldsymbol{X}_{j,k-1|k-1}^{*} \tag{4-14}$$

$$\boldsymbol{P}_{k|k-1} = \frac{1}{2n}\sum_{j=1}^{2n} \boldsymbol{X}_{j,k-1|k-1}\boldsymbol{X}_{j,k-1|k-1}^{*,\mathrm{T}} - \hat{\boldsymbol{x}}_{k-1|k-1}\hat{\boldsymbol{x}}_{k|k-1}^{\mathrm{T}} \tag{4-15}$$

2. 量测更新

将预测协方差进行柯西分解：

$$\boldsymbol{P}_{k|k-1} = \boldsymbol{S}_{k|k-1}\boldsymbol{S}_{k|k-1}^{\mathrm{T}}$$

容积采样点可表示为

$$\boldsymbol{x}_{k|k-1,j}^{*}=\boldsymbol{S}_{k|k-1}\boldsymbol{\xi}_{j}+\hat{\boldsymbol{x}}_{k|k-1} \tag{4-16}$$

将容积采样点通过非线性测量函数,得

$$\boldsymbol{z}_{k|k-1,j}^{*}=h(\boldsymbol{x}_{k|k-1,j}^{*}) \tag{4-17}$$

预测测量可表示为

$$\hat{\boldsymbol{z}}_{k|k-1}=\frac{1}{2n_x}\sum_{j=1}^{2n_x}\boldsymbol{z}_{k|k-1,j}^{*} \tag{4-18}$$

卡尔曼增益为

$$\boldsymbol{K}_k=\boldsymbol{P}_{xz,k|k-1}\boldsymbol{P}_{zz,k|k-1}^{-1} \tag{4-19}$$

式中:新息协方差 $\boldsymbol{P}_{zz,k|k-1}$ 和互协方差 $\boldsymbol{P}_{xz,k|k-1}$ 可表示为

$$\boldsymbol{P}_{zz,k|k-1}=\frac{1}{2n_x}\sum_{j=1}^{2n_x}(\boldsymbol{z}_{k|k-1,j}^{*}-\hat{\boldsymbol{z}}_{k|k-1,j})(\boldsymbol{z}_{k|k-1,j}^{*}-\hat{\boldsymbol{z}}_{k|k-1,j})^{\mathrm{T}}+\boldsymbol{R}_k \tag{4-20}$$

$$\boldsymbol{P}_{xz,k|k-1}=\frac{1}{2n_x}\sum_{j=1}^{2n_x}(\hat{\boldsymbol{x}}_{k|k-1}-\boldsymbol{x}_{k|k-1,j}^{*})(\hat{\boldsymbol{z}}_{k|k-1}-\boldsymbol{z}_{k|k-1,j}^{*})^{\mathrm{T}} \tag{4-21}$$

因此,本时刻估计状态和相应的估计协方差可表示为

$$\hat{\boldsymbol{x}}_{k|k}=\hat{\boldsymbol{x}}_{k|k-1}+\boldsymbol{K}_k(\boldsymbol{z}_k-\hat{\boldsymbol{z}}_{k|k-1}) \tag{4-22}$$

$$\boldsymbol{P}_{k|k}=\boldsymbol{P}_{k|k-1}-\boldsymbol{K}_k\boldsymbol{P}_{zz,k|k-1}\boldsymbol{K}_k^{\mathrm{T}} \tag{4-23}$$

4.3 正交单纯形切比雪夫-拉盖尔容积滤波准则

标准容积卡尔曼滤波方法能够获得比扩展卡尔曼滤波更高的精度,但当非线性程度较高时,标准容积卡尔曼滤波方法的精度无法进一步提高。因此,本节探讨如何构建新的容积准则,一方面,通过数值积分方法对多维高斯积分进行更精确的求解;另一方面,使之能够根据场景的不同改变求解精度,更加灵活。

考虑标准多维高斯变量 $\boldsymbol{x}\sim N(\boldsymbol{0},\boldsymbol{I})$,其高斯密度函数为 $\mathcal{N}(\boldsymbol{x};0,\boldsymbol{I})$,则非线性函数 $f(\boldsymbol{x})$ 的多维高斯积分可表示为

$$I(f)=\int_{\mathbb{R}^{n_x}}f(\boldsymbol{x})\mathcal{N}(\boldsymbol{x};0,\boldsymbol{I})\mathrm{d}\boldsymbol{x}=(2\pi)^{-\frac{n_x}{2}}\int_{\mathbb{R}^{n_x}}f(\boldsymbol{x})\mathrm{e}^{-\frac{1}{2}\boldsymbol{x}^{\mathrm{T}}\boldsymbol{x}}\mathrm{d}\boldsymbol{x} \tag{4-24}$$

令 $\boldsymbol{x}=r\boldsymbol{y},\boldsymbol{y}^{\mathrm{T}}\boldsymbol{y}=1$ 且 $r=\sqrt{\boldsymbol{x}^{\mathrm{T}}\boldsymbol{x}}$,则式(4-24)可投影至球面径向坐标系,即

$$I(f)=(2\pi)^{-\frac{n_x}{2}}\int_0^{\infty}\int_{U_{n_x}}f(r\boldsymbol{y})r^{n_x-1}\mathrm{e}^{-\frac{r^2}{2}}\mathrm{d}\sigma(\boldsymbol{y})\mathrm{d}r \tag{4-25}$$

式中:$U_{n_x}=\{\boldsymbol{y}\in\mathbb{R}^{n_x}|\boldsymbol{y}^{\mathrm{T}}\boldsymbol{y}=1\}$ 为球表面;$\mathrm{d}\sigma(\cdot)$ 为球面操作。于是,得到两种类

型的积分,即球面积分和径向积分:

$$S(r) = \int_{U_{n_x}} f(r\boldsymbol{y})\,\mathrm{d}\sigma(\boldsymbol{y}) \tag{4-26}$$

$$G(r) = (2\pi)^{-\frac{n_x}{2}} \int_0^{\infty} S(r) r^{n_x-1} \mathrm{e}^{-\frac{r^2}{2}} \mathrm{d}r \tag{4-27}$$

4.3.1　正交球面单纯形容积准则

本节考虑球面积分 $S(r)$ 的求解。首先将其写为数值积分形式:

$$S(r) = \sum_{j=1}^{n_s} w_j^s f(\cdot) \tag{4-28}$$

式中:n_s 为采样点个数;w_j^s 为采样点权重。

$S(r)$ 可利用 n_x 维正则单纯形来求解,n_x 维正则单纯形的 n_x+1 个顶点可表示为 $\boldsymbol{\alpha}_j = (\alpha_{j,1}, \alpha_{j,2}, \cdots, \alpha_{j,n_x})^{\mathrm{T}}, j=1,2,\cdots,n_x+1$,其中

$$\boldsymbol{\alpha}_{j,i} = \begin{cases} -\sqrt{\dfrac{n_x+1}{n_x(n_x-i+2)(n_x-i+1)}} & ,i<j \\ \sqrt{\dfrac{(n_x+1)(n_x-j+1)}{n_x(n_x-j+2)}} & ,i=j \\ 0 & ,i>j \end{cases} \tag{4-29}$$

因此,三阶球面正则单纯形容积准则可建立如下[39]:

$$S_3(r) = \sum_{j=1}^{n_s} w_j^s f(\cdot) = \frac{A_{n_x}}{2(n_x+1)} \sum_{j=1}^{n_x+1} \left(f(r\boldsymbol{\alpha}_j) + f(-r\boldsymbol{\alpha}_j)\right) \tag{4-30}$$

其中

$$n_s = 2(n_x+1);A_{n_x} = 2\sqrt{\pi^{n_x}}/\Gamma(n_x/2);\Gamma(n_x) = \int_0^{\infty} x^{n_x-1}\mathrm{e}^{-x}\mathrm{d}x$$

球面单纯形容积准则所需的采样点个数比标准球面容积准则所需的采样点个数多 2,其在增加较少运算复杂度的情况下提高了积分精度。

式(4-3)显示,单站纯方位跟踪的测量方程为三角函数,其非线性程度较高,这可能会导致非局部采样效应。这样,滤波协方差会受到未知高阶项的影响,导致精度降低。为了改善这一情况,引入正交方法来调节球面单纯形容积准则的高阶项信息。于是,式(4-30)可重新表示为

$$S_3(r) = \frac{A_{n_x}}{2(n_x+1)} \sum_{j=1}^{2(n_x+1)} f(r\boldsymbol{\gamma}_j) \tag{4-31}$$

式中:$\boldsymbol{\gamma}$ 为 $[\boldsymbol{\alpha} - \boldsymbol{\alpha}]$ 的正交变换,即 $\boldsymbol{\gamma} = [\boldsymbol{\gamma}_1, \boldsymbol{\gamma}_2, \cdots, \boldsymbol{\gamma}_{2n_x+2}] = \boldsymbol{B} \times [\boldsymbol{\alpha} - \boldsymbol{\alpha}]$,$\boldsymbol{B}$ 为

$n_x \times n_x$ 正交矩阵。

Genz 和 Dunik 等讨论了正交矩阵的性质[43]。这里，构建正交矩阵 $\boldsymbol{B} = [\boldsymbol{B}_1, \boldsymbol{B}_2, \cdots, \boldsymbol{B}_{n_x}]$，其中 $\boldsymbol{B}_i = [\beta_{i,1}, \beta_{i,2}, \cdots, \beta_{i,n_x}]^{\mathrm{T}}$ 是 $\boldsymbol{B}$ 的列向量，其元素构造如下：

$$\beta_{i,2p-1} = \sqrt{\frac{2}{n_x}} \cos \frac{(2p-1)i\pi}{n_x} \tag{4-32}$$

$$\beta_{i,2p} = \sqrt{\frac{2}{n_x}} \sin \frac{(2p-1)i\pi}{n_x} \tag{4-33}$$

式中：$p = 1, 2, \cdots, \max\{p \in \mathbb{Z} \mid p \leqslant n_x/2\}$，如果 n_x 为奇数，则 $\beta_{i,n_x} = (-1)^i / \sqrt{n_x}$。在实际中，由于正交采样点可以离线计算，因此，上述正交方法不会额外增加球面单纯形容积准则的运算量。

4.3.2 高阶切比雪夫－拉盖尔径向准则

本节考虑径向积分 $G(r)$。设 $t = r^2/2$，式(4－27)可重新表示为

$$G(t) = \frac{1}{2}\pi^{-\frac{n_x}{2}} \int_0^{\infty} S(\sqrt{2t})\, t^{\frac{n_x}{2}-1} \mathrm{e}^{-t} \mathrm{d}t \tag{4-34}$$

等式右边的积分可看做广义高斯－拉盖尔(Gauss－Laguerre)表达式[144－145]。将其表示为数值积分形式为

$$G(t) = \sum_{k=1}^{n_c} w_k^c S(\sqrt{2t_k}) \tag{4-35}$$

式中：w_i^c 为采样点权重。高斯－拉盖尔积分可由切比雪夫－拉盖尔(Chebyshev－Laguerre)多项式决定，即

$$L_{n_c}^{(a)}(t) = (-1)^{n_c} t^{-a} \mathrm{e}^t \frac{\mathrm{d}^{n_c}}{\mathrm{d}t^{n_c}}(t^{a+n_c} \mathrm{e}^{-t}) \tag{4-36}$$

式中：$a = n_x/2 - 1$；n_c 为 Chebyshev－Laguerre 多项式的阶数。容积点 t_k 为切比雪夫－拉盖尔多项式的根，其权值可表示为

$$w_k^c = -\pi^{-\frac{n_x}{2}} \cdot \frac{n_c!\ \Gamma(a+n_c+1)}{2\dot{L}_{n_c}^{(a)}(t_k) L_{n_c+1}^{(a)}(t_k)} \tag{4-37}$$

根据拉盖尔多项式理论，$L_{n_c}^{(a)}(t_k)$ 和 $L_{n_c+1}^{(a)}(t_k)$ 的关系可描述为

$$L_{n_c+1}^{(a)}(t_k) = -t_k \dot{L}_{n_c}^{(a)}(t_k) \tag{4-38}$$

式中：$\dot{L}_{n_c}^{(a)}(t_k)$ 表示 $L_{n_c}^{(a)}(t_k)$ 的导数。因此，有

$$w_k^c = \pi^{-\frac{n_x}{2}} \cdot \frac{n_c!\ \Gamma(a+n_c+1)}{2t_k[\dot{L}_{n_c}^{(a)}(t_k)]^2} \tag{4-39}$$

4.3.3 正交单纯形切比雪夫－拉盖尔容积卡尔曼滤波

同时考虑球面积分和径向积分，多维高斯积分 $I(f)$ 的数值积分形式为

$$\int_{\mathbb{R}^{n_x}} f(\boldsymbol{x}) N(\boldsymbol{x};0,\boldsymbol{I})\,\mathrm{d}\boldsymbol{x} = \sum_{i=1}^{n_s}\sum_{j=1}^{n_c} w_i^s w_j^c f(\cdot) \tag{4-40}$$

根据以上推导，式(4－40)可表示为

$$\begin{aligned} I(f) &= \sum_{i=1}^{n_s}\sum_{j=1}^{n_c} w_i^s w_j^c f(\cdot) \\ &= \sum_{i=1}^{n_s}\sum_{j=1}^{n_c} \frac{A_{n_x}}{n_s} \cdot \frac{n_c!\,\Gamma(a+n_c+1)}{\sqrt{\pi^{n_x}}\,2t_j[\dot{L}_{n_c}^{(a)}(t_j)]^2} f(\sqrt{2t_j}\boldsymbol{B} \times [\boldsymbol{\alpha} - \boldsymbol{\alpha}]_i) \\ &= \sum_{i=1}^{n_s}\sum_{j=1}^{n_c} \frac{2\sqrt{\pi^{n_x}}/\Gamma(n_x/2)}{2(n_x+1)} \cdot \frac{n_c!\,\Gamma(a+n_c+1)}{\sqrt{\pi^{n_x}}\,2t_j[\dot{L}_{n_c}^{(a)}(t_j)]^2} f(\sqrt{2t_j}\boldsymbol{\gamma}_i) \end{aligned} \tag{4-41}$$

因此，有

$$I(f) = \sum_{i=1}^{2(n_x+1)}\sum_{j=1}^{n_c} \frac{n_c!\,\Gamma(n_x/2+n_c)}{2t_j(n_x+1)\Gamma(n_x/2)[\dot{L}_{n_c}^{(n_x/2-1)}(t_j)]^2} f(\sqrt{2t_j}\boldsymbol{\gamma}_i) \tag{4-42}$$

很容易将以上容积公式推广至任意高斯分布 $N(\hat{\boldsymbol{x}},\boldsymbol{P}_x)$。显然，增加切比雪夫-拉盖尔多项式的阶数可以提高积分的精度，并且容积点的个数与多项式的阶数之间为线性关系。

将式(4－42)代入贝叶斯非线性滤波框架，就可得到正交单纯形切比雪夫－拉盖尔容积卡尔曼滤波(Orthogonal Simplex Chebyshev-Laguerre Cubature Kalman Filter，OSCL-CKF)。可将单站纯方位跟踪的 OSCL-CKF 方法总结如下。

1. 初始化

确定 Chebyshev-Laguerre 多项式阶数 n_c，根据以上容积公式计算正交单纯形切比雪夫-拉盖尔(Orthogonal Simplex Chebyshev-Laguerre，OSCL)容积点 $\boldsymbol{\xi}_j$，并求得其权值 w_j 为

$$w_j = \frac{n_c!\ \Gamma(n_x/2+n_c)}{2t_j(n_x+1)\Gamma(n_x/2)[\dot{L}_{n_c}^{(n_x/2-1)}(t_j)]^2} \tag{4-43}$$

其中

$$j = 1,2,\cdots,2(n_x+1)n_c$$

2. 时间更新

k 时刻的容积采样点为

$$\boldsymbol{X}_{j,k-1|k-1}=\boldsymbol{S}_{k-1|k-1}\boldsymbol{\xi}_j+\hat{\boldsymbol{x}}_{k-1|k-1}$$

容积点传播：

$$\boldsymbol{X}_{j,k|k-1}^*=f(\boldsymbol{X}_{j,k-1|k-1})$$

预测状态和预测协方差矩阵可表示为

$$\hat{\boldsymbol{x}}_{k|k-1}=\sum_{j=1}^{2(n_x+1)n_c}w_j\boldsymbol{X}_{j,k-1|k-1}^* \tag{4-44}$$

$$\boldsymbol{P}_{k|k-1}=\frac{1}{2(n_x+1)n_c}\sum_{j=1}^{2(n_x+1)n_c}\boldsymbol{X}_{j,k-1|k-1}\boldsymbol{X}_{j,k-1|k-1}^{*,\mathrm{T}}-\hat{\boldsymbol{x}}_{k-1|k-1}\hat{\boldsymbol{x}}_{k|k-1}^{\mathrm{T}} \tag{4-45}$$

3. 测量更新

对预测协方差进行柯西分解得 $\boldsymbol{P}_{k|k-1}=\boldsymbol{S}_{k|k-1}\boldsymbol{S}_{k|k-1}^{\mathrm{T}}$，估计容积点 $\boldsymbol{x}_{k|k-1,j}^*$ 为

$$\boldsymbol{x}_{k|k-1,j}^*=\boldsymbol{S}_{k|k-1}\boldsymbol{\xi}_j+\hat{\boldsymbol{x}}_{k|k-1} \tag{4-46}$$

将容积点通过非线性测量方程传播：

$$\boldsymbol{z}_{k|k-1,j}^*=h(\boldsymbol{x}_{k|k-1,j}^*) \tag{4-47}$$

于是，预测测量为

$$\hat{\boldsymbol{z}}_{k|k-1}=\sum_{j=1}^{2(n_x+1)n_c}w_j\boldsymbol{z}_{k|k-1,j}^* \tag{4-48}$$

新息协方差和互协方差分别为

$$\boldsymbol{P}_{zz,k|k-1}=\sum_{j=1}^{2(n_x+1)n_c}w_j(\boldsymbol{z}_{k|k-1,j}^*-\hat{\boldsymbol{z}}_{k|k-1,j})(\boldsymbol{z}_{k|k-1,j}^*-\hat{\boldsymbol{z}}_{k|k-1,j})^{\mathrm{T}}+\boldsymbol{\sigma}_z^2 \tag{4-49}$$

$$\boldsymbol{P}_{xz,k|k-1}=\sum_{j=1}^{2(n_x+1)n_c}w_j(\hat{\boldsymbol{x}}_{k|k-1}-\boldsymbol{x}_{k|k-1,j}^*)(\hat{\boldsymbol{z}}_{k|k-1}-\boldsymbol{z}_{k|k-1,j}^*)^{\mathrm{T}} \tag{4-50}$$

最后，根据以上推导求得 k 时刻的估计状态 $\hat{\boldsymbol{x}}_{k|k}$ 和估计协方差矩阵 $\boldsymbol{P}_{k|k}$。

OSCL-CKF 利用 $2(n_x+1)n_c$ 个采样点来近似多维高斯积分。采样点的个数与状态维数 n_x 和多项式阶数 n_c 呈线性关系。一方面，与高阶 CKF 和高阶 SSRCKF 相比，其运算量具有很大的优势；另一方面，可以通过调节切比雪夫-拉盖尔多项式的阶数进一步改善滤波精度，具有较高的灵活性[146]。

事实上，当 $n_c=1$ 且 $\boldsymbol{\gamma}=[\boldsymbol{\alpha}-\boldsymbol{\alpha}]$ 时，容积公式可表示为

$$\begin{aligned}I(f)&=\sum_{i=1}^{2(n_x+1)}\frac{1!\Gamma(n_x/2+1)}{2t_1(n_x+1)\Gamma(n_x/2)[\dot{L}_1^{(n_x/2-1)}(t_1)]^2}f(\sqrt{2t_1}[\boldsymbol{\alpha}-\boldsymbol{\alpha}]_i)\\&=\sum_{i=1}^{2(n_x+1)}\frac{\Gamma(3)}{4(n_x+1)\Gamma(2)[\dot{L}_1^{(1)}(2)]^2}f(2[\boldsymbol{\alpha}-\boldsymbol{\alpha}]_i)\end{aligned}$$

$$= \frac{1}{2(n_x+1)} \sum_{i=1}^{2(n_x+1)} f(2[\boldsymbol{\alpha} - \boldsymbol{\alpha}]_i) \tag{4-51}$$

即退化为 SSRCKF。也就是说,SSRCKF 是 OSCL-CKF 的一种特例,其正交矩阵为单位矩阵且切比雪夫－拉盖尔多项式的阶数为 1。从推导过程还可以看出,所提方法保留了 SSRCKF 无须求导、数值稳定性好等优点。

4.3.4 精度分析

本节以一阶 OSCL-CKF(记为 OSCL-CKF1,其他阶算法的记法类似)为例,分析与 UKF、CKF 和 SSRCKF 相比,OSCL-CKF 的精度优势。

考虑非线性对滤波的影响,UKF 中四阶及其以上高阶非线性项(Higher-Order Moments,HOM)为

$$\mathrm{hom}_{\mathrm{UKF}} = \sum_{l=2}^{\infty} \left[\frac{(n_x+\kappa)^{l-1}}{(2l)!} \sum_{m=1}^{2n_x} P_x^l(m,j) \right], \forall j \tag{4-52}$$

式中:κ 为尺度因子;P_x 为状态协方差。由于 CKF 是 UKF 在 $\kappa=0$ 时的特例,于是,$\mathrm{hom}_{\mathrm{CKF}}$ 可表示为

$$\mathrm{hom}_{\mathrm{CKF}} = \sum_{l=2}^{\infty} \left[\frac{(n_x)^{l-1}}{(2l)!} \sum_{m=1}^{2n_x} P_x^l(m,j) \right], \forall j \tag{4-53}$$

为了得到 SSRCKF 的高阶项 $\mathrm{hom}_{\mathrm{SSRCKF}}$,将 SSRCKF 的容积点 $\boldsymbol{\alpha}_j$ 通过非线性函数 $f(x)$,即

$$\boldsymbol{\alpha}_j^* = f(\boldsymbol{\alpha}_j), j=1,2,\cdots,2n_x+2 \tag{4-54}$$

根据多维泰勒级数,容积传播点可重新表示为

$$\boldsymbol{\alpha}_j^* = f(\hat{\boldsymbol{x}}) + \sum_{l=1}^{\infty} \frac{1}{l!} D^l f \tag{4-55}$$

其中

$$D^l f = \left[\sum_{m=1}^{n_x} \alpha_{j,m} \frac{\partial}{\partial x_m} \right]^l f(\boldsymbol{x}) \bigg|_{\boldsymbol{x}=\hat{\boldsymbol{x}}}$$

$\frac{\partial}{\partial x_m}$为求偏导操作。故 SSRCKF 的后验均值可表示为

$$y = f(\hat{\boldsymbol{x}}) + \frac{\sum_{j=1}^{2(n_x+1)} D^1 f}{2(n_x+1)} + \frac{\sum_{j=1}^{2(n_x+1)} \left[\sum_{l=2}^{\infty} \frac{1}{(2l)!} D^{2l} f \right]}{2(n_x+1)} \tag{4-56}$$

因此,有

$$\begin{aligned}\mathrm{hom}_{\mathrm{SSRCKF}} &= \frac{1}{2n_x+2}\sum_{m=1}^{2n_x+2}\left[\sum_{l=2}^{\infty}\frac{1}{(2l)!}\alpha_{m,j}^{2l}\right] \\ &= \sum_{l=2}^{\infty}\left[\frac{(n_x+1)^{l-1}}{(2l)!}\sum_{m=1}^{2n_x+2}P_x^l(m,j)\right],\ \forall j\end{aligned} \tag{4-57}$$

为了得到更高的滤波精度,最直接的方法是调节 SSRCKF 中的高阶项,使之逼近滤波中的真实高阶项信息。一般来讲,在实际应用中很难获知这些信息,此外,从式(4-52)看出,UKF 能够通过尺度因子 κ 来调节高阶项对滤波的影响,但对于 SSRCKF 则无法直接调节其影响。这样,由于 SSRCKF 中均值估计与其容积点之间存在一定距离,使得在非线性程度较高,高阶项不可忽略时,未知的高阶项很容易影响均值和协方差的估计,导致非局部采样效应,进而降低滤波精度。

对于 OSCL-CKF1 来讲,本章利用了正交矩阵改善非局部采样效应,于是,$\mathrm{hom}_{\mathrm{OSCL\text{-}CKF1}}$ 可表示为

$$\mathrm{hom}_{\mathrm{OSCL\text{-}CKF1}} = \frac{1}{2n_x+2}\sum_{m=1}^{2n_x+2}\left(\sum_{l=2}^{\infty}\frac{1}{(2l)!}\gamma_{m,j}^{2l}\right) \tag{4-58}$$

式中:$\gamma_{m,j}=\sqrt{2/n_x}\,\zeta\left(\frac{(2r-1)m\pi}{n_x}\right)\alpha_{m,j}$,$\zeta$ 代表 sin 或 cos,或有 $\sqrt{2/n_x}\,\zeta\left(\frac{(2r-1)m\pi}{n_x}\right)=(-1)^m/\sqrt{n_x}$。于是,式(4-58)可进一步表示为

$$\begin{aligned}\mathrm{hom}_{\mathrm{OSCL\text{-}CKF1}} &= \sum_{l=2}^{\infty}\left[\frac{(n_x+1)^{l-1}}{(2l)!}\sum_{m=1}^{2n_x+2}\left[\left(\sqrt{\frac{2}{n_x}}\right)^{2l}\zeta^{2l}\left(\frac{(2r-1)m\pi}{n_x+1}\right)\right]P_x^l(m,j)\right] \\ &= \sum_{l=2}^{\infty}\left[\left(\frac{2}{n_x}\right)^{l}\frac{(n_x+1)^{l-1}}{(2l)!}\sum_{m=1}^{2n_x+2}\left[P_x^l(m,j)\cdot\zeta^{2l}\left(\frac{(2r-1)m\pi}{n_x+1}\right)\right]\right]\end{aligned} \tag{4-59}$$

在单站纯方位跟踪中,由于 $\left(\frac{2}{n_x}\right)^l<1$ 且 $\zeta^{2l}\left(\frac{(2r-1)m\pi}{n_x+1}\right)\leqslant 1$,于是有

$$\begin{aligned}\mathrm{hom}_{\mathrm{OSCL\text{-}CKF1}} &\leqslant \sum_{l=2}^{\infty}\left[\left(\frac{2}{n_x}\right)^{l}\frac{(n_x+1)^{l-1}}{(2l)!}\sum_{m=1}^{2n_x+2}P_x^l(m,j)\right] \\ &< \sum_{l=2}^{\infty}\left[\frac{(n_x+1)^{l-1}}{(2l)!}\sum_{m=1}^{2n_x+2}P_x^l(m,j)\right]=\mathrm{hom}_{\mathrm{SSRCKF}}\end{aligned} \tag{4-60}$$

也就是说,OSCL-CKF 能够有效减小未知高阶干扰项的影响,提高滤波精度,并且随着切比雪夫-拉盖尔多项式阶数的增加,其滤波更为准确。在实际应用中,需要综合考虑准确性和实时性要求,选择合适的多项式阶数,得到准确

的跟踪结果。

4.4　基于高斯和策略的抗高非线性方法

本节在 OSCL-CKF 的基础上,针对高非线性情况,引入距离参数化策略和高斯分割策略,进一步提高对目标的跟踪精度。

4.4.1　改进的距离参数化初值选取策略

在单站纯方位跟踪中,可能会对目标的位置和速度信息有一定的先验知识,通常的做法是在先验信息的范围内选择一个初值然后进行滤波,然而,由于滤波器对初值较为敏感,因此利用单初值滤波并没有充分利用先验知识,有时会使滤波结果远离真实值。于是,引入距离参数化策略来改善这一问题。

假定在初始时刻,目标到观测站的先验距离范围为$(d_{\min}, d_{\max})$。将其等比例分割为 N_F 个子区间,并以每个子区间作为子滤波器的滤波初值,则公比为

$$\rho = \left(\frac{d_{\max}}{d_{\min}}\right)^{1/N_F} \tag{4-61}$$

故各子滤波器的先验均值和标准差分别为

$$\bar{d}_i = d_{\min}\frac{\rho^{i-1}+\rho^i}{2} \tag{4-62}$$

$$\sigma_{d_i}^2 = \left(d_{\min}\frac{\rho^i-\rho^{i-1}}{2}\right)^2 \tag{4-63}$$

式中:$i=1,2,\cdots,N_F$。这样就得到了 N_F 个不同初值的滤波器。在每一时刻测量更新阶段的末尾,子滤波器的权值可以利用贝叶斯定理得出,即

$$w_k^i = \frac{p(z_k \mid x_k, i)\,w_{k-1}^i}{\sum_{j=1}^{N_F} p(z_k \mid x_k, j)\,w_{k-1}^j} \tag{4-64}$$

式中:$p(z_k|x_k,i)$为第 i 个子滤波器 k 时刻的测量似然函数,可表示为

$$p(z_k|x_k,i) = \frac{1}{\sqrt{2\pi\sigma_i^2}}\exp\left[-\frac{1}{2}\left(\frac{z_k-\hat{z}_{k|k-1}^i}{\sigma_i}\right)^2\right] \tag{4-65}$$

于是,就利用似然函数增加了初值较好子滤波器的权值,降低了初值较差子滤波器的权值,有效克服了初值模糊带来的影响。通常来讲,初值较差子滤波器的权值会随着滤波的进行越来越小,逐渐趋近于 0。此外,对于不稳定和发散的子滤波器,也应当及时移除。因此,这里利用权值门限来控制子滤波器的

个数。当 $w_k^i < \gamma_w$ 时，就将相应的子滤波器移除，并利用式(4－64)重新计算各子滤波器的权值。这不仅能够减小运算量，也可以改善滤波稳定性。

因此，设 $\hat{\boldsymbol{x}}_{k|k}^i$ 为第 i 个子滤波器的估计状态，$\boldsymbol{P}_k^i$ 为对应的估计协方差矩阵，则 k 时刻系统状态和协方差矩阵可更新如下：

$$\hat{\boldsymbol{x}}_{k|k} = \sum_{i=1}^{N_F} w_k^i \hat{\boldsymbol{x}}_{k|k}^i \tag{4-66}$$

$$\boldsymbol{P}_{k|k} = \sum_{i=1}^{N_F} w_k^i [\boldsymbol{P}_k^i + (\hat{\boldsymbol{x}}_k^i - \hat{\boldsymbol{x}}_k)(\hat{\boldsymbol{x}}_k^i - \hat{\boldsymbol{x}}_k)^{\mathrm{T}}] \tag{4-67}$$

Leong 等学者[147]假定各子滤波器的初始权值相等，即 $w_0^i = 1/N_f$，事实上，初始距离的分布与先验距离区间和对先验信息的假设有关。通常来讲，距离子区间范围越大，真实距离在这一范围内的概率越大[148－149]。这里假定真实距离在($d_{\min}$，$d_{\max}$)内随机分布，于是，子滤波器的初始权值与子区间大小成正比，即

$$w_0^i = \frac{d_i - d_{i-1}}{d_{\max} - d_{\min}} \tag{4-68}$$

式中：$i = 1, 2, \cdots, N_F$，这比等权重更为合理地反映了子区间划分和相应权值的关系，鲁棒性更强。

4.4.2 高斯密度分割和合并

许多军事和民用领域中，单站纯方位跟踪系统在每一时刻的非线性程度是不同的，于是，当非线性程度较高时，将预测密度分割为若干个子密度，并在测量更新后进行合并，从而减小高非线性带来的影响。

这一策略的核心是构建系统非线性程度判别量和设计高斯分割与合并方法。对于前者，常用的方法有线性匹配法和期望最大法。其中，在 CKF 中利用线性匹配法所得的第 i 个子滤波器的非线性程度判别量 η_k^i 为

$$\eta_k^i = \frac{1}{n_x} \sum_{j=1}^{n_x} \eta_j^i \tag{4-69}$$

其中

$$\eta_j^i = \frac{1}{2} \| z_{k|k-1,j}^{*,i} + z_{k|k-1,j+m/2}^{*,i} - 2h(\hat{\boldsymbol{x}}_{k|k-1}^i) \| \tag{4-70}$$

式中：$z_{j,k|k-1}^{*,i}$ 为第 i 个子滤波器通过非线性测量方程得到的容积传播点。由式(4－70)可知，该方法利用传播容积点与原呈对称分布容积点的偏差程度判别系统与线性传播的匹配程度。然而，这种方法存在两个问题：一是其只判断了系统和线性函数的匹配情况，不能进一步判别与高阶函数的偏差情况；二是

当容积点呈非对称分布时,不能有效判别非线性程度。

因此,这里利用容积点的统计特性判别系统的非线性程度[149]。考虑容积点和容积传播点的二阶统计偏差,引入全局非线性程度判别量:

$$\eta_k^i = \sqrt{1 - \frac{\mathrm{tr}(\boldsymbol{P}_{x^*z^*,k|k-1}^i (\boldsymbol{P}_{k|k-1}^i)^{-1} (\boldsymbol{P}_{x^*z^*,k|k-1}^i)^{\mathrm{T}})}{\mathrm{tr}(\boldsymbol{P}_{z^*z^*,k|k-1}^i)}} \tag{4-71}$$

式中:tr(·)表示矩阵取迹算子;$\boldsymbol{P}_{x^*z^*,k|k-1}^i$为$\boldsymbol{x}_{k|k-1,j}^{*,i}$和$z_{k|k-1,j}^{*,i}$的互协方差矩阵;$\boldsymbol{P}_{z^*,k|k-1}^i$为$z_{k|k-1,j}^{*,i}$的方差。显然,有$\boldsymbol{\eta}_k^i \in [0,1]$。于是,就利用容积点和传播容积点的二阶统计特性描述了系统的非线性程度。

如果$\boldsymbol{\eta}_k^i$超过门限$\boldsymbol{\gamma}_n$,就认为该时刻子滤波器的非线性程度较高,将预测密度分割为N_G个高斯密度之和:

$$\mathcal{N}(\boldsymbol{x}_k;\boldsymbol{x}_{k|k-1}^i,\boldsymbol{P}_{k|k-1}^i) = \sum_{g=1}^{N_G} w_{k-1}^{i,g}\mathcal{N}(\boldsymbol{x}_k;\boldsymbol{x}_{k|k-1}^{i,g},\boldsymbol{P}_{k|k-1}^{i,g}) \tag{4-72}$$

式中:$\boldsymbol{x}_{k|k-1}^{i,g}$和$\boldsymbol{P}_{k|k-1}^{i,g}$分别表示第$g$个高斯元素的预测均值和协方差;$w_k^{i,g}$为相应的权值。相反,若$\boldsymbol{\eta}_k^i$未超过非线性判别门限,则不分割高斯密度,即$N_G=1$。

传统方法将高斯密度相继均分 2 次,得到 4 个高斯子密度,这不仅带来较大运算量,而且没有充分利用子密度的传播特性抵抗非线性的影响,效率较低[40]。为此,本章综合考虑各容积点的传播情况,对各容积点与预测密度之间的差值方向以其传播的非线性程度作为系数进行加权求和,得

$$\boldsymbol{\psi}_{k|k-1}^i = \sum_{j=1}^{m/2} \eta_j^i \frac{\boldsymbol{\alpha}_{j,k|k-1}^i - \hat{\boldsymbol{x}}_{k|k-1}^i}{\|\boldsymbol{\alpha}_{j,k|k-1}^i - \hat{\boldsymbol{x}}_{k|k-1}^i\|} \tag{4-73}$$

将$\boldsymbol{\psi}_{k|k-1}^i$进行特征值分解:

$$\boldsymbol{\psi}_{k|k-1}^i = \boldsymbol{Y\Lambda Y}^{-1} \tag{4-74}$$

式中:m为容积点个数;$\boldsymbol{\Lambda}$为$\boldsymbol{\psi}_{k|k-1}^i$特征值组成的对角矩阵;$\boldsymbol{Y}$为各特征值对应的特征向量组成的矩阵。因此,非线性影响最大的方向就是$\boldsymbol{\psi}_{k|k-1}^i$最大特征值对应特征向量$\boldsymbol{\phi}$的方向。

利用在任意方向分割密度的方法将高斯预测密度沿$\boldsymbol{\phi}$方向分为 3 个元素,其中各高斯密度分割元素的权值为

$$\begin{bmatrix} w_k^{i,1} \\ w_k^{i,2} \\ w_k^{i,3} \end{bmatrix} = \begin{bmatrix} 2/3 \\ 1/6 \\ 1/6 \end{bmatrix} \tag{4-75}$$

均值和协方差分别为

$$\begin{bmatrix} \boldsymbol{x}_{k|k-1}^{i,1} \\ \boldsymbol{x}_{k|k-1}^{i,2} \\ \boldsymbol{x}_{k|k-1}^{i,3} \end{bmatrix} = \begin{bmatrix} \boldsymbol{x}_{k|k-1}^{i} \\ \boldsymbol{x}_{k|k-1}^{i} + \breve{\kappa}\tilde{\boldsymbol{\phi}} \\ \boldsymbol{x}_{k|k-1}^{i} - \breve{\kappa}\tilde{\boldsymbol{\phi}} \end{bmatrix} \tag{4-76}$$

$$\boldsymbol{P}_{k|k-1}^{i,1} = \boldsymbol{P}_{k|k-1}^{i,2} = \boldsymbol{P}_{k|k-1}^{i,3} = \boldsymbol{P}_{k|k-1}^{i} - \frac{1}{3}\breve{\kappa}\tilde{\boldsymbol{\phi}}\tilde{\boldsymbol{\phi}}^{\mathrm{T}} \tag{4-77}$$

式中：$\tilde{\boldsymbol{\phi}}$ 为 $\boldsymbol{\phi}$ 方向的单位向量；$\breve{\kappa} \in [0,\sqrt{3}]$，这里选取 $\breve{\kappa} = 0.6\sqrt{3}$；$\boldsymbol{P}_{k|k-1}^{i,g} = \boldsymbol{S}_{k|k-1}^{i,g}(\boldsymbol{S}_{k|k-1}^{i,g})^{\mathrm{T}}$。

沿非线性程度最高的方向进行高斯密度分割后，第 i 个子滤波器就分成了 3 个子密度，经过测量更新就可以得到各子密度的状态估计值，这比单个高斯密度更能反映非线性的状态后验信息。所有子密度计算后，将其按照所属子滤波器进行合并，于是，子滤波器的状态估计值和协方差矩阵可计算为

$$\hat{\boldsymbol{x}}_{k|k}^{i} = \sum_{g=1}^{N_{G,i}} w_k^{i,g}\hat{\boldsymbol{x}}_{k|k}^{i,g} \tag{4-78}$$

$$\boldsymbol{P}_{k|k}^{i} = \sum_{g=1}^{N_{G,i}} w_k^{i,g}[\boldsymbol{P}_k^{i,g} + (\hat{\boldsymbol{x}}_k^{i,g} - \hat{\boldsymbol{x}}_{k|k}^{i})(\hat{\boldsymbol{x}}_k^{i,g} - \hat{\boldsymbol{x}}_{k|k}^{i})^{\mathrm{T}}] \tag{4-79}$$

4.5 均方根正交单纯形切比雪夫－拉盖尔高斯和容积卡尔曼滤波

本节将 4.3 节得到的 OSCL-CKF 与 4.4 节的高斯和策略，在均方根滤波[150]思想下进行结合，并探讨滤波实现过程中需要解决的问题。

4.5.1 滤波算法

高斯和方法需要对滤波器进行分割、合并，并通过状态协方差传递估计的不确定程度。然而，在滤波中直接求解状态协方差矩阵可能会增加舍入误差和非线性误差，而且可能导致协方差矩阵非正定进而造成滤波不稳定。为解决上述问题，利用均方根滤波思想，通过直接求解各子滤波器状态协方差的均方根，得到协方差矩阵并进行传递，以避免直接求解协方差矩阵可能造成的滤波不稳定。

1. 初始化

将滤波器按照先验信息分割为 N_F 个子滤波器，并设 k 时刻第 i 个子滤波的先验协方差矩阵 $\boldsymbol{P}_{k|k}^{i}$ 的均方根为 $\boldsymbol{S}_{k|k}^{i}$，生成 OSCL 容积点 $\boldsymbol{\xi}_j$，其中 $i = 1,2,\cdots,N_F$，

$j=1,2,\cdots,m$，m 为容积点的个数。

2. 时间更新

k 时刻第 i 个子滤波器估计容积点为

$$\boldsymbol{X}_{j,k-1|k-1}^{i}=\boldsymbol{S}_{k-1|k-1}^{i}\boldsymbol{\xi}_{j}+\hat{\boldsymbol{x}}_{k-1|k-1}^{i} \tag{4-80}$$

容积点传播：

$$\boldsymbol{X}_{j,k|k-1}^{*,i}=f(\boldsymbol{X}_{j,k-1|k-1}^{i}) \tag{4-81}$$

故预测状态和预测协方差矩阵的均方根可分别表示为

$$\hat{\boldsymbol{x}}_{k|k-1}^{i}=\sum_{j=1}^{m}w_{j}\boldsymbol{X}_{j,k-1|k-1}^{*,i} \tag{4-82}$$

$$\boldsymbol{S}_{k|k-1}^{i}=\mathrm{qr}([\boldsymbol{\chi}_{k|k-1}^{*},\boldsymbol{S}_{Q}]) \tag{4-83}$$

式中：qr(·)代表经QR分解所得的下三角矩阵；$\boldsymbol{S}_{Q}$ 为过程噪声协方差 $\boldsymbol{Q}$ 的均方根，即 $\boldsymbol{Q}=\boldsymbol{S}_{Q}\boldsymbol{S}_{Q}^{\mathrm{T}}$；$\boldsymbol{\chi}_{k,k-1}^{*,i}$ 可表示为

$$\boldsymbol{\chi}_{k,k-1}^{*,i}=[\boldsymbol{X}_{1,k|k-1}^{*,i}-\hat{\boldsymbol{x}}_{k|k-1}^{i},\boldsymbol{X}_{2,k|k-1}^{*,i}-\hat{\boldsymbol{x}}_{k|k-1}^{i},\cdots,\boldsymbol{X}_{m,k|k-1}^{*,i}-\hat{\boldsymbol{x}}_{k|k-1}^{i}]\boldsymbol{W}_{s} \tag{4-84}$$

式中：$\boldsymbol{W}_{s}=\mathrm{diag}(\sqrt{w_{1}},\sqrt{w_{2}},\cdots,\sqrt{w_{m}})$ 为容积点权值均方根的对角矩阵。

3. 高斯分割

利用式(4-71)计算子滤波器的非线性程度判别量，若 $\eta_{k}^{i}<\gamma_{w}$，不将子滤波器分割；若 $\eta_{k}^{i}\geqslant\gamma_{w}$，利用式(4-75)~式(4-77)将该子滤波器分割为3个子密度，得到 $\hat{\boldsymbol{x}}_{k|k-1}^{i,g}$、$\boldsymbol{S}_{k|k-1}^{i,g}$，其中 $g=1,2,3$。

4. 测量更新

计算容积点：

$$\boldsymbol{x}_{k|k-1,j}^{*,i,g}=\boldsymbol{S}_{k|k-1}^{i,g}\boldsymbol{\xi}_{j}+\hat{\boldsymbol{x}}_{k|k-1}^{i,g} \tag{4-85}$$

容积点传播：

$$\boldsymbol{z}_{k|k-1,j}^{*,i,g}=h(\boldsymbol{x}_{k|k-1,j}^{*,i,g}) \tag{4-86}$$

计算预测测量：

$$\hat{\boldsymbol{z}}_{k|k-1}^{i,g}=\sum_{j=1}^{m}w_{j}\boldsymbol{z}_{k|k-1,j}^{*,i,g} \tag{4-87}$$

卡尔曼增益为

$$\boldsymbol{K}_{k}^{i,g}=(\boldsymbol{P}_{xz,k|k-1}^{i,g}/(\boldsymbol{S}_{zz,k|k-1}^{i,g})^{\mathrm{T}})/\boldsymbol{S}_{zz,k|k-1}^{i,g} \tag{4-88}$$

其中，新息协方差矩阵的均方根 $\boldsymbol{S}_{zz,k|k-1}^{i,g}$ 和互协方差矩阵 $\boldsymbol{P}_{zz,k|k-1}^{i,g}$ 分别为

$$\boldsymbol{S}_{zz,k|k-1}^{i,g}=\mathrm{qr}([\boldsymbol{\zeta}_{k|k-1}^{i,g},\boldsymbol{S}_{R}]) \tag{4-89}$$

$$P_{xz,k|k-1} = \sum_{j=1}^{m} w_j (\boldsymbol{x}_{k|k-1,j}^{*,i,g} - \hat{\boldsymbol{x}}_{k|k-1}^{i,g})(z_{k|k-1,j}^{*,i,g} \hat{z}_{k|k-1}^{i,g})^{\mathrm{T}} \quad (4-90)$$

式中：$\boldsymbol{S}_R$ 为 $\boldsymbol{R}_k$ 的均方根，即 $\boldsymbol{R}_k = \boldsymbol{S}_R \boldsymbol{S}_R^{\mathrm{T}}$，$\boldsymbol{\zeta}_{k|k-1}^{i,g}$ 可表示为

$$\boldsymbol{\zeta}_{k|k-1}^{i,g} = [z_{1,k|k-1}^{*,i,g} - \hat{z}_{k|k-1}^{i,g}, z_{2,k|k-1}^{*,i,g} - \hat{z}_{k|k-1}^{i,g}, \cdots, z_{m,k|k-1}^{*,i,g} - \hat{z}_{k|k-1}^{i,g}] \boldsymbol{W}_s \quad (4-91)$$

因此，各子滤波器子密度的状态向量和协方差矩阵标准差可更新如下：

$$\hat{\boldsymbol{x}}_{k|k}^{i,g} = \hat{\boldsymbol{x}}_{k|k-1}^{i,g} + \boldsymbol{K}_k^{i,g}(z_k - \hat{z}_{k|k-1}^{i,g}) \quad (4-92)$$

$$\boldsymbol{S}_{k|k}^{i,g} = \mathrm{qr}([\boldsymbol{\chi}_{k|k-1}^{i,g} - \boldsymbol{K}_k^{i,g} \boldsymbol{Z}_{k|k-1}^{i,g}, \boldsymbol{K}_{k|k-1}^{i,g} \boldsymbol{S}_R]) \quad (4-93)$$

其中

$$\boldsymbol{\chi}_{k|k-1}^{i,g} = [\boldsymbol{X}_{1,k|k-1}^{i,g} - \hat{\boldsymbol{x}}_{k|k-1}^{i,g}, \boldsymbol{X}_{2,k|k-1}^{i,g} - \hat{\boldsymbol{x}}_{k|k-1}^{i,g}, \cdots, \boldsymbol{X}_{m,k|k-1}^{i,g} - \hat{\boldsymbol{x}}_{k|k-1}^{i,g}] \boldsymbol{W}_s \quad (4-94)$$

5. 高斯合并

若第 i 个子滤波器进行了高斯分割，则利用式(4－78)和式(4－79)将该子滤波器对应的 3 个子密度进行合并。

6. 子滤波器更新

利用式(4－64)和式(4－65)计算各子滤波器权值，并对权值较低的子滤波器进行剔除。因此，k 时刻状态向量可更新如下：

$$\hat{\boldsymbol{x}}_{k|k} = \sum_{i=1}^{N_F} w_k^i \hat{\boldsymbol{x}}_{k|k}^i \quad (4-95)$$

将 OSCL 容积点代入以上均方根高斯和滤波框架，就得到了均方根正交单纯形切比雪夫－拉盖尔高斯和容积卡尔曼滤波(Improved Square Root Orthogonal Simplex Chebyshev-Laguerre Gaussian-Sum Cubature Kalman Filter，ISR-OSCL-GSCKF)算法。

4.5.2 算法在单站纯方位跟踪中的实现问题

系统模型中，假定 y 轴正方向为测量角度的参考方向，也就是说，测量角度的范围为 $[-\pi, \pi)$。以上滤波方法利用一组加权的采样点来计算目标状态的后验密度，在实现过程中需要对角度进行加权求和并计算相应的协方差(如式(4－87))，这样，在计算过程中角度有可能超出 $[-\pi, \pi)$ 范围或者出现错误的结果。例如，如图 4－2 所示，$-7\pi/8$ 与 $7\pi/8$ 相差 $-\pi/4$，而若直接将其相减，则会得到 $7\pi/4$ 的错误结果；同理，$-7\pi/8$ 与 $7\pi/8$ 的平均值应该为 $-\pi$，而若直接将其加权求和，则会得到 0 的错误结果。在仿真中发现，这可能会造成滤波性能下降甚至滤波发散。

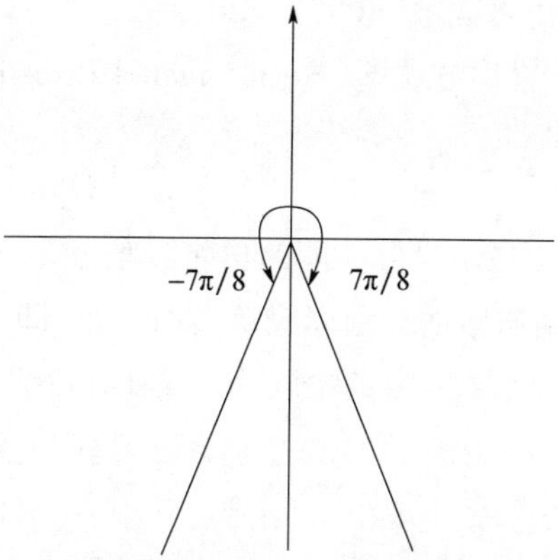

图 4－2　确定性采样滤波中角度偏差问题示意图

于是，在对两个角度相减或对多个角度进行归一化加权求和时，需要进行相应的处理。两角度相减时，需要使得二者之差在 $[-\pi,\pi)$ 的范围内。上例中，$7\pi/8-(-7\pi/8)=7\pi/4$，由于 $7\pi/4\notin[-\pi,\pi)$，于是，再将结果与 2π 相减，得到 $7\pi/4-2\pi=-\pi/4$，即为正确结果。对 m 个角度进行加权求和，则以第一个角度为参考，依次求出第 $2\sim m$ 个角度与第 1 个角度之间的差值，然后，使得每一个差值都在 $[-\pi,\pi)$ 的范围内，最后再将差值乘以相应的权值，并与第一个角度进行求和，从而得到正确的加权结果。

4.6　仿真分析

为比较各个算法的性能，首先进行场景设置和初始化。假定所跟踪的目标做受加速度扰动的匀速直线运动，过程噪声功率谱密度 q 为 $4.63\times10^{-4}\mathrm{km^2/min^3}$。为满足可观测性条件，假定单观测站从原点(0,0)出发进行机动，测量间隔 $\Delta=1\mathrm{min}$。13～17min，单观测站做匀速转弯运动，其速度大小为 30km/h；28～30min，单观测站做匀速转弯运动，其速度大小为 30km/h，其余时间单观测站做匀速直线运动，速度大小为 30km/h。

定义 k 时刻的位置均方根误差(Root Mean Square Error in position, $\mathrm{RMSE_{pos}}$)和速度均方根误差(Root Mean Square Error in velocity, $\mathrm{RMSE_{vel}}$)为

$$\mathrm{RMSE}_{\mathrm{pos},k}=\sqrt{\frac{1}{L}\sum_{j=1}^{L}\left[(\hat{x}_{k,j}^{\mathrm{t}}-x_{k,j}^{\mathrm{t}})^2+(\hat{y}_{k,j}^{\mathrm{t}}-y_{k,j}^{\mathrm{t}})^2\right]} \tag{4-96}$$

$$\mathrm{RMSE}_{\mathrm{vel},k}=\sqrt{\frac{1}{L}\sum_{j=1}^{L}\left[(\hat{\dot{x}}_{k,j}^{\mathrm{t}}-\dot{x}_{k,j}^{\mathrm{t}})^2+(\hat{\dot{y}}_{k,j}^{\mathrm{t}}-\dot{y}_{k,j}^{\mathrm{t}})^2\right]} \tag{4-97}$$

式中:L 为 Monte Carlo 仿真次数,这里 $L=200$。

定义每次仿真的位置均方误差(Mean Squared Error in position, $\mathrm{MSE}_{\mathrm{pos},i}$)为

$$\mathrm{MSE}_{\mathrm{pos},i} = \frac{1}{n}\sum_{k=1}^{n}\left[(x_k^{\mathrm{t}} - \hat{x}_{k|k,i}^{\mathrm{t}})^2 + (y_k^{\mathrm{t}} - \hat{y}_{k|k,i}^{\mathrm{t}})^2\right] \tag{4-98}$$

为保证比较的公平有效,设置相同的仿真初值和场景。假定目标到观测站的初始真实距离为 d,则初始估计距离服从高斯分布,即 $\bar{d} \sim N(d,\sigma_d^2)$,其中,$\sigma_d^2$ 为距离估计方差。设初始真实测量角度为 z_0,则初始估计角度服从高斯分布,即 $\bar{z}_0 \sim N(z_0,\sigma_z^2)$,其中 σ_z^2 为测量误差方差。设目标初始真实速度大小为 s,则初始估计速度服从高斯分布,即 $\bar{s} \sim N(s,\sigma_s^2)$,其中 σ_s^2 为速度估计方差。设目标初始真实运动方向为 c,则初始估计方向服从高斯分布,即 $\bar{c} \sim N(c,\sigma_c^2)$,其中,$\sigma_c^2$ 为方向估计方差。于是,目标的初始状态可估计为

$$\hat{\boldsymbol{x}}_0 = \begin{bmatrix} \bar{d}\sin\bar{z}_0 \\ \bar{d}\cos\bar{z}_0 \\ \bar{s}\sin\bar{c} - \dot{x}_0^{\mathrm{o}} \\ \bar{s}\cos\bar{c} - \dot{y}_0^{\mathrm{o}} \end{bmatrix} \tag{4-99}$$

初始估计协方差可计算为

$$\boldsymbol{P}_0 = \begin{bmatrix} P_{xx} & P_{xy} & 0 & 0 \\ P_{yx} & P_{yy} & 0 & 0 \\ 0 & 0 & P_{\dot{x}\dot{x}} & P_{\dot{x}\dot{y}} \\ 0 & 0 & P_{\dot{y}\dot{x}} & P_{\dot{y}\dot{y}} \end{bmatrix} \tag{4-100}$$

其中

$$P_{xx} = \bar{d}^2\sigma_z^2\cos^2\bar{z}_0 + \sigma_d^2\sin^2\bar{z}_0$$

$$P_{yy} = \bar{d}^2\sigma_z^2\sin^2\bar{z}_0 + \sigma_d^2\cos^2\bar{z}_0$$

$$P_{xy} = P_{yx} = (\sigma_d^2 - \bar{d}^2\sigma_z^2)\sin\bar{z}_0\cos\bar{z}_0$$

$$P_{\dot{x}\dot{x}} = \bar{s}^2\sigma_c^2\cos^2\bar{c} + \sigma_d^2\sin^2\bar{c}$$

$$P_{\dot{y}\dot{y}} = \bar{s}^2\sigma_c^2\sin^2\bar{c} + \sigma_d^2\cos^2\bar{c}$$

$$P_{\dot{x}\dot{y}} = P_{\dot{y}\dot{x}} = (\sigma_s^2 - \bar{s}^2\sigma_c^2)\sin\bar{c}_0\cos\bar{c}_0$$

4.6.1 OSCL-CKF 性能仿真

本节比较 4.3 节所提 OSCL-CKF 方法与传统确定性采样滤波 UKF、CKF、SSRCKF 的性能。根据上述参数设置方法,得到仿真参数如表 4-1 所列。

表 4 - 1　仿真参数设置

参数	d	s	c	σ_d	σ_z	σ_c
取值	10 km	20 km/h	- 140°	2 km	1°	$\pi/\sqrt{12}$

仿真实验 1:各算法均方根误差比较。仿真设置如表 4 - 1 所列,测量时间为 36min,则各算法的位置均方根误差和速度均方根误差分别如图 4 - 3 和图 4 - 4 所示。

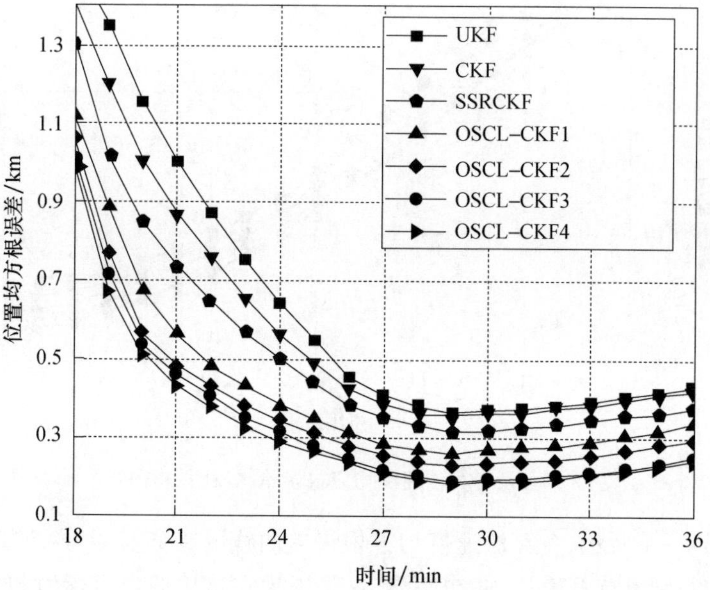

图 4 - 3　各算法位置均方根误差比较(见彩图)

如图 4 - 3 所示,随着测量次数的增加,各算法逐渐趋于收敛。基于 CKF 的算法性能略优于 UKF,这是因为当状态变量维数 $n_x > 3$ 时,UKF($\kappa = 3 - n_x$)采样点的权值会出现负值,影响状态协方差的传递,而 CKF 类算法的权值与状态维数无关,滤波更稳定。CKF 类算法中,各阶 OSCL - CKF 算法优于 CKF 和 SS-RCKF,这是因为各阶 OSCL - CKF 利用正交变换有效减小了高阶非线性干扰项带来的不利影响,滤波精度更高,这也验证了 4.3.4 节所分析的结果。各阶 OSCL - CKF 中,随着切比雪夫 - 拉盖多项式阶数 n_c 的提高,算法的性能越来越好,这说明利用切比雪夫 - 拉盖多项式能够有效提高对多维高斯积分的逼近程度,进而提高对目标的跟踪精度。从图中还可以看出,三阶 OSCL - CKF(OSCL - CKF3)和四阶 OSCL - CKF(OSCL - CKF4)曲线在滤波后期几乎重合,这说明在这一场景下，随着切比雪夫－拉盖多项式阶数的提高，其性能也趋于饱和，再增加阶数 n_c 已不能有效提高滤波精度。在实际应用中，需要综合考虑跟踪准确度、算法性能和运算量之间的平衡，选择合理的切比雪夫－拉盖多项式阶数。

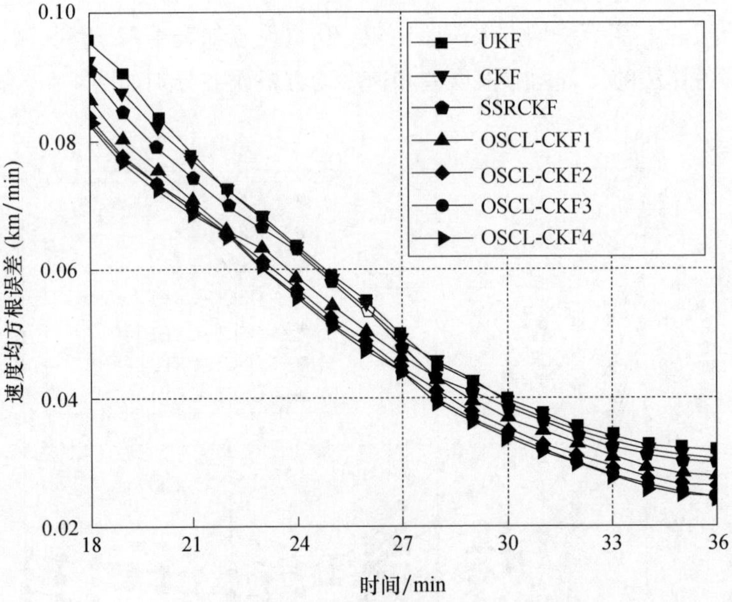

图 4－4　各算法速度均方根误差比较（见彩图）

如图 4－4 所示，各算法速度均方根误差曲线的趋势与图 4－3 类似，但各算法间的差别没有 $RMSE_{pos}$ 曲线明显，这是因为在这里假定目标做匀速直线运动，敌方目标速度的变化过程为线性的，更有利于各滤波器的估计。

仿真实验 2：不同噪声标准差下各算法位置均方误差 MSE_{pos} 比较。设测量噪声标准差分别为 0.5°、1°、2°，其他参数保持不变，计算 3 种情况下各算法的平均 MSE_{pos}，其结果如图 4－5 所示。

如图 4－5 所示，随着测量误差标准差的增加，各算法的平均 MSE_{pos} 也逐渐增大。当噪声标准差为 $\sigma_z = 0.5°$ 时，与 CKF 相比，OSCL－CKF4 的性能改善了 2.1%。当噪声标准差增加到 $\sigma_z = 2°$ 时，OSCL－CKF4 的性能改善了 10.3%，这说明 OSCL－CKF 具有更好的抗非线性、抗噪声性能。综上所述，所提算法能够灵活地选择阶数，有望在复杂场景下获得更精确的跟踪结果。

4.6.2　均方根高斯和方法性能仿真

为与文献中标准高斯和容积卡尔曼滤波（Gaussian Sum Cubature Kalman

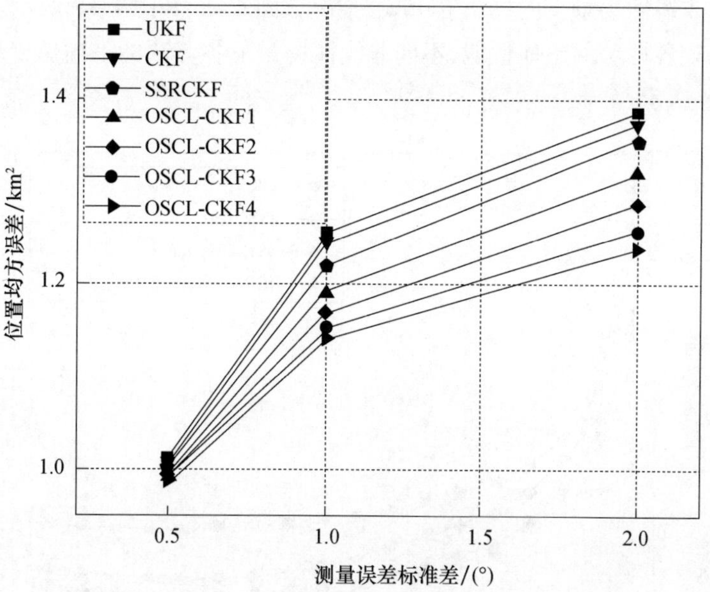

图4-5　不同噪声标准差下各算法 MSE_{pos} 比较(见彩图)

Filter,GSCKF)算法公平比较,将4.4节中高斯和方法代入到CKF框架中,得到改进的均方根高斯和容积卡尔曼滤波器(Improved Square Root Gaussian Sum Cubature Kalman Filter,ISR-GSCKF),同时令4.5节方法中的切比雪夫-拉盖尔多项式阶数为一阶,得到ISR-OSCL-GSCKF1算法。令子滤波器个数 $N_F=5$,初始距离区间为(d_{min},d_{max}),其中 $d_{min}\sim U[d-3\sigma_d,d]$,$r_{max}=r_{min}+6\sigma_r$,$U$ 为均匀分布。权值门限 $\gamma_w=0.05$,非线性判别门限 $\gamma_n=0.01$。

为了比较不同算法的抗非线性性能,设置两种不同的非线性场景,其参数设置如表4-2所列。

表4-2　非线性场景设定

参数	低非线性场景(场景1)	高非线性场景(场景2)
D	8km	12km
S	20km/h	25km/h
C	-140°	-140°
σ_d	1.5km	3km
σ_z	1°	1.5°
σ_c	$\pi/\sqrt{12}$	$\pi/\sqrt{12}$

不同非线性场景下的算法 $RMSE_{pos}$ 情况如图 4-6 和图 4-7 所示。

为比较各算法的整体性能,不同非线性场景下各算法的平均位置均方误差如图 4-8 所示。

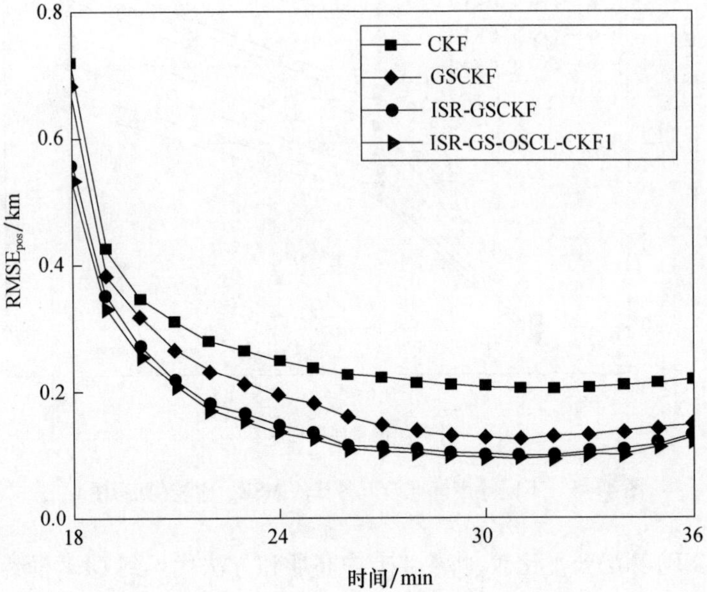

图 4-6　低非线性场景下各算法性能比较(见彩图)

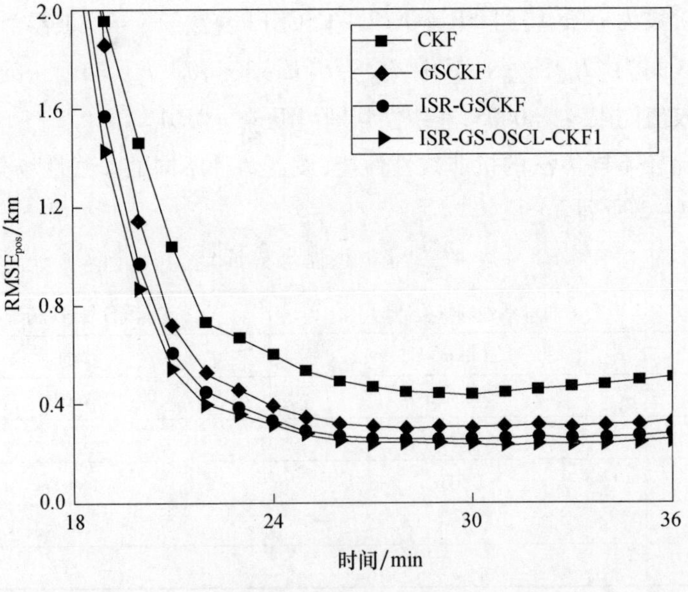

图 4-7　高非线性场景下算法性能比较(见彩图)

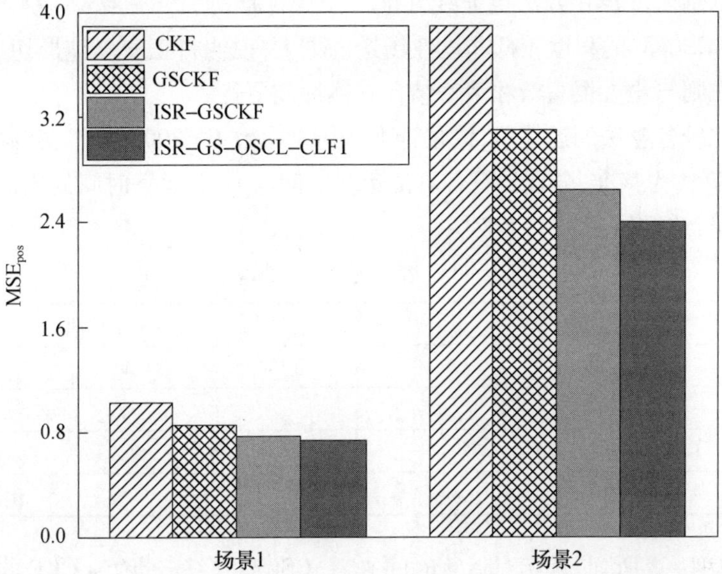

图 4 - 8　不同非线性场景下各算法位置均方误差比较

如图 4 - 6 所示，低非线性场景下，各算法随着测量时间的增加逐渐趋于收敛。GSCKF 明显优于 CKF 算法，这是因为：一方面，GSCKF 能够更有效利用先验信息，将滤波器按照先验信息分割为若干个不同初值的子滤波器，并依据似然函数来增加较好初值子滤波器的权值，有效改善了初值不准确带来的影响；另一方面，GSCKF 将高斯密度分割为 4 个子密度然后进行合并，能够进一步提高滤波器在高非线性时刻的滤波性能。ISR - GSCKF 无论是收敛速度和位置均方根误差性能都优于标准 GSCKF，这是因为：第一，本章依据先验信息区间大小来确定对应子滤波器初始权值更为合理；第二，ISR - GSCKF 将高斯密度沿非线性影响最大的方向进行分割，比 GSCKF 将高斯密度连续分割 2 次更有针对性地克服非线性带来的影响；第三，ISR - GSCKF 采用的均方根滤波思想能够减小舍入误差和非线性误差，进一步提高算法的精度和稳定性。将正交单纯形切比雪夫 - 拉盖尔准则与均方根高斯和策略结合而得到的 ISR - OSCL - GSCKF1 算法性能优于 ISR - GSCKF 算法，再次证明了 4.3 节方法的有效性，随着切比雪夫 - 拉盖尔阶数的增加，ISR - OSCL - GSCKF 性能还将进一步提高。

如图 4 - 7 所示，高非线性场景下，各算法收敛速度明显降低，在相同时间内的位置均方根误差也比低非线性场景更大。从图 4 - 7 和图 4 - 8 都可以看出，ISR - GSCKF 在高非线性场景下改善 GSCKF 的程度更高，这说明本章所提的高斯分割以及合并方法抗非线性能力更强。同理,ISR - OSCL - GSCKF1 改善 ISR - GSCKF 的程度较低非线性场景也更大,说明将正交单纯形切比雪夫 - 拉盖尔准则与均方根高斯和策略结合总体性能更优。

为比较各算法的运算量,设蒙特卡罗仿真次数 $L=200$,在相同初始条件下,以 CKF 算法为基准,分别计算各算法运算时间与 CKF 运算时间的比值,即相对运算时间,结果如表 4 - 3 所列。

表 4 - 3　各算法相对运算时间

算法	相对运算时间
CKF	1
GSCKF	7.32
ISR - GSCKF	6.67
ISR - OSCL - GSCKF1	7.53

如表 4 - 3 所列,从相对运算时间来看,GSCKF 运算量约为 CKF 的 7 倍,这些运算量来自于子滤波器及其权值的更新以及高斯分割、合并步骤。ISR - GSCKF 直接计算状态协方差的均方根虽然增加了运算量,但仍然比 GSCKF 低,这是因为:第一,ISR - GSCKF 能够及时剔除权值较低的子滤波器;第二,ISR - GSCKF 在高斯分割时将高斯密度分割为 3 个子密度,比标准 GSCKF 分割为 4 个子密度运算量更低。与 ISR - GSCKF 相比,ISR - OSCL - GSCKF1 多了 2 个采样点,因此,运算量略高于 ISR - GSCKF。

4.7　本章小结

复杂、恶劣环境下,测量噪声增大、非线性程度较高,都会使准确跟踪目标的难度加大。本章建立了单站纯方位跟踪模型,介绍了传统的非线性滤波算法。在此基础上,利用容积准则与均方根高斯和策略,提出了新的非线性滤波算法,即 ISR - OSCL - GSCKF 来进一步提高目标跟踪的准确性。

与传统方法相比,ISR - OSCL - GSCKF 对目标跟踪具有以下优势。

(1) 滤波精度能够随切比雪夫 - 拉盖尔多项式阶数的增加而提高,并且阶数和采样点个数的增加呈线性关系,此外,单纯形正交变换方法能够有效减小非线性高阶干扰项的大小,因此算法具有较好的灵活性和实用性。

(2) 改进的距离参数化方法能够在降低运算量的前提下减小滤波初值不准确带来的影响,能够更有效地利用先验信息改善跟踪精度。

(3) 与传统高斯分割方法相比,本章的高斯分割策略利用容积点二阶统计信息的偏差作为非线性程度判别量,更有效地反映了战场环境的非线性程度,并且将滤波器沿非线性程度影响最大的方向进行分割,在减小运算量的同时,更有针对性地减小了非线性的影响,在高非线性场景下具有更好的精度优势。

理论分析和仿真结果表明,与传统跟踪方法相比,本章所提方法不仅运算量更低,而且更加有效地克服了非线性带来的影响,跟踪结果更准确。

第5章　基于连续-离散系统模型的单站纯方位跟踪方法

从时间域上划分，在客观物理世界中绝大部分系统属于连续时间系统。为便于计算和处理，通常将连续时间系统离散化，称为离散时间系统。从本质上讲，单站纯方位跟踪的目标运动模型是连续时间的，而其测量模型是离散时间的，于是，可将其看作连续-离散系统。一般而言，对于同一系统，基于连续时间的数学模型比离散时间数学模型的描述精度要高，因此，连续-离散系统模型为进一步提高单站纯方位跟踪精度提供了新思路。

从方法上讲，连续-离散滤波方法与离散滤波方法的区别主要体现在时间更新上。离散时间滤波方法在两个测量时隔中只进行一步状态预测，而连续时间滤波方法进行多步计算以实现对连续状态的近似计算。由于连续时间状态方程属于随机微分方程，经典的黎曼积分或斯蒂杰斯积分并不一定适用，而伊藤积分(Itôcalculus)将作为主要应用方法。连续时间系统状态预测的直接解算存在一定难度，因此，在时间更新上的主要特征是连续状态预测与数值近似方法的结合。

为此，有学者提出连续-离散容积卡尔曼滤波(Continuous-Discrete Cubature Kalman Filter，CD-CKF)方法[51]。在高斯分布假设条件下基于1.5阶伊藤-泰勒(Itô-Taylor of Order 1.5，IT-1.5)数值近似和三阶容积准则，推导了状态预测和协方差更新的数学描述。然后，又提出了平方根、高阶连续-离散滤波方法、基于Langevin方程的连续-离散CKF方法，以及连续-离散李群EKF(CD-LG-EKF)方法等[151-155]。随后，又有学者将粒子滤波引入连续-离散系统滤波中，相继提出了自适应随机反馈滤波方法、龙格-库塔(Runge-Kutta，RK)高阶连续离散粒子滤波方法等[156]。

本章在构建单站纯方位跟踪的连续-离散系统模型的基础上，首先讨论低阶连续-离散滤波方法。为提高连续-离散滤波算法精度和计算效率，提出基于亚当斯-巴什福斯-莫尔顿(Adams-Bashforth-Moulton，ABM)方法的高阶连续-离散容积卡尔曼滤波算法。该算法结合ABM数值近似方法的4阶精度和低计算复杂度的优势，具有估计精度高和计算效率高的特点。

5.1　连续 – 离散系统模型

连续时间系统模型常常被描述为微分方程的形式，而离散时间方法则一般用状态空间描述法、脉冲传递函数描述法和离散状态空间表达式等形式表示。由于表示方法的不同，连续时间系统和离散时间系统的数学处理方法也不同。本节建立单站纯方位跟踪的连续 – 离散系统模型。

5.1.1　连续时间系统与离散时间系统

连续时间系统的输入变量、状态变量和输出变量的时间参数为连续时间，反映变量间因果关系的动态过程为时间的连续过程。连续时间系统的状态方程为微分方程，输出方程为连续变换方程。连续时间的状态空间可描述为

$$\dot{x}(t)=f(x(t),u(t),t) \tag{5-1}$$

式中：$f(\cdot)$为状态方程；$x(t)$为状态；$u(t)$为输出；t为时间。

离散时间系统的输入变量、状态变量和输出变量的时间参数为离散时间，反映变量间因果关系的动态时程为时间的不连续过程。离散时间系统的状态方程为差分方程，输出方程为离散变换方程。离散时间系统的状态空间可描述为

$$x(k+1)=f(x(k),u(k),k),k=0,1,2,\cdots \tag{5-2}$$

式中：$f(\cdot)$为状态方程；$x(k)$为状态；$u(k)$为输出；k为时间。

本质上，一方面，因为时间存在连续属性，客观物理世界中的绝大多数系统均属于连续时间系统的范畴；另一方面，时间的度量上存在离散属性，如时、分、秒等。因此，连续时间与离散时间两种时间类型对系统数学模型的表述均具有各自的科学意义和适用价值。

5.1.2　连续 – 离散纯方位跟踪系统模型

单站纯方位跟踪的数学模型包括系统状态模型（目标运动模型）和测量模型。连续 – 离散纯方位跟踪系统中，将目标运动模型建立为连续时间模型，测量模型建立为离散时间模型。考虑到目标运动出现的扰动等随机情况，连续时间目标运动模型描述为随机微分方程的形式：

$$\mathrm{d}\boldsymbol{x}(t)=\boldsymbol{f}(\boldsymbol{x}(t),t)\mathrm{d}t+\sqrt{\boldsymbol{Q}}\mathrm{d}\boldsymbol{w}(t) \tag{5-3}$$

式中：状态向量$\boldsymbol{x}(t)=[x(t),y(t),\dot{x}(t),\dot{y}(t)]^{\mathrm{T}}$，$[x(t),y(t)]$是目标在笛卡

儿二维坐标系的位置，$[\dot{x}(t),\dot{y}(t)]$是目标的速度；$\boldsymbol{f}:\mathbb{R}^n\times\mathbb{R}\to\mathbb{R}^n$为状态转移矩阵，$n$为状态维数；$\boldsymbol{Q}\in\mathbb{R}^n$是扩散矩阵，即谱密度矩阵或过程噪声的增益矩阵；$\boldsymbol{w}(t)$是$n$维标准布朗运动，增量$\mathrm{d}\boldsymbol{w}(t)$与状态相互独立。

离散时间测量模型为

$$z_k=h(\boldsymbol{x}_k,k)+v_k,k=1,2,\cdots \tag{5-4}$$

$$h(\boldsymbol{x}_k,k)=\arctan\frac{y_k-y_k^{\mathrm{o}}}{x_k-x_k^{\mathrm{o}}} \tag{5-5}$$

式中：z_k为实际测量值，在纯方位跟踪系统中是角度；h为测量函数；v_k假设为零均值高斯分布；$(x_k^{\mathrm{o}},y_k^{\mathrm{o}})$为观测站位置。测量时间间隔为$T$，$t_k=kT$。

连续-离散滤波与传统的连续型滤波或离散型滤波在数学形式和求解过程中有明显不同，下面分析其异同和特点。离散型滤波是最为常见的滤波方法，它将系统状态模型和测量模型建立在离散时间上，具有结构简单、可计算性强等特点。连续型滤波将系统状态模型和测量模型建立为连续时间模型，其建模方程符合大部分连续时间物理系统，一般通过解算矩阵微分方程来得到连续状态值，不具有递推性，因此不便于用于实际应用。连续-离散滤波方法是近年来出现的新形式滤波方法，“连续-离散”这一名词是英文 continuous - discrete 的直译。该方法将系统状态模型建立为连续时间模型，符合大部分物理系统的时间特性，而实际测量是离散的，如对目标有间隔的测量。该方法具有可计算性强、可递推等特点。上述3种不同的滤波方法在对连续或离散时间系统模型的求解各不相同，就形成了不同的应用特性。

连续型滤波一般是将连续随机状态通过使其采样时间趋于零，取极限而间接得到连续时间状态估计值。将连续型随机状态等效为时间趋于零的离散化状态来进行数学推导，将连续随机项等效为白噪声，从而在经典积分中进行计算。基本计算过程如下。

对于以下连续系统数学模型：

$$\begin{cases}\dot{\boldsymbol{x}}(t)=\boldsymbol{F}(t)\boldsymbol{x}(t)+\boldsymbol{G}(t)\boldsymbol{\omega}(t)\\ \boldsymbol{Z}(t)=\boldsymbol{H}(t)\boldsymbol{x}(t)+\boldsymbol{\nu}(t)\end{cases} \tag{5-6}$$

式中：$\boldsymbol{x}(t)$为系统状态；$\boldsymbol{F}(t)$为系统状态方程；$\boldsymbol{G}(t)$为扩散矩阵；$\boldsymbol{\omega}(t)$为随机项；$\boldsymbol{Z}(t)$为测量值；$\boldsymbol{H}(t)$为测量方程；$\boldsymbol{\nu}(t)$为测量噪声。由于该系统与本文连续-离散模型参数的形式和处理方式有所不同，因此用不同的字符表示：

$$\begin{aligned}&E[\boldsymbol{\omega}(t)]=\boldsymbol{0},\quad E[\boldsymbol{\omega}(t_1)\boldsymbol{\omega}^{\mathrm{T}}(t_2)]=\boldsymbol{q}(t)\delta(t_1-t_2)\\&E[\boldsymbol{\nu}(t)]=\boldsymbol{0},\quad E[\boldsymbol{\nu}(t_1)\boldsymbol{\nu}^{\mathrm{T}}(t_2)]=\boldsymbol{r}(t)\delta(t_1-t_2)\end{aligned} \tag{5-7}$$

式中：$\boldsymbol{\omega}(t)$和$\boldsymbol{\nu}(t)$不相关；$\boldsymbol{q}(t)$为非负定矩阵；$\boldsymbol{r}(t)$为正定矩阵。

对上述两式进行离散化：

$$\begin{cases}\boldsymbol{x}(t_k+\Delta t)=\boldsymbol{\Phi}(t_k+\Delta t,t_k)\boldsymbol{x}(t_k)+\int_{t_k}^{t_k+\Delta t}\boldsymbol{\Phi}(t_k+\Delta t,\tau)\boldsymbol{G}(\tau)\boldsymbol{\omega}(\tau)\mathrm{d}\tau\\\boldsymbol{Z}(t_k+\Delta t)=\boldsymbol{H}(t_k+\Delta t)\boldsymbol{x}(t_k+\Delta t)+\boldsymbol{\nu}_k\end{cases}\tag{5-8}$$

将随机项等效处理为

$$\boldsymbol{\Gamma}_{\omega(k)}=\frac{1}{\Delta t}\int_{t_k}^{t_k+\Delta t}\boldsymbol{\omega}(t)\mathrm{d}t\tag{5-9}$$

$$\boldsymbol{V}_k=\frac{1}{\Delta t}\int_{t_k}^{t_k+\Delta t}\boldsymbol{\nu}(t)\mathrm{d}t\tag{5-10}$$

将连续系统等效为离散系统的卡尔曼滤波最优估计问题，然后，使时间$\Delta t\to 0$得到连续时间状态最优估计值和协方差形式为

$$\dot{\hat{\boldsymbol{x}}}(t)=\boldsymbol{F}(t)\hat{\boldsymbol{x}}(t)+\boldsymbol{K}(t)[\boldsymbol{Z}(t)-\boldsymbol{H}(t)\hat{\boldsymbol{x}}(t)]\tag{5-11}$$

$$\dot{\boldsymbol{P}}(t)=\boldsymbol{P}(t)\boldsymbol{F}^{\mathrm{T}}(t)+\boldsymbol{F}(t)\boldsymbol{P}(t)-\boldsymbol{P}(t)\boldsymbol{H}^{\mathrm{T}}(t)\boldsymbol{r}^{-1}(t)\boldsymbol{H}(t)\boldsymbol{P}(t)+\boldsymbol{G}(t)\boldsymbol{q}(t)\boldsymbol{G}^{\mathrm{T}}(t)\tag{5-12}$$

式中：$\boldsymbol{K}(t)$为增益。式(5－12)称为黎卡蒂(Riccati)方程。

连续滤波一般用于分析系统特性，不具有递推性，因此，一般不作为实际应用方法。连续－离散滤波用随机微分方程方法对连续时间随机状态进行求解，然后，与离散测量进行时间对应，可计算性强且可递推。相比于离散滤波，在一个测量间隔内，连续－离散滤波方法进行多次状态求解，并且所用的近似计算精度高，因此可以获得更高的计算精度。

综合以上分析可知，相比于传统的连续滤波和离散滤波，连续－离散滤波方法具有可计算性强、易于递推、精度较高等优势。下面将具体介绍连续－离散滤波方法的数学形式。

5.2　基于伊藤－泰勒方法的低阶连续－离散系统滤波

连续－离散系统滤波方法是解决连续－离散系统状态估计问题的有效途径。相比于传统的离散时间滤波方法，连续－离散系统滤波方法的不同之处在于时间更新环节，即如何计算连续时间的状态预测值和协方差预测值，而测量更新的方法是一致的。一般使用近似计算的方法来计算连续时间的状态预测

值和协方差预测值。根据使用近似计算方法的精度阶数,可将连续－离散系统滤波分为低阶和高阶两类方法。下面介绍基于伊藤－泰勒方法的低阶连续－离散系统滤波。

5.2.1 基于1.5阶伊藤－泰勒近似的时间更新

在连续－离散系统滤波方法的时间更新中,需要进行状态和协方差的前向预测。连续－离散滤波的时间更新一般使用数值方法进行近似求解。对于状态的预测,基于欧拉近似在时间$(t,t+\delta)$上求解上述定义的随机微分方程,可以得出

$$\boldsymbol{x}(t+\delta)=\boldsymbol{x}(t)+\delta\boldsymbol{f}(\boldsymbol{x}(t),t)+\sqrt{\boldsymbol{Q}}\boldsymbol{\beta} \tag{5-13}$$

式中:$\boldsymbol{\beta}\sim N(0,\delta\boldsymbol{I}_n)$为标准高斯随机量;$\boldsymbol{I}_n$为$n$维单位矩阵。

状态期望为

$$\boldsymbol{E}[\boldsymbol{x}(t+\delta)]=\boldsymbol{E}[\boldsymbol{x}(t)]+\delta\boldsymbol{E}[\boldsymbol{f}(\boldsymbol{x}(t),t)] \tag{5-14}$$

误差协方差矩阵满足

$$\mathrm{var}[\boldsymbol{x}(t+\delta)]=\mathrm{var}[\boldsymbol{x}(t)+\delta\boldsymbol{f}(\boldsymbol{x}(t),t)]+\delta\boldsymbol{Q} \tag{5-15}$$

为近似求解上述状态期望和误差协方差矩阵,使用一阶泰勒方法在当前已知状态估计点$\hat{\boldsymbol{x}}_{k|k}=\boldsymbol{E}[\boldsymbol{x}_k|\mathrm{z}_{1:k}]$处对$\boldsymbol{f}(\boldsymbol{x}(t),t)$进行展开:

$$\boldsymbol{f}(\boldsymbol{x}(t),t)=\boldsymbol{f}(\hat{\boldsymbol{x}}_{k|k},k)+\boldsymbol{f}_x(k)(\boldsymbol{x}(t)-\hat{\boldsymbol{x}}_{k|k})+\mathrm{HOT} \tag{5-16}$$

式中:HOT表示高阶项;$\boldsymbol{f}_x(k)$为转移矩阵$\boldsymbol{f}(\boldsymbol{x}(t),t)$在$\hat{\boldsymbol{x}}_{k|k}$处的雅可比矩阵,即

$$\boldsymbol{f}_x(k)=[\nabla_x\boldsymbol{f}^{\mathrm{T}}(\boldsymbol{x},k)]^{\mathrm{T}}_{x=\hat{x}_{k|k}} \tag{5-17}$$

连续时间到离散时间点的对应关系:$t=t_k$,$t+\delta=t_{k+1}$和$\delta=T$,则预测状态的期望为

$$\hat{\boldsymbol{x}}_{k+1|k}=\boldsymbol{E}[\boldsymbol{x}_{k+1}|\mathrm{z}_{1:k}]\approx\hat{\boldsymbol{x}}_{k|k}+T\boldsymbol{f}(\hat{\boldsymbol{x}}_{k|k},k) \tag{5-18}$$

预测误差协方差为

$$\boldsymbol{P}_{k+1|k}=\mathrm{var}[\boldsymbol{x}_{k+1}|z_{1:k}]\approx(\boldsymbol{I}_n+T\boldsymbol{f}_x(k))\boldsymbol{P}_{k|k}(\boldsymbol{I}_n+T\boldsymbol{f}_x(k))^{\mathrm{T}}+T\boldsymbol{Q} \tag{5-19}$$

相比于一阶泰勒近似,基于1.5阶伊藤－泰勒近似方法的连续状态求解方法类似,但其精度更高。在连续状态预测中,将一个周期T分为$m=1,2,\cdots$步进行状态预测,以提高近似计算精度。在时间$[t_k,t_{k+1}]$内,在初始条件$\boldsymbol{x}(t_k)=\boldsymbol{x}_k$下,$m$步近似$\hat{\boldsymbol{x}}^{(m)}(t)$的误差满足

$$E[\sup_{t\in[t_k,t_{k+1}]}|\boldsymbol{x}(t)-\hat{\boldsymbol{x}}^{(m)}(t)|]\leqslant\xi(\delta^m)^{\ell} \tag{5-20}$$

式中:$\delta^m=(t_{k+1}-t_k)/m$;ξ是一个常数;ℓ为阶数。精度随步数m增加而提高。

欧拉近似相当于 0.5 阶伊藤 - 泰勒近似方法。

对于基于 1.5 阶伊藤 - 泰勒近似方法在时间 $(t,t+\delta)$ 上求解上述定义的随机微分方程，有

$$\boldsymbol{x}(t+\delta)=\boldsymbol{x}(t)+\delta\boldsymbol{f}(\boldsymbol{x}(t),t)+\frac{1}{2}\delta^2\Gamma_0\boldsymbol{f}(\boldsymbol{x}(t),t)+\sqrt{\boldsymbol{Q}}\boldsymbol{\beta}+(\Gamma\boldsymbol{f}(\boldsymbol{x}(t),t))\boldsymbol{\gamma} \tag{5-21}$$

式中：$(\boldsymbol{\beta},\boldsymbol{\gamma})$ 为 n 维相互独立的高斯随机参数对，服从 $\boldsymbol{\beta}=\sqrt{\delta}\boldsymbol{u}_1$，$\boldsymbol{\gamma}=\frac{1}{2}\delta^{3/2}\left(\boldsymbol{u}_1+\frac{\boldsymbol{u}_2}{\sqrt{3}}\right)$，$(\boldsymbol{u}_1,\boldsymbol{u}_2)$ 为标准高斯随机变量，并且对应的协方差矩阵为

$$E[\boldsymbol{\beta}\boldsymbol{\beta}^{\mathrm{T}}]=\delta\boldsymbol{I}_n$$

$$E[\boldsymbol{\beta}\boldsymbol{\gamma}^{\mathrm{T}}]=\frac{1}{2}\delta^2\boldsymbol{I}_n$$

$$E[\boldsymbol{\gamma}\boldsymbol{\gamma}^{\mathrm{T}}]=\frac{1}{3}\delta^3\boldsymbol{I}_n$$

Γ_0 和 Γ 分别为

$$\Gamma_0=\frac{\partial}{\partial t}+\sum_{i=1}^{n}f_i\frac{\partial}{\partial\boldsymbol{x}_i}+\frac{1}{2}\sum_{j,p,q=1}^{n}\sqrt{\boldsymbol{Q}}_{p,j}\sqrt{\boldsymbol{Q}}_{q,j}\frac{\partial^2}{\partial\boldsymbol{x}_p\partial\boldsymbol{x}_q}$$

$$\Gamma_j=\sum_{i=1}^{n}\sqrt{\boldsymbol{Q}}_{i,j}\frac{\partial}{\partial\boldsymbol{x}_i}$$

式中：无噪声条件下的系统状态方程为

$$\boldsymbol{f}_d(\boldsymbol{x}(t),t)=\boldsymbol{x}(t)+\delta\boldsymbol{f}(\boldsymbol{x}(t),t)+\frac{1}{2}\delta^2\Gamma_0\boldsymbol{f}(\boldsymbol{x}(t),t) \tag{5-22}$$

5.2.2　连续 - 离散 CKF 方法

以容积卡尔曼滤波为例，将 1.5 阶伊藤 - 泰勒近似和三阶球面径向容积准则结合，求解连续 - 离散容积卡尔曼滤波（连续 - 离散 CKF，CD - CKF）中的状态预测和预测协方差的表达形式。在获取下一时刻测量之间，1.5 阶伊藤 - 泰勒近似用于得到状态预测，即更新旧的状态概率密度分布。这里将一个测量间隔 T 分为 l 段，即每一小段时间为 $\delta=T/l$，则 l 个时间点为 $t=kT+j\delta$，$1\leqslant j\leqslant l$ 且 $\delta=T/l$。当前时刻的状态分布为 $\boldsymbol{x}_k\sim N(\hat{\boldsymbol{x}}_{k|k},\boldsymbol{P}_{k|k})$，$j=1$ 时预测状态期望为

$$\begin{aligned}\hat{\boldsymbol{x}}_{k|k}^1&=E[\boldsymbol{x}_k^1|z_{1:k}]\\&\approx E[\boldsymbol{f}_d(\boldsymbol{x}_k,kT)+\sqrt{\boldsymbol{Q}}\boldsymbol{\beta}+\Gamma\boldsymbol{f}(\boldsymbol{x}_k,kT)\boldsymbol{\gamma}|z_{1:k}]\end{aligned} \tag{5-23}$$

式中：$\boldsymbol{\beta} \sim N(0,\delta \boldsymbol{I}_n)$，$\boldsymbol{\gamma} \sim N(0,(\delta^3/3)\boldsymbol{I}_n)$。假设噪声与状态相互独立，并且是零均值高斯分布，则式(5-23)进一步简化为

$$\begin{aligned}\hat{\boldsymbol{x}}_{k|k}^1 &= E[\boldsymbol{f}_d(\boldsymbol{x}_k,kT)\,|\,z_{1:k}] \\ &= \int \boldsymbol{f}_d(\boldsymbol{x}_k,kT)N(\boldsymbol{x}_k;\hat{\boldsymbol{x}}_{k|k},\boldsymbol{P}_{k|k})\mathrm{d}\boldsymbol{x}_k\end{aligned} \tag{5-24}$$

相似地，可以计算出预测状态误差协方差矩阵：

$$\begin{aligned}\boldsymbol{P}_{k|k}^1 &= E[(\boldsymbol{x}_k^1-\hat{\boldsymbol{x}}_{k|k}^1)(\boldsymbol{x}_k^1-\hat{\boldsymbol{x}}_{k|k}^1)^{\mathrm{T}}\,|\,z_{1:k}] \\ &= \int_{\mathbb{R}^n} \boldsymbol{f}_d(\boldsymbol{x}_k,kT)\boldsymbol{f}_d^{\mathrm{T}}(\boldsymbol{x}_k,kT)N(\boldsymbol{x}_k;\hat{\boldsymbol{x}}_{k|k},\boldsymbol{P}_{k|k})\mathrm{d}\boldsymbol{x}_k + \frac{\delta^3}{3} \\ &\times \int_{\mathbb{R}^n} (\boldsymbol{\Gamma f}(\boldsymbol{x}_k,kT))(\boldsymbol{\Gamma f}(\boldsymbol{x}_k,kT))^{\mathrm{T}}N(\boldsymbol{x}_k;\hat{\boldsymbol{x}}_{k|k},\boldsymbol{P}_{k|k})\mathrm{d}\boldsymbol{x}_k + \frac{\delta^2}{2} \\ &\times \Big[\sqrt{\boldsymbol{Q}}\Big(\int_{\mathbb{R}^n}(\boldsymbol{\Gamma f}(\boldsymbol{x}_k,kT))N(\boldsymbol{x}_k;\hat{\boldsymbol{x}}_{k|k},\boldsymbol{P}_{k|k})\mathrm{d}\boldsymbol{x}_k\Big)^{\mathrm{T}} \\ &+ \Big(\int_{\mathbb{R}^n}(\boldsymbol{\Gamma f}(\boldsymbol{x}_k,kT))N(\boldsymbol{x}_k;\hat{\boldsymbol{x}}_{k|k},\boldsymbol{P}_{k|k})\mathrm{d}\boldsymbol{x}_k\Big)\sqrt{\boldsymbol{Q}}^{\mathrm{T}}\Big] - (\hat{\boldsymbol{x}}_{k|k}^1)(\hat{\boldsymbol{x}}_{k|k}^1)^{\mathrm{T}} + \delta\boldsymbol{Q}\end{aligned} \tag{5-25}$$

值得注意的是，在连续-离散 CKF 的时间更新中，在一个量测间隔的每一个小时间段内均需计算一次预测状态以及对应的协方差矩阵，以便进行下一个小时间段内的状态预测，直到 j 从 1 到 l，即从时间 t_k 到 t_{k+1}。本质上，时间更新就是在一个量测间隔内进行 l 次状态向前预测，以及协方差的向前传播。l 越大，预测步数越来，精度越高，计算复杂度越高。

在 $\boldsymbol{\Gamma f}(\boldsymbol{x}_k,kT)$ 的非线性不严重的情况下，可以将其近似替换为 $\boldsymbol{\Gamma f}(\hat{\boldsymbol{x}}_{k|k},kT)$，其效果相似，则协方差可简化为

$$\begin{aligned}\boldsymbol{P}_{k|k}^1 \approx& \int_{\mathbb{R}^n} \boldsymbol{f}_d(\boldsymbol{x}_k,kT)\boldsymbol{f}_d^{\mathrm{T}}(\boldsymbol{x}_k,kT)N(\boldsymbol{x}_k;\hat{\boldsymbol{x}}_{k|k},\boldsymbol{P}_{\mathrm{k|k}})\mathrm{d}\boldsymbol{x}_k + \frac{\delta^3}{3} \\ &\times (\boldsymbol{\Gamma f}(\hat{\boldsymbol{x}}_{k|k},kT)(\boldsymbol{\Gamma f}(\hat{\boldsymbol{x}}_{k|k},kT)^{\mathrm{T}} + \frac{\delta^2}{2}[\sqrt{\boldsymbol{Q}}(\boldsymbol{\Gamma f}(\hat{\boldsymbol{x}}_{k|k},kT)^{\mathrm{T}} \\ &+ (\boldsymbol{\Gamma f}(\hat{\boldsymbol{x}}_{k|k},kT)\sqrt{\boldsymbol{Q}}^{\mathrm{T}}] - (\hat{\boldsymbol{x}}_{k|k}^1)(\hat{\boldsymbol{x}}_{k|k}^1)^{\mathrm{T}} + \delta\boldsymbol{Q}\end{aligned} \tag{5-26}$$

用容积卡尔曼滤波中的三阶容积准则计算可得

$$\hat{\boldsymbol{x}}_{k|k}^1 \approx \frac{1}{2n}\sum_{i=1}^{2n}\boldsymbol{X}_{i,k|k}^{*(1)} \tag{5-27}$$

式中：$\boldsymbol{X}_{i,k|k}^{*(1)}=f_d(\hat{\boldsymbol{x}}_{k|k}+\sqrt{\boldsymbol{P}_{k|k}}\xi_i,kT)$，容积点 $\xi_i=\begin{cases}\sqrt{n}\widetilde{\boldsymbol{e}}_i, & i=1,2\cdots,n\\ -\sqrt{n}\widetilde{\boldsymbol{e}}_i, & i=n+1,n+2,\cdots,2n\end{cases}$，$\widetilde{\boldsymbol{e}}_i$ 为单位列向量。

相似地，计算协方差可得

$$
\begin{aligned}
\boldsymbol{P}_{k|k}^{1}\approx&(\Delta\boldsymbol{X}_{k|k}^{*(1)})(\Delta\boldsymbol{X}_{k|k}^{*(1)})^{\mathrm{T}}\\
&+\frac{\delta^3}{3}\boldsymbol{\Gamma f}(\hat{\boldsymbol{x}}_{k|k},kT)\boldsymbol{\Gamma f}(\hat{\boldsymbol{x}}_{k|k},kT)^{\mathrm{T}}\\
&+\frac{\delta^2}{2}[\boldsymbol{\Gamma f}(\hat{\boldsymbol{x}}_{k|k},kT)\boldsymbol{Q}^{\mathrm{T}}+\boldsymbol{Q\Gamma f}(\hat{\boldsymbol{x}}_{k|k},kT)^{\mathrm{T}}]+\delta\boldsymbol{Q}
\end{aligned}
\tag{5-28}
$$

其中

$$
\Delta\boldsymbol{X}_{k|k}^{*(1)}=\frac{1}{\sqrt{2n}}[\boldsymbol{X}_{1,k|k}^{*(1)}-\hat{\boldsymbol{x}}_{k|k}^{1},\cdots,\boldsymbol{X}_{2n,k|k}^{*(1)}-\hat{\boldsymbol{x}}_{k|k}^{1}]
$$

在状态估计中，重复上述过程从 $(\hat{\boldsymbol{x}}_{k|k}^{1},\boldsymbol{P}_{k|k}^{1})$ 到 $(\hat{\boldsymbol{x}}_{k|k}^{m},\boldsymbol{P}_{k|k}^{m})$，即从 t_k 到 t_{k+1}。该时间间隔的最后一个状态 $(\hat{\boldsymbol{x}}_{k|k}^{m},\boldsymbol{P}_{k|k}^{m})$ 即为 $(\hat{\boldsymbol{x}}_{k+1|k},\boldsymbol{P}_{k+1|k})$。

测量更新过程同标准容积卡尔曼算法，这里不再赘述。根据上述关于连续 - 离散 CKF 方法中时间更新与测量更新的理论分析，下面总结基于 1.5 阶连续 - 离散 CKF 方法的算法流程。

一般滤波方法在算法流程中均会表示出时间更新和测量更新的一次循环，时间为一个测量间隔。不同的是，在连续 - 离散滤波方法中将在一个测量间隔内进行多次时间更新，即在一次滤波循环中内嵌一个时间更新循环，而测量更新只有一次循环。具体算法流程如下：

初始化：$\hat{\boldsymbol{x}}_{k|k}^{0}=\hat{\boldsymbol{x}}_{k|k},\boldsymbol{P}_{k|k}^{0}=\boldsymbol{P}_{k|k}$

m 步时间更新：

for $j=1:m$

协方差分解

$$
\boldsymbol{P}_{k|k}^{j}=(\boldsymbol{S}_{k|k}^{j})(\boldsymbol{S}_{k|k}^{j})^{\mathrm{T}}
$$

计算状态容积点

$$
\boldsymbol{x}_{i,k|k}^{j}=\boldsymbol{S}_{k|k}^{j}\xi_i+\hat{\boldsymbol{x}}_{k|k}^{j},\xi_i=\begin{cases}\sqrt{n}\widetilde{\boldsymbol{e}}_i,i=1,2,\cdots,n\\ -\sqrt{n}\widetilde{\boldsymbol{e}}_i,i=n+1,n+2,\cdots,2n\end{cases}
$$

状态容积点传播

$$
\boldsymbol{X}_{i,k|k}^{*(j+1)}=\boldsymbol{f}_d(\boldsymbol{x}_{i,k|k}^{j},kT+j\delta)
$$

计算状态预测值

$$\boldsymbol{x}_{i,k\mid k}^{j+1} = \frac{1}{2n}\sum_{i=1}^{2n}\boldsymbol{X}_{i,k\mid k}^{*(j+1)}$$

计算预测协方差

$$\boldsymbol{P}_{k\mid k}^{1} = (\Delta\boldsymbol{X}_{k\mid k}^{*(1)})(\Delta\boldsymbol{X}_{k\mid k}^{*(1)})^{\mathrm{T}} + \frac{\delta^3}{3}\boldsymbol{\Gamma f}(\hat{\boldsymbol{x}}_{k\mid k},kT)\boldsymbol{\Gamma f}(\hat{\boldsymbol{x}}_{k\mid k},kT)^{\mathrm{T}}$$

$$+\frac{\delta^2}{2}[\boldsymbol{\Gamma f}(\hat{\boldsymbol{x}}_{k\mid k},kT)\boldsymbol{Q}^{\mathrm{T}} + \boldsymbol{Q}\boldsymbol{\Gamma f}(\hat{\boldsymbol{x}}_{k\mid k},kT)^{\mathrm{T}}] + \delta\boldsymbol{Q}$$

$$\Delta\boldsymbol{X}_{k\mid k}^{*(j+1)} = \frac{1}{\sqrt{2n}}[\boldsymbol{X}_{1,k\mid k}^{*(j+1)} - \hat{\boldsymbol{x}}_{k\mid k}^{j+1},\cdots,\boldsymbol{X}_{2n,k\mid k}^{*(j+1)} - \hat{\boldsymbol{x}}_{k\mid k}^{j+1}]$$

end

测量更新

预测协方差分解

$$\boldsymbol{P}_{k+1|k} = \boldsymbol{S}_{k+1|k}\boldsymbol{S}_{k+1|k}^{\mathrm{T}}$$

计算状态容积点

$$\boldsymbol{X}_{i,k+1\mid k} = \boldsymbol{S}_{k+1|k}\xi_i + \hat{\boldsymbol{x}}_{k+1\mid k}, i=1,2,\cdots,2n$$

容积点的测量传播

$$\boldsymbol{Z}_{i,k+1|k} = h(\boldsymbol{X}_{i,k+1\mid k},k+1)$$

计算测量预测值

$$\hat{z}_{k+1|k} = \frac{1}{2n}\sum_{i=1}^{2n}\boldsymbol{Z}_{i,k+1|k}$$

构建测量加权中心矩阵

$$\boldsymbol{Z}_{k+1|k} = \frac{1}{\sqrt{2n}}[\boldsymbol{Z}_{1,k+1|k} - \hat{z}_{k+1|k},\cdots,\boldsymbol{Z}_{2n,k+1|k} - \hat{z}_{k+1|k}]$$

计算新息协方差

$$\boldsymbol{P}_{zz,k+1|k} = \boldsymbol{Z}_{k+1|k}\boldsymbol{Z}_{k+1|k}^{\mathrm{T}} + \boldsymbol{R}$$

构建状态加权中心矩阵

$$\boldsymbol{X}_{k+1|k} = \frac{1}{\sqrt{2n}}[\boldsymbol{X}_{1,k+1|k} - \hat{\boldsymbol{x}}_{k+1\mid k},\cdots,\boldsymbol{X}_{2n,k+1|k} - \hat{\boldsymbol{x}}_{k+1\mid k}]$$

计算交叉协方差矩阵为

$$\boldsymbol{P}_{xz,k+1|k} = \boldsymbol{X}_{k+1|k}\boldsymbol{Z}_{k+1|k}^{\mathrm{T}}$$

连续－离散容积增益为

$$\boldsymbol{W}_{k+1} = \boldsymbol{P}_{xz,k+1|k}\boldsymbol{P}_{zz,k+1|k}^{-1}$$

状态估计值为

$$\hat{\boldsymbol{x}}_{k+1|k+1} = \hat{\boldsymbol{x}}_{k+1|k} + \boldsymbol{W}_{k+1}(z_{k+1|k} - \hat{z}_{k+1|k})$$

协方差矩阵为

$$\boldsymbol{P}_{k+1|k+1} = \boldsymbol{P}_{k+1|k} - \boldsymbol{W}_{k+1}\boldsymbol{P}_{zz,k+1|k}\boldsymbol{W}_{k+1}^{\mathrm{T}}$$

由于连续-离散 CKF 方法中需要对协方差矩阵进行三角分解,为解决在实际应用过程中可能出现协方差矩阵非正定的情况,可引入平方根方法,得到连续-离散平方根 CKF 方法。

对于协方差矩阵的三角分解:

$$\boldsymbol{P} = \boldsymbol{S}_0\boldsymbol{S}_0^{\mathrm{T}} \tag{5-29}$$

式中:$\boldsymbol{P} \in \mathbb{R}^{n\times n}$。将三角矩阵 $\boldsymbol{S}_0$ 进行 qr 分解,如 $\boldsymbol{S}_0^{\mathrm{T}} = \boldsymbol{VD}$,则有

$$\boldsymbol{P} = \boldsymbol{S}_0\boldsymbol{S}_0^{\mathrm{T}} = (\boldsymbol{VD})^{\mathrm{T}}\boldsymbol{VD} = \boldsymbol{D}^{\mathrm{T}}\boldsymbol{D} = \boldsymbol{S}_n\boldsymbol{S}_n^{\mathrm{T}} \tag{5-30}$$

式中:$\boldsymbol{V}$ 为正交矩阵;$\boldsymbol{D}$ 为上三角矩阵。

在平方根连续-离散 CKF 方法中,将不再沿用 CKF 中每一次迭代进行三角分解的方式,而是在初始时刻进行一次 Cholesky 分解,后续的迭代过程直接使用协方差的三角矩阵形式进行计算。

定义下列协方差矩阵:

$$\boldsymbol{P}_{xx,k+1|k} = \boldsymbol{X}_{k+1|k}\boldsymbol{X}_{k+1|k}^{\mathrm{T}} \tag{5-31}$$

$$\boldsymbol{P}_{zz,k+1|k} = \boldsymbol{Z}_{k+1|k}\boldsymbol{Z}_{k+1|k}^{\mathrm{T}} + \boldsymbol{S}_{\mathrm{R},k+1}^{\mathrm{T}}\boldsymbol{S}_{\mathrm{R},k+1} \tag{5-32}$$

$$\boldsymbol{P}_{xz,k+1|k} = \boldsymbol{X}_{k+1|k}\boldsymbol{Z}_{k+1|k}^{\mathrm{T}} \tag{5-33}$$

$$\boldsymbol{P}_{zx,k+1|k} = \boldsymbol{Z}_{k+1|k}\boldsymbol{X}_{k+1|k}^{\mathrm{T}} \tag{5-34}$$

将式(5-31)~式(5-34)合并在一个矩阵中,并写为平方矩阵形式:

$$\begin{pmatrix} \boldsymbol{P}_{zz,k+1|k} & \boldsymbol{P}_{zx,k+1|k} \\ \boldsymbol{P}_{xz,k+1|k} & \boldsymbol{P}_{xx,k+1|k} \end{pmatrix} = \begin{pmatrix} \boldsymbol{Z}_{k+1|k} & \boldsymbol{S}_{\mathrm{R},k+1} \\ \boldsymbol{X}_{k+1|k} & \boldsymbol{0} \end{pmatrix}\begin{pmatrix} \boldsymbol{Z}_{k+1|k} & \boldsymbol{S}_{\mathrm{R},k+1} \\ \boldsymbol{X}_{k+1|k} & \boldsymbol{0} \end{pmatrix}^{\mathrm{T}} \tag{5-35}$$

式中:$\boldsymbol{0} \in \mathbb{R}^{n\times d}$ 代表零矩阵。运用三角分解对上式进行计算得

$$\mathrm{qr}\begin{pmatrix} \boldsymbol{Z}_{k+1|k} & \boldsymbol{S}_{\mathrm{R},k+1} \\ \boldsymbol{X}_{k+1|k} & \boldsymbol{0} \end{pmatrix} = \begin{pmatrix} \boldsymbol{T}_{11} & \boldsymbol{0} \\ \boldsymbol{T}_{21} & \boldsymbol{T}_{22} \end{pmatrix} \tag{5-36}$$

式中:$\boldsymbol{T}_{11} \in \mathbb{R}^{d\times d}$ 和 $\boldsymbol{T}_{22} \in \mathbb{R}^{n\times n}$ 为下三角矩阵;$\boldsymbol{T}_{21} \in \mathbb{R}^{n\times d}$;qr 表示 qr 分解。

式(5-35)可表示为

$$\begin{aligned} \begin{pmatrix} \boldsymbol{P}_{zz,k+1|k} & \boldsymbol{P}_{zx,k+1|k} \\ \boldsymbol{P}_{xz,k+1|k} & \boldsymbol{P}_{xx,k+1|k} \end{pmatrix} &= \begin{pmatrix} \boldsymbol{T}_{11} & \boldsymbol{0} \\ \boldsymbol{T}_{21} & \boldsymbol{T}_{22} \end{pmatrix}\begin{pmatrix} \boldsymbol{T}_{11} & \boldsymbol{0} \\ \boldsymbol{T}_{21} & \boldsymbol{T}_{22} \end{pmatrix}^{\mathrm{T}} \\ &= \begin{pmatrix} \boldsymbol{T}_{11}\boldsymbol{T}_{11}^{\mathrm{T}} & \boldsymbol{T}_{11}\boldsymbol{T}_{21}^{\mathrm{T}} \\ \boldsymbol{T}_{21}\boldsymbol{T}_{21}^{\mathrm{T}} & \boldsymbol{T}_{21}\boldsymbol{T}_{21}^{\mathrm{T}} + \boldsymbol{T}_{22}\boldsymbol{T}_{22}^{\mathrm{T}} \end{pmatrix} \end{aligned} \tag{5-37}$$

连续-离散容积增益可写为

$$\boldsymbol{W}_{k+1}=\boldsymbol{T}_{21}\boldsymbol{T}_{11}^{\mathrm{T}}(\boldsymbol{T}_{11}\boldsymbol{T}_{11}^{\mathrm{T}})^{-1}=\boldsymbol{T}_{21}\boldsymbol{T}_{11}^{-1} \tag{5-38}$$

状态估计值为

$$\hat{\boldsymbol{x}}_{k+1|k+1}=\hat{\boldsymbol{x}}_{k+1|k}+(\boldsymbol{T}_{21}\boldsymbol{T}_{11}^{-1})(\boldsymbol{z}_{k+1|k}-\hat{\boldsymbol{z}}_{k+1|k}) \tag{5-39}$$

协方差矩阵为

$$\begin{aligned}\boldsymbol{P}_{k+1|k+1}&=(\boldsymbol{T}_{21}\boldsymbol{T}_{21}^{\mathrm{T}}+\boldsymbol{T}_{22}\boldsymbol{T}_{22}^{\mathrm{T}})-\boldsymbol{T}_{21}\boldsymbol{T}_{21}^{-1}(\boldsymbol{T}_{11}\boldsymbol{T}_{11}^{\mathrm{T}})(\boldsymbol{T}_{11}\boldsymbol{T}_{11}^{\mathrm{T}})^{\mathrm{T}}\\&=\boldsymbol{T}_{22}\boldsymbol{T}_{22}^{\mathrm{T}}\end{aligned} \tag{5-40}$$

相似地，用平方根方法表示预测协方差矩阵为

$$\boldsymbol{S}_{k|k}^{j+1}=\mathrm{qr}\left(\left[\boldsymbol{X}_{k|k}^{*(j+1)}\quad\sqrt{\delta}\left(\sqrt{\boldsymbol{Q}}+\frac{\delta}{2}\varGamma\boldsymbol{f}(\hat{\boldsymbol{x}}_{k|k}^{j},kT+j\delta)\right)\quad\sqrt{\frac{\delta^3}{12}}\varGamma\boldsymbol{f}(\hat{\boldsymbol{x}}_{k|k}^{j},kT+j\delta)\right]\right) \tag{5-41}$$

连续-离散平方根 CKF 方法本质上与连续-离散 CKF 方法相同，在表达形式上用协方差的平方根形式代替协方差矩阵，从而重新对涉及协方差的所有公式进行表示。具体来说，对于给定的加权中心矩阵 $\boldsymbol{X}_{k+1|k}$ 和 $\boldsymbol{Z}_{k+1|k}$，以及测量噪声协方差矩阵的平方根 $\boldsymbol{S}_{R,k+1}$，计算相应协方差矩阵的平方根形式 $\boldsymbol{T}_{11}$、$\boldsymbol{T}_{21}$ 和 $\boldsymbol{T}_{22}$。然后，计算状态估计值 $\hat{\boldsymbol{x}}_{k+1|k+1}$，以及通过 $\boldsymbol{T}_{22}$ 协方差矩阵的平方根。

5.2.3 连续-离散 CKF 的自适应反馈方法

在上述的滤波方法中，涉及非线性积分的近似求解以及连续时间状态的近似求解，如 EKF、UKF 和 CKF 用一阶泰勒展开、无迹转换和容积准则进行非线性状态估计的近似计算。实际上，这些由近似计算引入的误差存在于滤波方法的设计过程中。在这种情况下，滤波过程中的状态估计值与实际状态值的诸多未知误差中也包含上述误差，同时也含有其他未知误差[157-158]。本节将通过协方差更新的自适应反馈方法，对于算法中未知误差的影响进行改善。

在滤波方法中，协方差能够反映误差的变化，是体现状态估计效果的重要参量。一般用协方差的迹或范数描述它的大小以及衡量它的变化。滤波稳定后的协方差将反映滤波精度极限和上述近似误差等。

考虑以下最大似然估计问题：

$$\begin{aligned}L(\boldsymbol{P}_{k+1|k})&=\ln p(\boldsymbol{e}_{k-N+1},\cdots,\boldsymbol{e}_k|\boldsymbol{P}_{k+1|k})\\&=\sum_{j=k-N+1}^{k}\ln p(\boldsymbol{e}_j|\boldsymbol{P}_{k+1|k})\end{aligned} \tag{5-42}$$

式中：$\boldsymbol{e}_{k+1}$为测量残差，即

$$\boldsymbol{e}_{k+1}=z_{k+1}-\hat{z}_{k+1|k} \tag{5-43}$$

基本假设：

(1) 测量残差 $\boldsymbol{e}_{k+1}$为高斯白噪声序列；

(2) 在滤波稳定后，协方差 $\boldsymbol{P}_{k+1|k}$为近似不变。

该假设并非处处成立，在很多研究中被证明是一个次优但实用的方法。

定义正交观测向量 $\tilde{\boldsymbol{b}}_k=x_k^{\circ}\cos z_k-y_k^{\circ}\sin z_k$，测量方程重新定义为

$$\boldsymbol{A}\boldsymbol{x}=\tilde{\boldsymbol{b}} \tag{5-44}$$

式中，系数矩阵为

$$\boldsymbol{A}=\begin{bmatrix}\cos z_1 & -\sin z_1\\ \cos z_2 & -\sin z_2\\ \vdots & \vdots\\ \cos z_n & -\sin z_n\end{bmatrix}$$

新息协方差矩阵可重新表示为

$$\boldsymbol{P}_{zz,k+1|k}=\boldsymbol{A}\boldsymbol{P}_{k+1|k}\boldsymbol{A}^{\mathrm{T}}+\boldsymbol{R}_{k+1} \tag{5-45}$$

交叉协方差矩阵可表示为

$$\boldsymbol{P}_{xz,k+1|k}=\boldsymbol{P}_{k+1|k}\boldsymbol{A}^{\mathrm{T}} \tag{5-46}$$

容积增益为

$$\boldsymbol{W}_{k+1}=\boldsymbol{P}_{k+1|k}\boldsymbol{A}^{\mathrm{T}}\boldsymbol{P}_{zz,k+1|k}^{-1} \tag{5-47}$$

设N个时刻$j=k-N+1,\cdots,k+1$，最大似然估计对应的概率密度函数可表示为

$$p(\boldsymbol{e}_j|\boldsymbol{P}_{k+1|k})=\frac{1}{\sqrt{(2\pi)^n|\boldsymbol{P}_{zz,j+1|j}|}}\exp\left(-\frac{1}{2}\boldsymbol{e}_j^{\mathrm{T}}\boldsymbol{P}_{zz,j+1|j}\boldsymbol{e}_j\right) \tag{5-48}$$

由于$L(\boldsymbol{P}_{k+1|k})$是一个标量，$\boldsymbol{P}_{k+1|k}$是一个对称矩阵。对于导数 $\boldsymbol{\Omega}_{k+1}=\partial L(\boldsymbol{P}_{k+1|k})/\partial\boldsymbol{P}_{k+1|k}$，其第$s$行和第$t$列元素为

$$\boldsymbol{\Omega}_{k+1}^{s,t}=-\frac{1}{2}\mathrm{tr}\left\{\sum_{j=k-N+1}^{k}[\boldsymbol{\Theta}\cdot\boldsymbol{\Psi}]\right\} \tag{5-49}$$

$$\boldsymbol{\Theta}=\boldsymbol{P}_{zz,j+1|j}^{-1}-\boldsymbol{P}_{zz,j+1|j}^{-1}\boldsymbol{e}_j\boldsymbol{e}_j^{\mathrm{T}}\boldsymbol{P}_{zz,j+1|j}^{-1} \tag{5-50}$$

$$\boldsymbol{\Psi}=\frac{\partial\boldsymbol{P}_{zz,j+1|j}}{\partial\boldsymbol{P}_{k+1|k}^{s,t}} \tag{5-51}$$

证明：对于一般矩阵$\boldsymbol{B}$，有

$$\frac{\partial\ln|\boldsymbol{B}|}{\partial a}=\frac{1}{|\boldsymbol{B}|}\frac{\partial|\boldsymbol{B}|}{\partial a}=\mathrm{tr}\left\{\boldsymbol{B}^{-1}\frac{\partial|\boldsymbol{B}|}{\partial a}\right\} \tag{5-52}$$

$$\begin{aligned}\frac{\partial|\boldsymbol{b}^{\mathrm{T}}\boldsymbol{B}^{-1}c|}{\partial a} &= -\boldsymbol{b}^{\mathrm{T}}\boldsymbol{B}^{-1}\frac{\partial|\boldsymbol{B}|}{\partial a}\boldsymbol{B}^{-1}c \\ &= \mathrm{tr}\left\{-\boldsymbol{B}^{-1}c\boldsymbol{b}^{\mathrm{T}}\boldsymbol{B}^{-1}\frac{\partial|\boldsymbol{B}|}{\partial a}\right\}\end{aligned} \tag{5-53}$$

将 $L(\boldsymbol{P}_{k+1|k})$ 代入上式,可得上述 $\Omega_{k+1}^{s,t}$。

证毕。

当导数 Ω_{k+1} 为零时,即 $\Omega_{k+1}^{s,t}=0$,可求出协方差 $\boldsymbol{P}_{k+1|k}$。由于 $\boldsymbol{R}_{k+1}$ 和 $\boldsymbol{A}$ 独立于 $\boldsymbol{P}_{k+1|k}$,可得

$$\boldsymbol{\Psi}=\boldsymbol{A}\frac{\partial\boldsymbol{P}_{k+1|k}}{\partial\boldsymbol{P}_{k+1|k}^{s,t}}\boldsymbol{A}^{\mathrm{T}} \tag{5-54}$$

$$\mathrm{tr}\left\{\sum_{j=k-N+1}^{k}\left[\boldsymbol{\Theta}\cdot\boldsymbol{A}\frac{\partial\boldsymbol{P}_{k+1|k}}{\partial\boldsymbol{P}_{k+1|k}^{s,t}}\boldsymbol{A}^{\mathrm{T}}\right]\right\}=0 \tag{5-55}$$

对式(5-55)tr{}左边和右边同时乘以 $\boldsymbol{A}^{\mathrm{T}}$ 与 $\boldsymbol{A}^{-\mathrm{T}}$(或 $\boldsymbol{A}^{\mathrm{T}}$ 的广义逆),可得

$$\mathrm{tr}\left\{\sum_{j=k-N+1}^{k}\left[\boldsymbol{A}^{\mathrm{T}}\boldsymbol{\Theta}\cdot\boldsymbol{A}\frac{\partial\boldsymbol{P}_{k+1|k}}{\partial\boldsymbol{P}_{k+1|k}^{s,t}}\right]\right\}=0 \tag{5-56}$$

由于 $\dfrac{\partial\boldsymbol{P}_{k+1|k}}{\partial\boldsymbol{P}_{k+1|k}^{s,t}}$ 是常值矩阵,并且其第 s 行和第 t 列元素为 1,其余元素为 0。根据矩阵的乘法规则,矩阵 $\boldsymbol{A}^{\mathrm{T}}\boldsymbol{\Theta}\cdot\boldsymbol{A}\dfrac{\partial\boldsymbol{P}_{k+1|k}}{\partial\boldsymbol{P}_{k+1|k}^{s,t}}$ 除第 t 列外元素均为零。因此,式(5-56)tr{}的值等于{·}中第 t 个对角元素的值,则有

$$\left\{\sum_{j=k-N+1}^{k}\left[\boldsymbol{A}^{\mathrm{T}}\boldsymbol{\Theta}\cdot\boldsymbol{A}\frac{\partial\boldsymbol{P}_{k+1|k}}{\partial\boldsymbol{P}_{k+1|k}^{s,t}}\right]\right\}^{t,t}=0 \tag{5-57}$$

同时,由于常值矩阵 $\dfrac{\partial\boldsymbol{P}_{k+1|k}}{\partial\boldsymbol{P}_{k+1|k}^{s,t}}$ 第 s 行和第 t 列元素为 1,且式(5-57)中 tr{}为零,则有

$$\sum_{j=k-N+1}^{k}\{[\boldsymbol{A}^{\mathrm{T}}\boldsymbol{\Theta}\cdot\boldsymbol{A}]\}^{t,s}=0 \tag{5-58}$$

式中:t、s 为 $[0,n]$ 中的任意数,因此,有

$$\sum_{j=k-N+1}^{k}\{[\boldsymbol{A}^{\mathrm{T}}\boldsymbol{\Theta}\cdot\boldsymbol{A}]\}=0_{n\times n} \tag{5-59}$$

对式(5-59)左乘和右乘 $\boldsymbol{P}_{j+1|j}$ 得

$$\sum_{j=k-N+1}^{k}[\boldsymbol{P}_{j+1|j}\boldsymbol{A}^{\mathrm{T}}\boldsymbol{\Theta}\cdot\boldsymbol{A}\boldsymbol{P}_{j+1|j}]=0 \tag{5-60}$$

将式(5-47)、式(5-50)带入式(5-60),可得

$$\sum_{j=k-N+1}^{k}[\boldsymbol{W}_{j+1}\boldsymbol{A}\boldsymbol{P}_{j+1|j}-\boldsymbol{W}_{j+1}\boldsymbol{e}_j\boldsymbol{e}_j^{\mathrm{T}}\boldsymbol{W}_{j+1}^{\mathrm{T}}]=0 \tag{5-61}$$

将式(5-43)和式(5-47)代入式(5-61),可得

$$\sum_{j=k-N+1}^{k}[\boldsymbol{P}_{j+1|j}-\boldsymbol{P}_{j+1|j+1}-\Delta\hat{\boldsymbol{x}}_{j+1}\Delta\hat{\boldsymbol{x}}_{j+1}^{\mathrm{T}}]=0 \tag{5-62}$$

移项后得

$$\sum_{j=k-N+1}^{k}\boldsymbol{P}_{j+1|j}=\sum_{j=k-N+1}^{k}(\boldsymbol{P}_{j+1|j+1}+\Delta\hat{\boldsymbol{x}}_{j+1}\Delta\hat{\boldsymbol{x}}_{j+1}^{\mathrm{T}}) \tag{5-63}$$

根据假设(2),协方差 $\boldsymbol{P}_{k+1|k}$可表示为

$$\hat{\boldsymbol{P}}_{k+1|k}=\frac{1}{N}\sum_{j=k-N+1}^{k}\boldsymbol{P}_{j+1|j}=\sum_{j=k-N+1}^{k}\boldsymbol{P}_{j+1}^{*} \tag{5-64}$$

式中:$\boldsymbol{P}_{j+1}^{*}$为中间变量,表示为

$$\hat{\boldsymbol{P}}_{k+1|k}=\hat{\boldsymbol{P}}_{k|k-1}+(\boldsymbol{P}_k^{*}-\boldsymbol{P}_{k-N}^{*}) \tag{5-65}$$

以上即为预测协方差更新的数学描述。该方法使用的条件为协方差变化不大的情况。根据前提条件,下面提出协方差更新机制使用条件的判别方法。

预测协方差更新的数学描述建立在协方差变化渐近稳定的基础上,为判断协方差的变化情况,需要衡量两个相邻时刻协方差矩阵的差别。在此,利用切比雪夫距离(Chebyshev Distance)设计判别机制。切比雪夫距离是用于机器学习、图像处理等矩阵判别方法,可有效表征矩阵之间的距离差别。

基于切比雪夫距离的预测协方差距离表示为

$$\lim_{p\to\infty}\left(\sum_{s,t=1}^{n}\|\boldsymbol{P}_{j+1|j}^{s,t}-\boldsymbol{P}_{j|j-1}^{s,t}\|^{p}\right)^{1/p}=\max_{s,t=1}^{n}\|\boldsymbol{P}_{j+1|j}^{s,t}-\boldsymbol{P}_{j|j-1}^{s,t}\| \tag{5-66}$$

式中:$\boldsymbol{P}_{j+1|j}^{s,t}$为预测协方差矩阵 $\boldsymbol{P}_{j+1|j}$的第 s 行和第 t 列元素。

一般情况下,在滤波稳定后,协方差矩阵的主对角线元素大于其他元素,为对角占优矩阵。因此,预测协方差矩阵之间的差别主要反映在主对角元素上。基于此,判别机制的门限定义为

$$\max_{s,t=1}^{n}\|\boldsymbol{P}_{j+1|j}^{s,t}-\boldsymbol{P}_{j|j-1}^{s,t}\|<\lambda \tag{5-67}$$

式中:λ 为判别门限值。

基于1.5阶连续-离散CKF自适应反馈算法包括1.5阶连续-离散CKF算法和自适应反馈框架。具体算法框架如图5-1所示。

自适应反馈算法的主要过程是:根据连续-离散CKF算法计算预测状态和预测协方差,在获取测量值后进行测量更新。同时,对预测协方差进行自适应

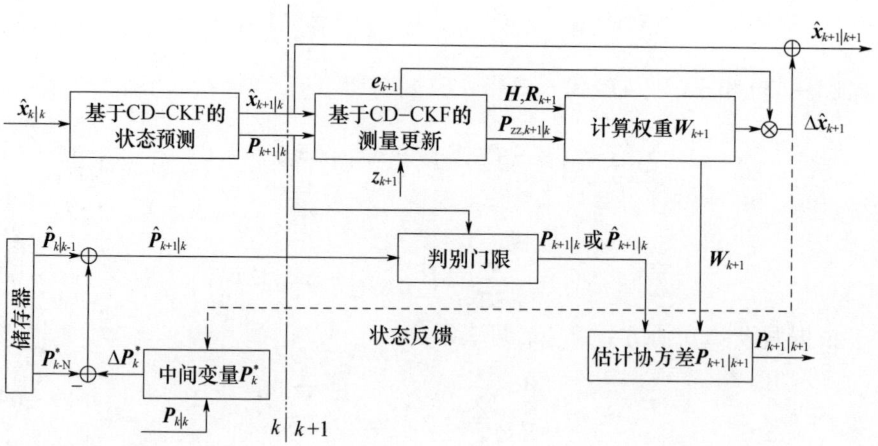

图 5-1　基于 1.5 阶连续-离散 CKF 自适应反馈算法框架

反馈的适用条件判断，决定使用原始预测协方差或更新机制下的协方差。根据测量更新获得的容积增益，计算估计协方差。将每一个时刻的状态误差和预测协方差进行储存，用于后续计算具备更新机制要求的协方差（图 5-2）。

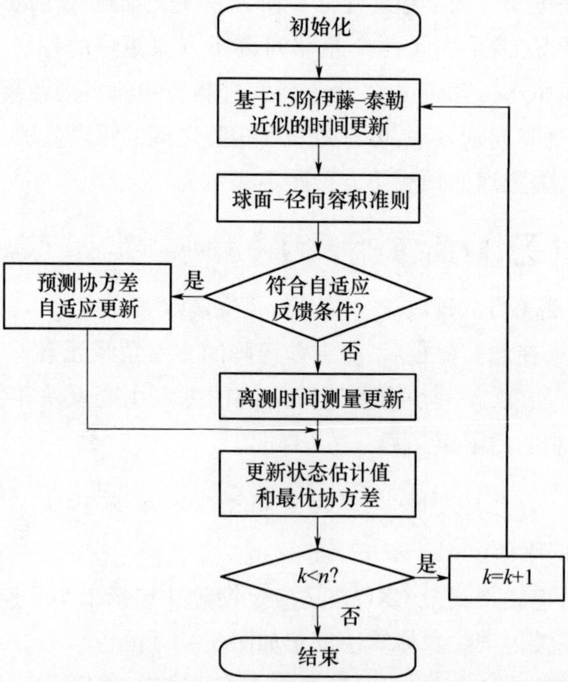

图 5-2　基于 1.5 阶连续-离散 CKF 自适应反馈算法流程图

5.3　基于 RK/ABM 方法的高阶连续 - 离散系统滤波

在连续 - 离散滤波方法中,对连续时间状态的精确近似是提高滤波方法状态估计精度的关键之一。5.2 节中 1.5 阶精度方法尚未完全发挥连续时间状态模型的精度优势,适用于精度要求相对较低、跟踪效率要求较高的纯方位跟踪场景。相比而言,精度更高的方法其计算效率比 1.5 阶方法相对较低,适用于精度要求高的跟踪场景。用随机状态期望的数学模型将系统模型转化为常微分方程,使得高阶近似方法可以被应用在其中。最常用的高阶数值近似是 4 阶方法,若再提高精度阶数,则可能导致提高的精度与计算效率的费效比过大。因此,本节引入 4 阶 RK 和 ABM 数值方法求解上述微分方程。考虑到状态估计中的非线性高斯积分问题,由于 CKF 容积点的引入增加了状态的维度,从而增加了算法的计算成本。本章在引入数值近似方法的基础上将连续 - 离散 EKF 与连续 - 离散 CKF 结合,提出 4 阶连续 - 离散扩展 CKF 方法,融合两种算法的性能优势,在保证 4 阶精度的同时,提高算法计算效率。

5.3.1　连续时间状态的期望和协方差

由于常用的高阶数值近似方法无法直接应用于求解随机微分方程,因此,对状态的期望及其协方差进行状态估计,将有利于连续 - 离散滤波的算法设计和进行高阶近似计算。根据连续时间状态的随机微分方程,其期望和协方差可表示为

$$\frac{\mathrm{d}\hat{\boldsymbol{x}}(t)}{\mathrm{d}t}=\boldsymbol{F}(\hat{\boldsymbol{x}}(t)) \tag{5-68}$$

$$\frac{\mathrm{d}\boldsymbol{P}(t)}{\mathrm{d}t}=\boldsymbol{J}(\hat{\boldsymbol{x}}(t))\boldsymbol{P}(t)+\boldsymbol{P}(t)\boldsymbol{J}^{\mathrm{T}}(\hat{\boldsymbol{x}}(t))+\boldsymbol{G}(t)\boldsymbol{Q}\boldsymbol{G}^{\mathrm{T}}(t) \tag{5-69}$$

式中:$\hat{\boldsymbol{x}}(t)$为连续时间状态 $\boldsymbol{x}(t)$的期望;$\boldsymbol{F}(\hat{\boldsymbol{x}}(t))$为系统状态方程;$\boldsymbol{J}(\hat{\boldsymbol{x}}(t))$表示 $\boldsymbol{F}(\hat{\boldsymbol{x}}(t))$的雅可比矩阵,即 $\boldsymbol{J}(\hat{\boldsymbol{x}}(t))=\partial\boldsymbol{F}(\hat{\boldsymbol{x}}(t))/\partial\hat{\boldsymbol{x}}(t)$;$\boldsymbol{G}(t)$为随机微分方程随机项的已知矩阵,若存在,则可将随机项表示为 $\boldsymbol{G}(t)\sqrt{\boldsymbol{Q}}\mathrm{d}\boldsymbol{w}(t)$。

5.3.2　RK 单步法的数学形式

RK 系列方法和 ABM 数值方法是常用的数值近似方法,它们分别是单步法和多步法的经典算法。单步法是根据当前一个数值点通过插值的方式计算下一个数值点。线性多步法是一类多步近似计算的方法,它利用前几个数值点计算下一个点的函数近似值。它们的计算结构决定了算法特性的不同。多步法

计算一步只需计算一次函数值,并且计算量不会随阶数提高。本节介绍 RK 单步法的数学形式。

考察数值近似方法的数学形式,是进行连续时间模型状态解算以及分析基于数值近似的连续-离散滤波方法特性的基础。为便于讨论,式(5-70)中的状态均用标量表示。对于一般的微分方程,有

$$x' = f(t,x) \tag{5-70}$$

式中:$f \in [t_0, T]$,$t_0 < t < T$,$x(t_0) = x_0$。

相邻两个数值点的函数值满足以下关系:

$$x(t_{n+1}) = x(t_n) + \int_{t_n}^{t_n+h} f(s, x(s))\,\mathrm{d}s \tag{5-71}$$

计算其中的积分,函数近似值 $x(t_{n+1})$ 和 $x(t_n)$ 可得以下关系:

$$x(t_{n+1}) = x(t_n) + h\sum_{i=1}^{r} c_i f(t_n + \tau_i h, x(t_n + \tau_i h)) \tag{5-72}$$

式中:$t_n + \tau_i h (i = 1, 2, \cdots, r)$ 为积分点,$\tau_i \in [0, 1]$。由于 $x(t_n + \tau_i h)$ 实际未知,通过若干近似值进行估计,从而计算函数 $f(\cdot)$ 的值。

将计算积分所用的被积函数记为 $k_i (i = 1, 2, \cdots)$,则一般 RK 法公式可表示为

$$\begin{cases} x(t_{n+1}) = x(t_n) + h\sum_{i=1}^{r} c_i k_i \\ k_1 = f(t_n, x(t_n)) \\ k_2 = f(t_n + \tau_2 h, x(t_n) + \tau_2 h k_1) \\ k_i = f(t_n + \tau_i h, x(t_n) + h\sum_{j=1}^{i-1} c_{ij} k_i), i = 3, 4, \cdots, r \end{cases} \tag{5-73}$$

则 4 阶显式 RK 法公式可表示为

$$\begin{cases} x(t_{n+1}) = x(t_n) + \dfrac{h}{6}(k_1 + 2k_2 + 2k_3 + k_4) \\ k_1 = f(t_n, x(t_n)) \\ k_2 = f\left(t_n + \dfrac{h}{2}, x(t_n) + \dfrac{h}{2}k_1\right) \\ k_3 = f\left(t_n + \dfrac{h}{2}, x(t_n) + \dfrac{h}{2}k_2\right) \\ k_4 = f(t_n + h, x(t_n) + hk_3) \end{cases} \tag{5-74}$$

下面讨论其算法稳定性与收敛性。

4 阶显式 RK 法保持稳定需满足以下条件:

$$\left|1+h\tau+\frac{(h\tau)^2}{2}+\frac{(h\tau)^3}{3!}+\frac{(h\tau)^4}{4!}\right|\leqslant 1 \tag{5-75}$$

则有

$$h\leqslant\frac{-2.78}{\tau} \tag{5-76}$$

对于收敛性问题，根据相容性条件可进行判断。对于一般的显式单步法：

$$x(t_{n+1})=x(t_n)+h\varphi(t_n,x(t_n),h) \tag{5-77}$$

局部截断误差（Local Truncation Error，LTE）为

$$\begin{aligned}L[x(t);h]&=x(t_{n+1})-[x(t_n)+h\varphi(t_n,x(t_n),h)]\\&=hx'(t_n)+O(h^2)-h[\varphi(t_n,x(t_n),0)+O(h)]\\&=hx'(t_n)+O(h^2)-h\varphi(t_n,x(t_n),0)\end{aligned} \tag{5-78}$$

如果精度阶数大于 1，即可满足收敛性条件。

根据精度阶数要求，可设计变步长 4 阶显式 RK 法。若两个公式分别具有 p 和 $p+1$ 阶准确度，它们的差可作为误差估计。Matlaba 软件的 ode45 命令内嵌了自动变步长方法，可使计算精度达到 4 阶～5 阶，计算时可直接调用，这里不再做详细介绍。

5.3.3　ABM 多步法的数学形式

ABM 方法是一种常用的组合式线性多步法。多步法的特点在于它可以明确其局部截断误差，用预测－校正计算模式对每个算子进行校正。因此，本节基于状态期望和协方差将 ABM 线性多步法与连续－离散滤波方法结合，提出 4 阶连续－离散滤波方法[159]。

微分方程可用多步数值方程表示为

$$\sum_{j=0}^{k}\alpha_j x_{n+j}=h\sum_{j=0}^{k}\beta_j f_{n+j} \tag{5-79}$$

式中：$f_{n+j}=f(t_{n+j},x_{n+j})$；$\alpha_j$ 和 β_j 为常数，并且 $\alpha_k\neq 0$，α_0 和 β_0 不同时为零。

k 步 p 阶数值方程可表示为

$$x_{n+k}=-\sum_{j=0}^{k-1}\alpha_j x_{n+j}+h\sum_{j=0}^{k}\beta_j f(t_{n+j},x_{n+j}) \tag{5-80}$$

式中：当 $\beta_k=0$ 时，式（5－80）属于显式方法；否则，为隐式方式。

引理 5.1　对于线性多步法和一阶微分方程

$$x'=f(t,x),x(t_0)=x_0 \tag{5-81}$$

局部截断误差为

$$\begin{aligned}L[x(t);h] &= \sum_{j=0}^{k}\alpha_j x(t+jh) - h\sum_{j=0}^{k}\beta_j x'(t+jh)\\ &= c_{p+1}h^{p+1}x^{(p+1)}(t) + O(h^{p+2})\\ &= O(h^{p+1})\end{aligned} \tag{5-82}$$

式中：c_{p+1}为局部截断误差的主系数。

$x(t+jh)$和$x'(t+jh)$在t处泰勒展开，可得

$$\begin{aligned}L[x(t);h] &= \sum_{j=0}^{k}\alpha_j x(t+jh) - h\sum_{j=0}^{k}\beta_j x'(t+jh)\\ &= c_0 x(t) + c_1 h x'(t) + \cdots + c_p h^p x^{(p)}(t) + \cdots\end{aligned} \tag{5-83}$$

其中

$$c_0 = \sum_{j=0}^{k}\alpha_j,\ c_r = \frac{1}{r!}\sum_{j=0}^{k} j^{r-1}(\alpha_j j - r\beta_j),\ r = 1,2,\cdots,p$$

对于k步数值方程式(5-80)，如果$\beta_k=0$，选择$\beta_0,\beta_1,\cdots,\beta_{k-1}$满足

$$\begin{pmatrix}1 & 1 & 1 & \cdots & 1\\ 0 & 1 & 2 & \cdots & k-1\\ 0 & \dfrac{1}{2!} & \dfrac{2^2}{2!} & \cdots & \dfrac{(k-1)^2}{2!}\\ \vdots & \vdots & \vdots & \ddots & \vdots\\ 0 & \dfrac{1}{(k-1)!} & \dfrac{2^{k-1}}{(k-1)!} & \cdots & \dfrac{(k-1)^{k-1}}{(k-1)!}\end{pmatrix}\begin{pmatrix}\beta_0\\ \beta_1\\ \beta_2\\ \vdots\\ \beta_{k-1}\end{pmatrix} = \left(\sum_{j=0}^{k} j\alpha_j \quad \sum_{j=0}^{k}\frac{j^2}{2!}\alpha_j \quad \sum_{j=0}^{k}\frac{j^3}{3!}\alpha_j \quad \cdots \quad \sum_{j=0}^{k}\frac{j^k}{k!}\alpha_j\right)^{\mathrm{T}} \tag{5-84}$$

则可得到显式多步法表达式

$$\sum_{j=0}^{k}\alpha_j x_{n+j} = h\sum_{j=0}^{k-1}\beta_j f_{n+j} \tag{5-85}$$

如果$\beta_k\neq 0$，选择$\beta_0,\beta_1,\cdots,\beta_{k-1}$满足

$$\begin{pmatrix}1 & 1 & 1 & \cdots & 1\\ 0 & 1 & 2 & \cdots & k\\ 0 & \dfrac{1}{2!} & \dfrac{2^2}{2!} & \cdots & \dfrac{k^2}{2!}\\ \vdots & \vdots & \vdots & \ddots & \vdots\\ 0 & \dfrac{1}{k!} & \dfrac{2^{k-1}}{k!} & \cdots & \dfrac{k^k}{k!}\end{pmatrix}\begin{pmatrix}\beta_0\\ \beta_1\\ \beta_2\\ \vdots\\ \beta_k\end{pmatrix}$$

$$= \left(\sum_{j=0}^{k} j\alpha_j \quad \sum_{j=0}^{k} \frac{j^2}{2!}\alpha_j \quad \sum_{j=0}^{k} \frac{j^3}{3!}\alpha_j \quad \cdots \quad \sum_{j=0}^{k} \frac{j^{k+1}}{(k+1)!}\alpha_j \right)^{\mathrm{T}} \tag{5-86}$$

则可得隐式多步法表达式

$$\sum_{j=0}^{k} \alpha_j x_{n+j} = h \sum_{j=0}^{k} \beta_j f_{n+j} \tag{5-87}$$

以上是线性多步数值近似方法的数学形式，相比于单步法，该方法利用多数值点参与计算，增加了数值点近似的继承性，因此又称为记忆法（Method with Memory），提高计算结果的稳定性。

下面对4阶显式Adams公式的数学形式进行求解。

对于Adams公式的显式形式，取插值时间点为$t_n, t_{n-1}, t_{n-2}, t_{n-3}$，基于拉格朗日插值，可得插值多项式为

$$\begin{aligned} B(s) = & f_n \frac{(s-t_{n-1})(s-t_{n-2})(s-t_{n-3})}{(t_n-t_{n-1})(t_n-t_{n-2})(t_n-t_{n-3})} \\ & + f_{n-1}\frac{(s-t_n)(s-t_{n-2})(s-t_{n-3})}{(t_{n-1}-t_n)(t_{n-1}-t_{n-2})(t_{n-1}-t_{n-3})} \\ & + f_{n-2}\frac{(s-t_n)(s-t_{n-1})(s-t_{n-3})}{(t_{n-2}-t_n)(t_{n-2}-t_{n-1})(t_{n-2}-t_{n-3})} \\ & + f_{n-3}\frac{(s-t_n)(s-t_{n-1})(s-t_{n-3})}{(t_{n-3}-t_n)(t_{n-3}-t_{n-1})(t_{n-3}-t_{n-2})} \end{aligned} \tag{5-88}$$

即为

$$\begin{aligned} B(s) = & f_n \frac{(s-t_{n-1})(s-t_{n-2})(s-t_{n-3})}{6h^3} \\ & + f_{n-1}\frac{(s-t_n)(s-t_{n-2})(s-t_{n-3})}{-2h^3} \\ & + f_{n-2}\frac{(s-t_n)(s-t_{n-1})(s-t_{n-3})}{2h^3} \\ & + f_{n-3}\frac{(s-t_n)(s-t_{n-1})(s-t_{n-3})}{-6h^3} \end{aligned} \tag{5-89}$$

将式（5－89）代入，对其进行积分可得到系数β_j，f_n的系数为

$$\begin{aligned} \beta_1 h &= \int_{t_n}^{t_n+h} \frac{(s-t_{n-1})(s-t_{n-2})(s-t_{n-3})}{6h^3}\mathrm{d}s \\ &= \frac{1}{6h^3}\int_h^{2h} t(t+h)(t+2h)\,\mathrm{d}t \end{aligned}$$

$$= \frac{1}{6h^3}\left(\frac{t^4}{4} + ht^3 + h^2t^2\right)\Big|_h^{2h}$$

$$= \frac{1}{6h^3} \cdot \frac{55}{4}t^4$$

$$= \frac{55}{24}h \tag{5-90}$$

同理可得其他几个系数为

$$\beta_2 h = -\frac{59}{24}h$$

$$\beta_3 h = \frac{37}{24}h$$

$$\beta_4 h = -\frac{9}{24}h$$

根据以上系数，显式 4 阶 Adams 公式为

$$x(t_{n+1}) = x(t_n) + \frac{h}{24}(-9f_{n-3} + 37f_{n-2} - 59f_{n-1} + 55f_n) \tag{5-91}$$

式(5-91)又称为显式 4 阶 Adams-Bashforth 公式。

隐式 4 阶 Adams 公式为

$$x(t_{n+1}) = x(t_n) + \frac{h}{24}(f_{n-2} - 5f_{n-1} + 19f_n + 9f_{n+1}) \tag{5-92}$$

式(5-92)又称为隐式 4 阶 Adams-Moulton 公式。值得说明的是，欧拉法、向后欧拉法以及梯形法公式可看成是 Adams 公式的特例，分别对应于 $k=1$ 的显式公式和 $k=0$、$k=1$ 的隐式公式。

在使用隐式公式求解方程时，需要对初始解进行估计，一般由显式公式提供。因此，基于这种特点，显式-隐式公式可构建为预测-校正计算模式。ABM 线性多步法是基于 Adams-Bashforth 显式公式和 Adams-Moulton 隐式公式构成的预测-校正计算方法，Adams-Bashforth 显示公式用于提供预测数值点，Adams-Moulton 隐式公式基于预测数值点计算校正值，即最终数值点。

下面考察线性多步法的数值稳定性问题。

定理 5.2 如果以下方程

$$\sum_{j=0}^{k} \alpha_j x_{n+j} = h\sum_{j=0}^{k} \beta_j f_{n+j} \tag{5-93}$$

其第一特征式 $\rho(\zeta) = \sum_{j=0}^{k} \alpha_j \zeta_j$ 的根均位于单位圆内，且均为单根，则该线性多步法是稳定的。

定理 5.3　对于方程式(5 - 93),其特征方程多项式为

$$\sum_{j=0}^{k}\alpha_j\zeta_j - \lambda h\sum_{j=0}^{k}\beta_j\zeta_j \tag{5-94}$$

如果 $\bar{h}=\lambda h$ 的根均位于单位圆内,则该线性多步法是绝对稳定的。

对于线性多步法方程式(5 - 93),令 $x_n=\zeta^n$,可得

$$\sum_{j=0}^{k}\alpha_j\zeta^j = \lambda h\sum_{j=0}^{k}\beta_j\zeta^j \tag{5-95}$$

因为 $\bar{h}=\lambda h$,并且令 $\zeta=\mathrm{e}^{\mathrm{i}\theta}$,$\theta\in[0,2\pi]$或$[-\pi,\pi]$,可得

$$\bar{h}=\frac{\sum_{j=0}^{k}\alpha_j\mathrm{e}^{\mathrm{i}j\theta}}{\sum_{j=0}^{k}\beta_j\mathrm{e}^{\mathrm{i}j\theta}} \tag{5-96}$$

即为稳定区域边界。不同阶数 ABM 方法的稳定阈值详见表 5 - 1 和表 5 - 2。

表 5 - 1　显式 Adams 公式参数值、稳定阈值以及误差常数

阶数	β_1	β_2	β_3	β_4	稳定阈值	误差常数
1	1	—	—	—	-2	1/2
2	3/2	-1/2	—	—	-1	5/12
3	23/12	-16/12	5/12	—	-6/11	3/8
4	55/24	-59/24	37/24	-9/24	-3/10	251/720

表 5 - 2　隐式 Adams 公式参数值、稳定阈值以及误差常数

阶数	β_1	β_2	β_3	β_4	稳定阈值	误差常数
1	1	—	—	—	-∞	1/2
2	1/2	1/2	—	—	-∞	-1/12
3	5/12	8/12	-1/12	—	-6	-1/24
4	9/24	19/24	-5/24	1/24	-3	-19/720

从表 5 - 1 和表 5 - 2 中可以看出,随着精度阶数提升,稳定阈值随之增大,表明稳定区间减小。

5.3.4　基于 4 阶数值近似的时间更新

根据上述数学形式,将 4 阶 RK 单步法和 ABM 线性多步法应用于连续 - 离散时间滤波框架的时间更新,以提供可推导的计算形式。在实际编程中可用 Matlab 中的 ode45 和 ABM 变步长方法实现自动变步长,以保持 4 阶(或 4 阶 ~5

阶)精度与计算效率的均衡。

1. 预测状态计算方法

首先,用4阶RK法用于状态预测值。计算微分方程式(3-1),状态预测可表示为

$$\hat{\boldsymbol{x}}(t+1)=\hat{\boldsymbol{x}}(t)+c_1\boldsymbol{K}_1+c_2\boldsymbol{K}_2+c_3\boldsymbol{K}_3+c_4\boldsymbol{K}_4 \tag{5-97}$$

式中:系数定义为

$$\begin{cases}\boldsymbol{K}_1=h\boldsymbol{F}(\hat{\boldsymbol{x}}(t))\\ \boldsymbol{K}_2=h\boldsymbol{F}(t+a_2h,\hat{\boldsymbol{x}}(t)+b_{21}K_1)\\ \boldsymbol{K}_3=h\boldsymbol{F}(t+a_3h,\hat{\boldsymbol{x}}(t)+b_{31}K_1+b_{32}K_2)\\ \boldsymbol{K}_4=h\boldsymbol{F}(t+a_4h,\hat{\boldsymbol{x}}(t)+b_{41}K_1+b_{42}K_2+b_{43}K_3)\end{cases} \tag{5-98}$$

式中:参数 $a_2=a_3=b_{21}=b_{32}=1/2$;$b_{31}=b_{41}=b_{42}=0$;$a_4=b_{43}=1$;$c_1=c_4=1/6$;$c_2=c_3=1/3$。

如果用4阶嵌入隐式库塔方法计算微分方程,状态预测可表示为

$$\hat{\boldsymbol{x}}^2(t_1)=a_{11}^2\hat{\boldsymbol{x}}^2(t)+a_{12}^2\hat{\boldsymbol{x}}^2(t+1)+h[d_{11}^2\boldsymbol{F}(\hat{\boldsymbol{x}}(t))+d_{12}^2\boldsymbol{F}(\hat{\boldsymbol{x}}(t+1))] \tag{5-99}$$

$$\hat{\boldsymbol{x}}^2(t_2)=a_{21}^2\hat{\boldsymbol{x}}^2(t)+a_{22}^2\hat{\boldsymbol{x}}^2(t+1)+h[d_{21}^2\boldsymbol{F}(\hat{\boldsymbol{x}}(t))+d_{22}^2\boldsymbol{F}(\hat{\boldsymbol{x}}(t+1))] \tag{5-100}$$

$$\hat{\boldsymbol{x}}(t+1)=\hat{\boldsymbol{x}}(t)+\frac{h}{2}[\boldsymbol{F}(\hat{\boldsymbol{x}}^2(t_1))+\boldsymbol{F}(\hat{\boldsymbol{x}}^2(t_2))] \tag{5-101}$$

式中:参数 $a_{11}^2=a_{22}^2=1/2+2\sqrt{3}/9$;$a_{12}^2=a_{21}^2=1/2-2\sqrt{3}/9$;$d_{11}^2=-d_{22}^2=(3+\sqrt{3})/36$;$d_{12}^2=-d_{21}^2=(-3+\sqrt{3})/36$。

同理,用ABM多步法计算状态预测值。根据ABM线性多步法的计算结构,可根据前4个时刻的状态点$(t_{k-3},\boldsymbol{F}(\hat{\boldsymbol{x}}(t_{k-3})))$,$(t_{k-2},\boldsymbol{F}(\hat{\boldsymbol{x}}(t_{k-2})))$,$(t_{k-1},\boldsymbol{F}(\hat{\boldsymbol{x}}(t_{k-1})))$和$(t_k,\boldsymbol{F}(\hat{\boldsymbol{x}}(t_k)))$计算下一个时刻点。在初始状态,上述4个时刻点可用龙格-库塔法提供。Adams-Bashforth预测子可写为

$$\begin{aligned}\boldsymbol{p}_{k+1}=\boldsymbol{F}(\hat{\boldsymbol{x}}(t_k)+\frac{h}{24}\times[&-9\boldsymbol{F}(\hat{\boldsymbol{x}}(t_{k-3}))+37\boldsymbol{F}(\hat{\boldsymbol{x}}(t_{k-2}))-\\&59\boldsymbol{F}(\hat{\boldsymbol{x}}(t_{k-1}))+55\boldsymbol{F}(\hat{\boldsymbol{x}}(t_k))]\end{aligned} \tag{5-102}$$

利用Adams-Bashforth预测子$\boldsymbol{p}_{k+1}$可计算校正子。基于点$(t_{k-2},\boldsymbol{F}(\hat{\boldsymbol{x}}(t_{k-2})))$,$(t_k,\boldsymbol{F}(\hat{\boldsymbol{x}}(t_{k-1})))$,$(t_k,\boldsymbol{F}(\hat{\boldsymbol{x}}(t_k)))$和$(t_k,\boldsymbol{F}(\boldsymbol{p}_{k+1}))$构造$(t,\boldsymbol{F}(\hat{\boldsymbol{x}}(t)))$的一个新的拉格朗日多项式近似,然后在区间$[t_k,t_{k+1}]$上进行积分,可得Adams-Moulton校正子:

$$\boldsymbol{c}(\hat{\boldsymbol{x}}(t_{k+1}))=\boldsymbol{F}(\hat{\boldsymbol{x}}(t_k))+\frac{h}{24}\times[\boldsymbol{F}(\hat{\boldsymbol{x}}(t_{k-2}))-5\boldsymbol{F}(\hat{\boldsymbol{x}}(t_{k-1}))+19\boldsymbol{F}(\hat{\boldsymbol{x}}(t_k))+9\boldsymbol{F}(\boldsymbol{p}_{k+1})] \tag{5-103}$$

Adams - Bashforth 预测子和 Adams - Moulton 校正子的误差项均为 $O(h^5)$ 阶,其局部截断误差分别为

$$\hat{\boldsymbol{x}}(t_{k+1})-\boldsymbol{p}_{k+1}=\frac{251}{720}\boldsymbol{F}^{(5)}(\hat{\boldsymbol{x}}(c_{k+1}))h^5 \tag{5-104}$$

$$\hat{\boldsymbol{x}}(t_{k+1})-\boldsymbol{c}(\hat{\boldsymbol{x}}(t_{k+1}))=\frac{251}{720}\boldsymbol{F}^{(5)}(\hat{\boldsymbol{x}}(d_{k+1}))h^5 \tag{5-105}$$

由于步长 h 很小,且$\hat{\boldsymbol{x}}^{(5)}(t_k)$在区间$[t_k,t_{k+1}]$上近似为常量,则式(5-105)可略去5阶导数项,可得

$$\hat{\boldsymbol{x}}(t_{k+1})-\boldsymbol{c}(\hat{\boldsymbol{x}}(t_{k+1}))=-\frac{19}{270}[\boldsymbol{c}(\hat{\boldsymbol{x}}(t_{k+1}))-\boldsymbol{p}_{k+1}] \tag{5-106}$$

预测-校正计算结构可以实现预测与校正的循环模式,即通过预测子计算校正子,并且可将校正子代替预测子进行校正子的再计算。由于校正子通常比预测子的误差小,因此可以通过这样的循环计算,使校正子的精度不断提高。但实际上,由于校正子与实际值存在误差,通过循环计算,会使计算的近似数值点收敛到某一个不动点,而非微分方程实际值。因此,一般不通过这种循环模式提高算法精度。

在计算时,为了达到更高的精度,通常采用步长自适应的方法,基于每一次的数值计算误差值对步长进行调整,以实现误差的自适应控制。在 ABM 算法中,根据误差值的大小,决定将步长增加为步长的2倍或减小到原来的1/2。设 $\mathrm{REL}=5\times10^{-6}$为相对误差标准,误差判别条件为

$$\begin{cases}\dfrac{19}{270}\dfrac{|\boldsymbol{c}(\hat{\boldsymbol{x}}(t_{k+1}))-\boldsymbol{p}_{k+1}|}{|\boldsymbol{c}(\hat{\boldsymbol{x}}(t_{k+1}))|+\varepsilon}>\mathrm{REL}, & h=\dfrac{h}{2}\\[2ex]\dfrac{19}{270}\dfrac{|\boldsymbol{c}(\hat{\boldsymbol{x}}(t_{k+1}))-\boldsymbol{p}_{k+1}|}{|\boldsymbol{c}(\hat{\boldsymbol{x}}(t_{k+1}))|+\varepsilon}<\dfrac{\mathrm{REL}}{100}, & h=2h\end{cases} \tag{5-107}$$

式中:$\varepsilon=1\times10^{-5}$为一个常值小量,防止分母为零。

上述判别条件说明在计算机运算中,当 Adams - Bashforth 预测子和 Adams - Moulton 校正子的差超过5位数字时,认为误差增大,步长会自适应地调整为原有步长的1/2;如果 Adams - Bashforth 预测子和 Adams - Moulton 校正子有7位及以上有效数字一致时,认为精度达到即定要求,步长会增加到原有步长的2倍。

当步长减小到原有步长的1/2时，在计算时需要4个新的开始值，通过$(t, \boldsymbol{F}(\hat{\boldsymbol{x}}(t)))$进行插值计算提供$[t_{k-2}, t_{k-1}]$和$[t_{k-1}, t_k]$中的数值点。调整前数值点为$t_{k-3}$、$t_{k-2}$、$t_{k-1}$和$t_k$，调整后的计算数值点为$t_{k-3/2}$、$t_{k-1}$、$t_{k-1/2}$和$t_k$，如图5-3所示。

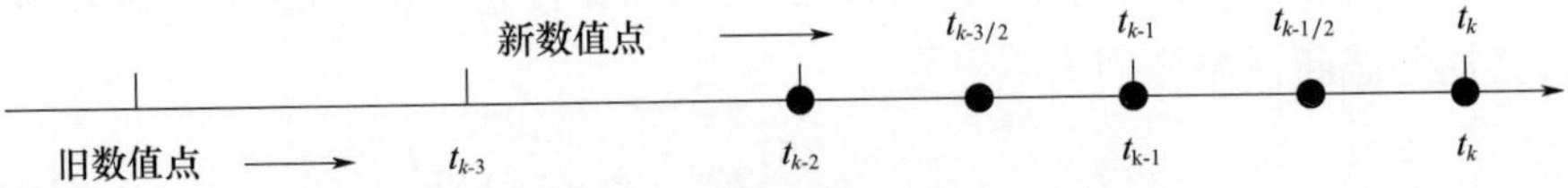

图5-3　步长调整为$h/2$

步长调整后，用于计算新数值点的插值公式为

$$\begin{aligned}\boldsymbol{F}(\hat{\boldsymbol{x}}(t_{k-1/2})) = \frac{1}{128} \times [&-5\boldsymbol{F}(\hat{\boldsymbol{x}}(t_{k-4})) + 28\boldsymbol{F}(\hat{\boldsymbol{x}}(t_{k-3})) \\ &-70\boldsymbol{F}(\hat{\boldsymbol{x}}(t_{k-2})) + 140\boldsymbol{F}(\hat{\boldsymbol{x}}(t_{k-1})) + 35\boldsymbol{F}(\hat{\boldsymbol{x}}(t_k))]\end{aligned} \tag{5-108}$$

$$\begin{aligned}\boldsymbol{F}(\hat{\boldsymbol{x}}(t_{k-3/2})) = \frac{1}{128} \times [&3\boldsymbol{F}(\hat{\boldsymbol{x}}(t_{k-4})) - 20\boldsymbol{F}(\hat{\boldsymbol{x}}(t_{k-3})) \\ &+90\boldsymbol{F}(\hat{\boldsymbol{x}}(t_{k-2})) + 60\boldsymbol{F}(\hat{\boldsymbol{x}}(t_{k-1})) - 5\boldsymbol{F}(\hat{\boldsymbol{x}}(t_k))]\end{aligned} \tag{5-109}$$

步长增加为$2h$时，因为不涉及数值序列结构变化，只需将原来3个数值点中间的点删除即可，在初始计算时需要原来7个数值点。如图5-4所示。

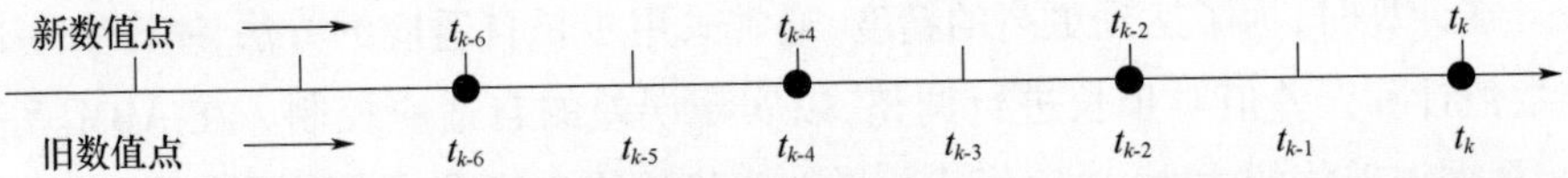

图5-4　步长调整为$2h$

基于步长调整的误差控制方法，根据误差大小进行步长调整，在误差较大时使用小步长计算以增加精度；在误差较小时，使用大步长计算以提高效率。因此，该方法可以综合提高计算的效率和精度。

2. 预测协方差计算方法

在连续-离散滤波的时间更新中，状态预测和协方差更新同步进行。对于协方差进行数值近似计算，基于Mazzoni格式的协方差可表示为

$$\boldsymbol{P}((t_{k+1})) = \boldsymbol{M}(t_{k-1/2})\boldsymbol{P}((t_k))\boldsymbol{M}^{\mathrm{T}}(t_{k+1/2}) + h_l\boldsymbol{L}(t_{k+1/2})\widetilde{\boldsymbol{Q}}\boldsymbol{L}^{\mathrm{T}}(t_{k+1/2}) \tag{5-110}$$

式中：$\widetilde{\boldsymbol{Q}} := \boldsymbol{G}(t)\boldsymbol{Q}\boldsymbol{G}^{\mathrm{T}}(t)$；$t_{k+1/2}$为中间时刻。值得说明的是：$t_{k+1/2}$为正常步长条件下的中间时刻，与步长控制方法是两个不同的概念。在正常步长条件下相关

$t_{k+1/2}$参数是未知的。在正常步长条件下,相关$t_{k+1/2}$参数可计算为

$$\boldsymbol{L}(t_{k+1/2})=\left[\boldsymbol{I}_n-\frac{h}{2}\boldsymbol{J}(\hat{\boldsymbol{x}}(t_{k+1/2}))\right]^{-1} \tag{5-111}$$

$$\boldsymbol{M}(t_{k+1/2})=\boldsymbol{L}(t_{k+1/2})\left[\boldsymbol{I}_n+\frac{h}{2}\boldsymbol{J}(\hat{\boldsymbol{x}}(t_{k+1/2}))\right] \tag{5-112}$$

式中:$\boldsymbol{J}(\hat{\boldsymbol{x}}(t_{k+1/2}))$为中间时刻$\hat{\boldsymbol{x}}(t_{k+1/2})$雅可比矩阵。中间时刻变量雅可比矩阵$\boldsymbol{J}(\hat{\boldsymbol{x}}(t_{k+1/2}))$可近似为

$$\hat{\boldsymbol{x}}(t_{k+1/2}))=\frac{1}{2}\left[\hat{\boldsymbol{x}}(t_k)+\hat{\boldsymbol{x}}(t_{k+1})-\frac{h^2}{4}\boldsymbol{J}(\hat{\boldsymbol{x}}(t_k))\boldsymbol{F}(\hat{\boldsymbol{x}}(t_k))\right] \tag{5-113}$$

式中:$\hat{\boldsymbol{x}}(t_k)$、$\hat{\boldsymbol{x}}(t_{k+1})$和$\boldsymbol{F}(\hat{\boldsymbol{x}}(t_k))$均为已计算变量。

考虑到协方差的数值稳定性,协方差的 Mazzoni 格式可用平方根方法表示为

$$\text{qr}[\boldsymbol{M}(t_{k+1/2})\boldsymbol{S}(t_k)\quad \sqrt{h}\boldsymbol{L}(t_{k+1/2})\boldsymbol{G}(t_{k+1/2})\boldsymbol{Q}^{1/2}(t_{k+1/2})]=[\boldsymbol{S}(t_{k+1})\quad \boldsymbol{0}] \tag{5-114}$$

式中:qr 表示 qr 分解,将矩阵分解为一个正交阵和一个三角阵。

将基于4阶 ABM 方法的状态预测以及上述协方差用于连续-离散 EKF 框架,离散时间测量方程与连续-离散 EKF 保持一致,提出基于4阶 ABM 方法的连续-离散 EKF(ABM-CD-EKF)方法。为保持协方差稳定,用协方差平方根的形式代替协方差参与计算。

基于4阶数值近似方法的连续-离散 EKF 方法流程具体如下:

初始化:设置初始状态$\hat{\boldsymbol{x}}(t_{0|0}):=\boldsymbol{x}(t_0)$,初始协方差$\boldsymbol{P}(t_{0|0}):=\boldsymbol{P}(t_0)$以及时间更新循环次数$m$,步长$h$。

***m* 步时间更新:**

如果使用 RK 方法,则调用 ode45 命令求解;

如果使用 ABM 方法,则调用 ode113 命令求解或进行如下计算:

计算初始4个数值点:根据初始状态值和协方差,用龙格-库塔法计算4个数值点$(t_{k-3},\boldsymbol{F}(\hat{\boldsymbol{x}}(t_{k-3})))$、$(t_{k-2},\boldsymbol{F}(\hat{\boldsymbol{x}}(t_{k-2})))$、$(t_{k-1},\boldsymbol{F}(\hat{\boldsymbol{x}}(t_{k-1})))$和$(t_k,\boldsymbol{F}(\hat{\boldsymbol{x}}(t_k)))$,以及协预测协方差平方根$\boldsymbol{S}(t_{k|k-1})$。

For$j=1:m$

计算预测子$\boldsymbol{p}_{k+1}$和校正子$\boldsymbol{c}_{k+1}$;

步长调整

$$\text{if}\ \frac{19}{270}\frac{|\boldsymbol{c}(\hat{\boldsymbol{x}}(t_{k+1}))-\boldsymbol{p}_{k+1}|}{|\boldsymbol{c}(\hat{\boldsymbol{x}}(t_{k+1}))|+\varepsilon}>\text{REL}$$

$$h=\frac{h}{2}$$

$$\text{else if}\ \frac{19}{270}\frac{|\boldsymbol{c}(\hat{\boldsymbol{x}}(t_{k+1}))-\boldsymbol{p}_{k+1}|}{|\boldsymbol{c}(\hat{\boldsymbol{x}}(t_{k+1}))|+\varepsilon}<\frac{\text{REL}}{100}$$

$h=2h$

else

$h=h$

end

end

计算中间时刻状态 $\hat{\boldsymbol{x}}(t_{k+1/2})$；

计算中间变量矩阵 $\boldsymbol{L}(t_{k+1/2})$ 和 $\boldsymbol{M}(t_{k+1/2})$；

计算平方根预测协方差 $\boldsymbol{S}(t_{k+1})$

end

令状态预测值 $\hat{\boldsymbol{x}}(t_{k+1|k})=\boldsymbol{c}_{k+1}$，预测协方差平方根 $\boldsymbol{S}(t_{k+1|k})=\boldsymbol{S}(t_{k+1})$。

测量更新：

时刻 t_{k+1} 输入测量值 z_k；

计算雅可比矩阵 $\boldsymbol{H}_k:=\mathrm{d}\boldsymbol{h}(\hat{\boldsymbol{x}}(t_{k+1|k}))/\mathrm{d}\hat{\boldsymbol{x}}(t_{k+1|k})$；

计算测量噪声协方差平方根 $\boldsymbol{R}_k^{1/2}\boldsymbol{R}_k^{\mathrm{T}/2}=\boldsymbol{R}_k$；

计算增益 $\overline{\boldsymbol{K}}(t_k)=\boldsymbol{P}(t_{k+1|k})\boldsymbol{H}_k^{\mathrm{T}}\boldsymbol{R}_{e,k}^{1/2}$

计算协方差平方根 $\boldsymbol{S}(t_{k+1|k+1})$

$$\text{qr}\begin{bmatrix}\boldsymbol{R}_k^{1/2} & \boldsymbol{H}_k\boldsymbol{S}(t_{k+1|k})\\ \boldsymbol{0} & \boldsymbol{S}(t_{k+1|k})\end{bmatrix}=\begin{bmatrix}\boldsymbol{R}_{e,k}^{1/2} & \boldsymbol{0}\\ \overline{\boldsymbol{K}}(t_k) & \boldsymbol{S}(t_{k+1|k+1})\end{bmatrix}$$

计算状态估计值 $\hat{\boldsymbol{x}}(t_{k+1|k+1})$

$$\hat{\boldsymbol{x}}(t_{k+1|k+1}):=\hat{\boldsymbol{x}}(t_{k+1|k})+\overline{\boldsymbol{K}}(t_k)\boldsymbol{R}_{e,k}^{-\mathrm{T}/2}[z_k-\boldsymbol{h}(\hat{\boldsymbol{x}}(t_{k+1|k}))]$$

5.4 仿真分析

5.4.1 场景和参数设置

本节在运动目标进行协调转弯场景中对算法进行性能仿真验证。协调转弯是常用的飞行器机动模式，为典型的非线性运动。在纯方位跟踪中，其运动数学模型和测量模型均为非线性模型，连续时间运动模型建立为随机微分方程。模型及仿真参数设置为：状态向量 $\boldsymbol{x}(t)=[x(t),\dot{x}(t),y(t),\dot{y}(t),\psi]^{\mathrm{T}}\in\mathbb{R}^5$，其中，$x(t)$ 和 $y(t)$ 表示目标位置，$\dot{x}(t)$ 和 $\dot{y}(t)$ 表示目标在 x 轴和 y 轴的速度，ψ 为常值角速度 0.01rad/s。观测站位于二维坐标原点。系统转移矩阵为 $\boldsymbol{f}(\boldsymbol{x}(t))=[\dot{x}(t),-\psi\dot{y}(t),\dot{y}(t),\psi\dot{x}(t),0]^{\mathrm{T}}\in\mathbb{R}^5$，随机噪声项为 $\boldsymbol{w}(t)=[w_1(t),w_2(t),w_3(t),w_4(t),w_5(t)]^{\mathrm{T}}$，是相互独立的标准布朗运动，表示目标运动中出现的随机扰动。仿真参数设置为：扩散矩阵 $\boldsymbol{Q}=\mathrm{diag}[0,\sigma_1^2,0,\sigma_1^2,\sigma_2^2]$，其中，$\sigma_1=\sqrt{2}$，$\sigma_2=7\times10^{-3}$。目标初始状态为 $\boldsymbol{x}(t_0)=[40\mathrm{km},0\mathrm{km/s},50\mathrm{km},0.2\mathrm{km/s},\psi]$。假设初始协方差为 $\boldsymbol{P}(t_0)=\mathrm{diag}[0.01\ 0.01\ 0.01\ 0.01]$。测量噪声 $v_k\sim N(0,R_k)$，R_k 为一维常值 0.02。蒙特卡罗仿真次数为 500 次。误差用位置均方根误差(RMSE)表示。

5.4.2　仿真结果与分析

1. 低阶连续－离散系统滤波方法

在仿真中，将自适应反馈连续－离散 CKF 算法(Adaptive Feedback CD－CKF，AFCD－CKF)与 CD－EKF，AFCD－EKF 和 CD－CKF 方法进行对比，均基于 1.5 阶数值近似方法。

在目标跟踪过程中，连续－离散滤波中每个测量间隔的时间更新次数为 10 次，即在下一个时刻测量到达之前进行多次状态预测(图 5－5)。这样，状态预测

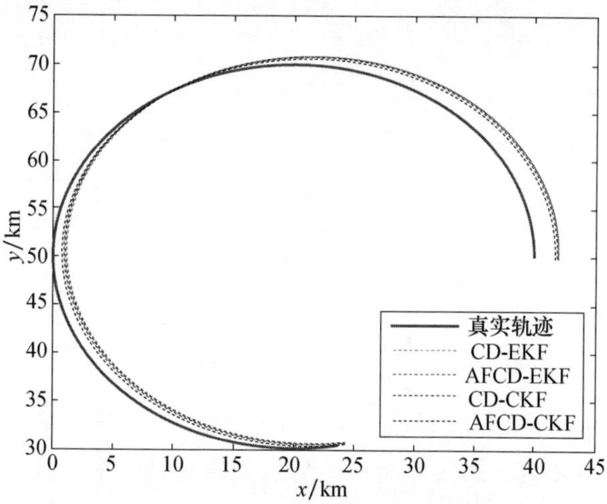

图 5－5　目标跟踪轨迹(见彩图)

的步长远小于测量的步长，保证了对模型的稳定计算，从而达到较为平稳的滤波效果。从图 5 - 6 可以看出，随周期数增加，所有算法条件下的位置状态均不断接近真实状态，即状态估计精度随时间不断提高，说明了上述算法的有效性。

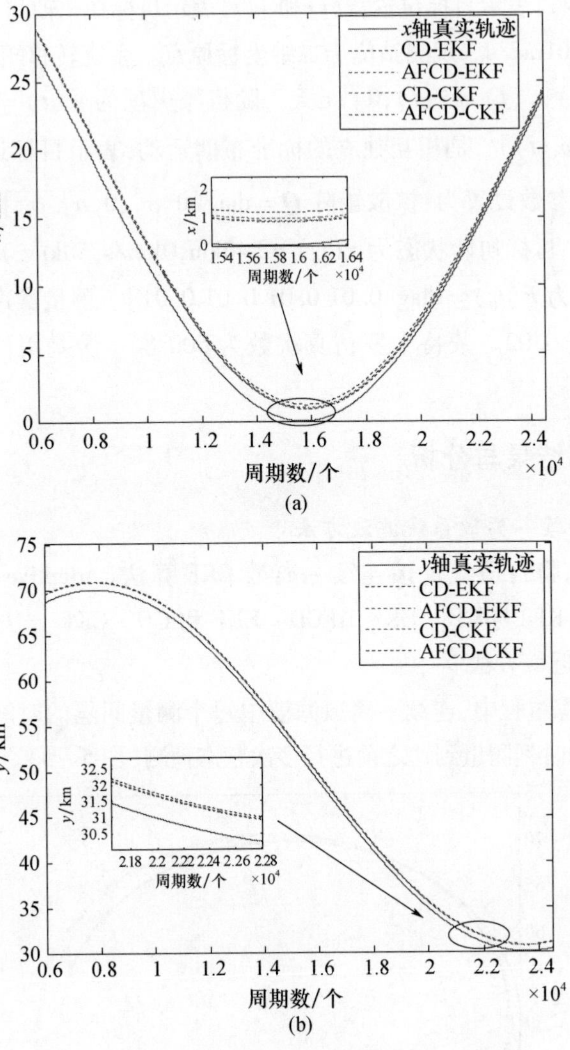

图 5 - 6　目标跟踪轨迹的 x、y 轴位置状态（见彩图）

（a）目标跟踪轨迹 x 轴位置状态；（b）目标跟踪轨迹 y 轴位置状态。

如图 5 - 7 所示，纯方位跟踪的实际角度测量值与各算法条件下的测量预测值相比，受噪声影响下的实际测量值与预测值差别较大。从图 5 - 7(b) 可以看出，不同算法条件下的测量预测值有所区别。实际上，测量预测值是状态预测值与观测站的方位角。测量预测值的不同说明不同算法在同一时刻的状态预测值不同，因此，在一定程度上反映了精度的差别。

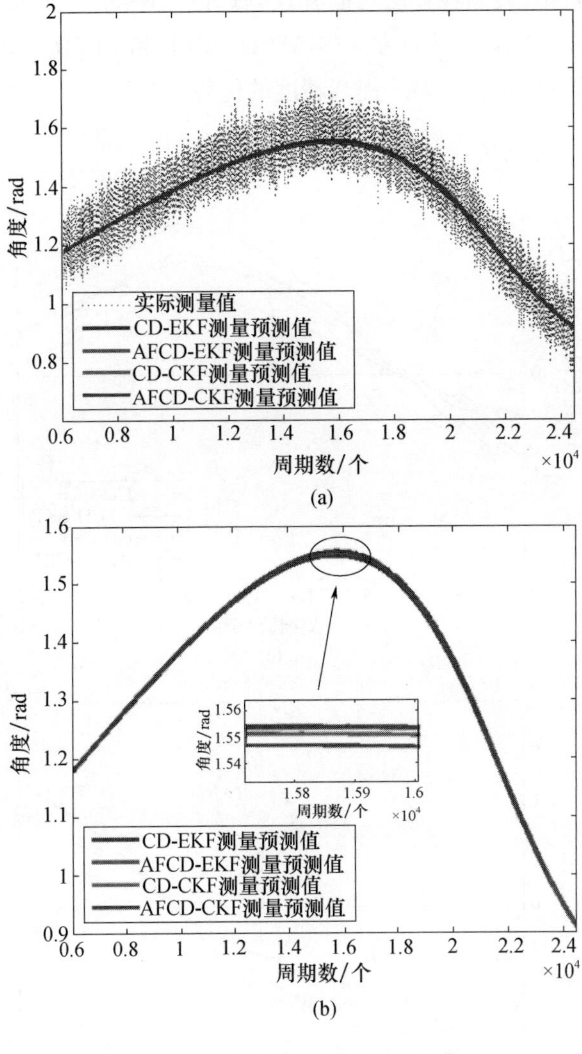

图 5－7　纯方位跟踪测量值（见彩图）

（a）实际方位测量值与预测测量值；（b）不同算法条件下的测量预测值。

图 5－8（a）和（b）展示了目标 x 轴和 y 轴速度的估计误差值。x 轴和 y 轴速度的估计误差值由对应的 x 轴和 y 轴估计速度值与真实速度值的差值。为体现速度误差的变化趋势，该速度差值保留正、负号。正差值表示估计速度值大于真实速度值，负差值表示估计速度值小于真实速度值，图中的误差零值为

参考线。从图中可以看出,在整个仿真周期过程中,速度误差并未出现收敛现象而出现起伏现象,这是速度误差值在较小的数值范围内的正常起伏。整体的速度误差数值较小,表明各算法均能有效解算目标速度,并且相比于 CD - EKF 和 CD - CKF,带有自适应反馈方法的 AFCD - EKF 和 AFCD - CKF 的精度相比较高,说明自适应反馈方法对于提高精度的优势。

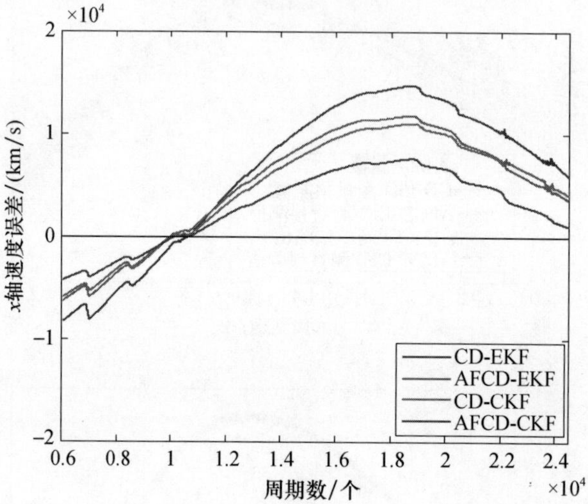

(a)

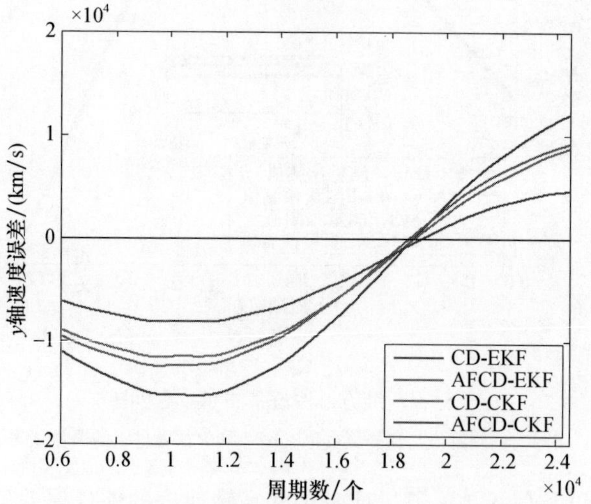

(b)

图 5 - 8　目标 x、y 轴速度的估计误差(见彩图)

(a)目标 x 轴速度的估计误差;(b)目标 y 轴速度的估计误差。

如图 5 - 9 所示,不同算法的均方根误差有所差别。相比于 CD - EKF 和 CD - CKF,带有自适应反馈方法的 AFCD - EKF 和 AFCD - CKF 的精度相比较高,说明自适应反馈方法对于提高精度有一定效果。由于本文在自适应反馈方法中所使用的判别量在相邻时刻会进行一次适用条件判断,在滤波过程中只要协方差变化较小时才会启动。因此,该方法在滤波中通过多次启动的方式对预测协方差进行校正,从而达到精度的累积提升。整体上,CKF 方法的精度高于 EKF 方法。因为在解决非线性状态估计问题上,CKF 方法使用三阶球面径向容积准则,其在高斯积分上的近似精度高于 EKF 所使用的一阶线性近似方法。相比较而言,AFCD - CKF 具有最高的精度。

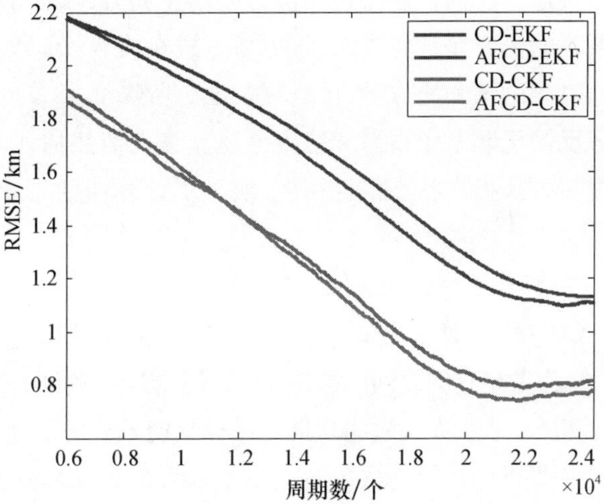

图 5 - 9　不同算法的均方根误差(见彩图)

表 5 - 3 中的相对计算时间是以 CD - EKF 计算时间为基准点。计算时间为 Matlab 执行算法的 CPU 运算时间,通过两个计算时间之比得到。从表 5 - 1 可以看出,自适应反馈方法 AFCD - EKF 比 CD - EKF 略高,AFCD - CKF 比 CD - CKF 略低。由于自适应反馈机制需要多次判别和启动,增加了运算成本,因此在 EKF 方法上效率较低。但由于在 CKF 方法上,自适应反馈的协方差更新方法比基于多维矩阵乘法的协方差计算方法的运算复杂度更低,因此在算法效率上有所提高。值得说明的是,上述性能只是针对低阶方法而体现的,对于基于高阶近似的连续 - 离散滤波方法而言,由于算法结构和计算方式不同,由自适应反馈机制引入的算法复杂性变化与本章所使用的低阶方法会有所不同。

表 5 - 3 不同算法的相对计算时间

算法	CD - EKF	AFCD - EKF	CD - CKF	AFCD - CKF
相对计算时间	1	1. 125	3. 486	3. 263

综上所述,自适应反馈机制对提高 CD - CKF 精度和效率性能上均有一定优势,并且有利于 CD - EKF 提升精度但增加了运算成本。因此,自适应反馈机制对于连续 - 离散 CKF 方法在提升性能上更加有效。该算法的特点如下。

(1) 该方法以连续 - 离散 CKF 算法为基础,在解决非线性状态估计问题上精度较高,避免了线性化引入的误差。

(2) 协方差自适应反馈机制改进了协方差的更新方式,区别于容积准则下基于多维矩阵乘法的协方差计算方法,该更新方式在前 N 个时刻预测协方差的基础上计算当前时刻的预测协方差,计算复杂度有所降低。

(3) 自适应反馈机制基于误差和协方差建立最大似然估计函数,有利于通过改变协方差更新方式提高状态估计精度,实现了计算精度与计算效率之间的平衡。

2. 高阶连续 - 离散系统滤波方法

(1) ABM - CD - EKF 算法测试。考虑到 ABM - CD - EKF 算法性能与算法步长、周期等相关,为考察它们之间的关系,将在不同步长、周期、目标运动角速度条件下进行仿真测试。步长 h 设置为 0. 001,采样周期 T 分别设置为 5h、10h、20h、50h、100h,即每个周期的时间更新次数 m 分别设置为 5、10、20、50、100。

基于 ABM - CD - EKF 算法进行纯方位跟踪的结果如图 5 - 10 所示。

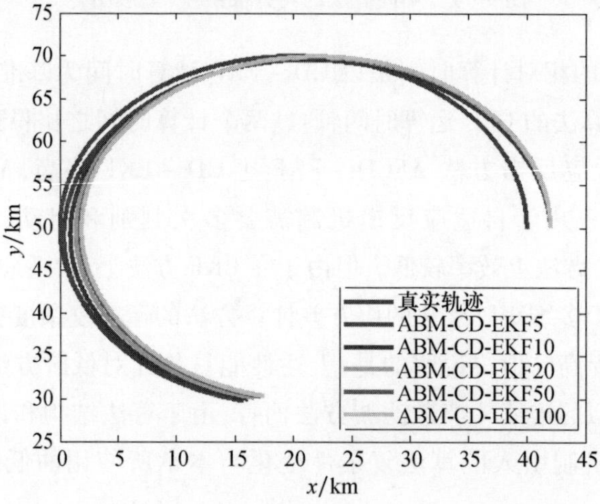

图 5 - 10 基于 ABM - CD - EKF 算法的纯方位跟踪轨迹(见彩图)

图 5 - 10 展示了不同步长条件下的纯方位跟踪轨迹,运动方向为逆时针方向。ABM - CD - EKF5、10、20、50、100 分别表示在时间更新次数 m 为 5、10、20、50、100 条件下的 ABM - CD - EKF 算法。可以看出,经过一段跟踪过程,不同步长条件的 ABM - CD - EKF 算法均可以逐渐接近目标真实轨迹。由于场景坐标在千米级,因此,在图上不同仿真条件下的轨迹差别不明显,估计精度将在误差图中进行对比。

从图 5 - 11 可以看出,不同时间更新次数条件下滤波周期数的差别。在步长相同条件下,为保持目标运动长度的统一,设置了统一的仿真过程循环终止点 450,周期数为 $450/(h\times m)$。因此,在统一的循环终止点条件下不同时间更新次数具有不同的循环次数,周期数相差倍数即为时间更新次数的相差倍数。但时间更新次数只代表滤波过程中一个测量间隔中时间更新的次数,仿真总长度是统一的。因此,步长 h 一定的情况下,m 越小,在统一仿真总长度的条件下测量次数越大,即周期数越大。图 5 - 11 即表示在不同测量周期数条件下的目标状态。

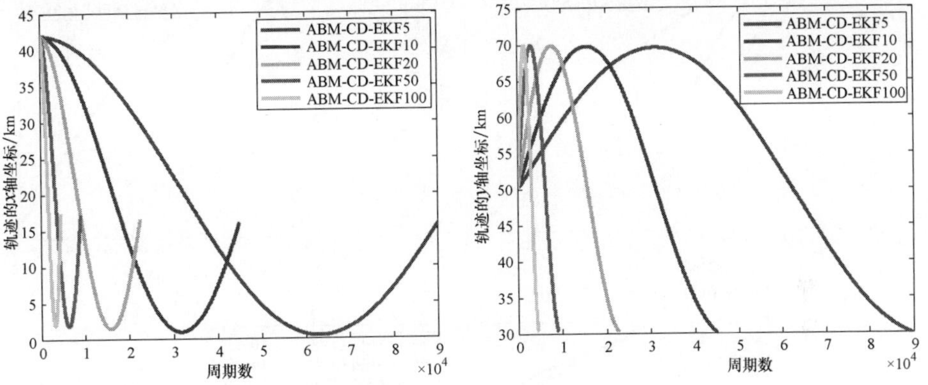

图 5 - 11　目标轨迹的 x、y 轴状态图(见彩图)

图 5 - 12 展示了在角速度为 0.01rad/s、不同采样周期条件下的纯方位目标跟踪估计误差。分别从图 5 - 12(a1) ~ (a5)中可以看出,对于任何大小的采样周期,步长越小,估计误差越小,并且差别明显,步长与估计误差呈正相关。这是因为对于数值近似方法而言,步长越小,近似计算的精度越高,即时间更新的精度越高,因而影响最终状态估计的精度。图 5 - 12(a1)所示为在步长 0.002 条件下的误差最小,步长 0.001 和步长 0.003 条件下的误差相似。说明并非步长与估计误差严格正相关,这与仿真过程中当前时刻的相对距离、相对方位等因素相关。对比图 5 - 12(a1) ~ (a5),采样周期越小,同等步长条件下的估计误差越小,采样周期与估计误差呈正相关。从滤波过程的角度,采样周期小,在

统一仿真长度条件下，采样周期数大，表明在整个目标跟踪过程中的测量次数多，即在状态估计过程的测量校正次数多，从而滤波过程的估计精度较高。

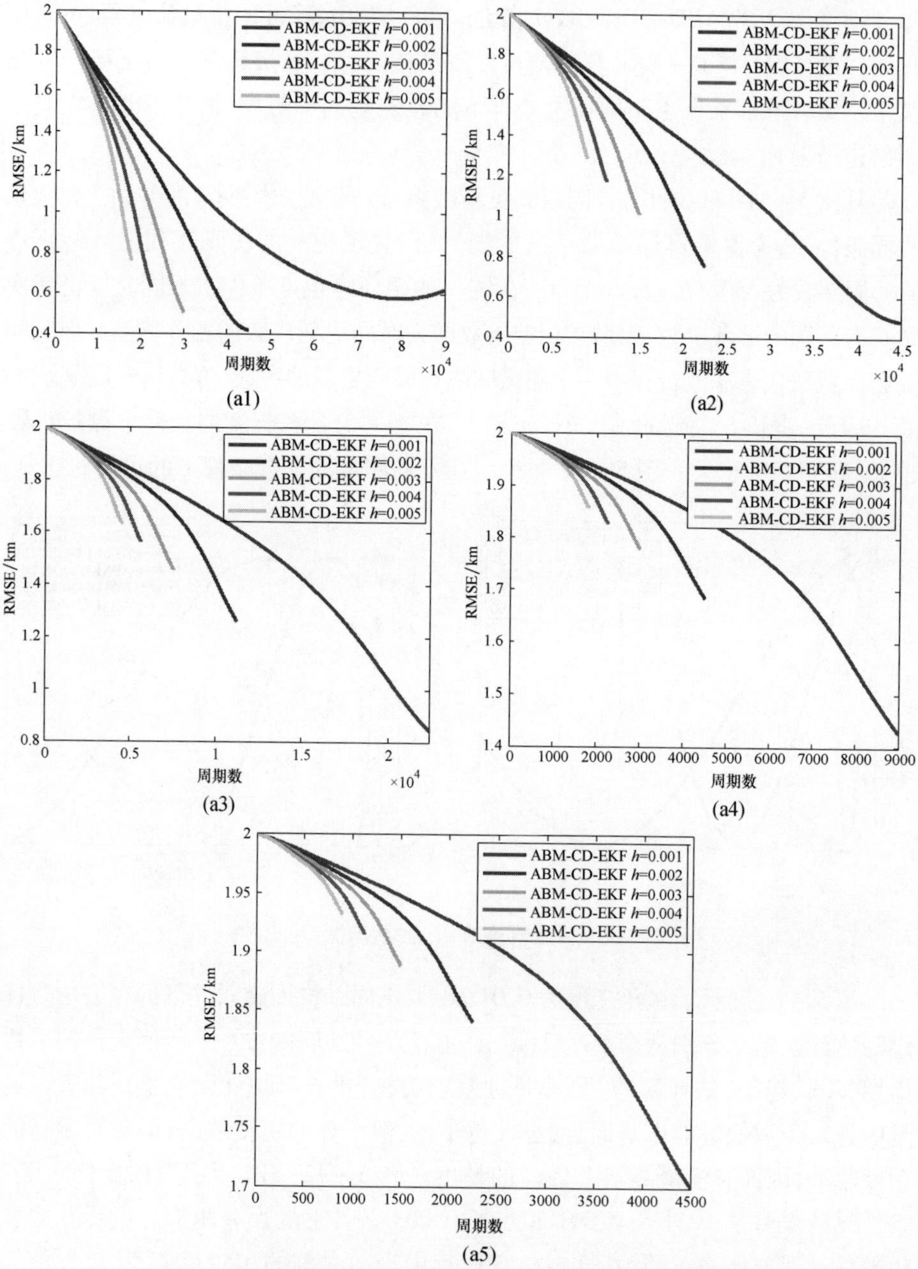

图 5-12　角速度为 0.01rad/s 条件下的估计误差(见彩图)

(a1)角速度 0.01rad/s，采样周期 5h；(a2)角速度 0.01rad/s，采样周期 10h；(a3)角速度 0.01rad/s，采样周期 20h；(a4)角速度 0.01rad/s，采样周期 50h；(a5)角速度 0.01rad/s，采样周期 100h。

从图 5－12(a3)～(a5)可以看出,在步长为 $h=0.001$ 的条件下,采样周期在 20～100h 的目标跟踪效果较差,说明在一次滤波循环中,经过 20～100h 的数值近似后再进行一次测量更新,其测量值在状态估计中的校正影响较弱,而状态近似计算在无测量校正的情况下存在累积误差,因而整体状态估计精度较低。

以下是角速度 0.03rad/s 在不同步长、不同采样周期条件下的纯方位跟踪精度对比图,周期数为 $300/(h\times m)$。

图 5－13 展示了 ABM－CD－EKF 算法在角速度 0.03rad/s、不同步长、不同采样周期条件下的纯方位跟踪精度对比图。分别从图 5－13(b1)～(b5)中可以看出,步长 $h=0.003$ 条件下的误差最小,其次是步长 $h=0.001$ 条件下的误差,误差最大的是在步长 $h=0.005$ 条件下。在图 5－13(b5)中,随着采样周期的增加,误差线出现了较为明显的波动,说明针对角速度 0.03rad/s 的运动目标,采样间隔长,会对目标跟踪造成较大的影响。主要是因为角速度增加,目标机动性变强,目标跟踪的性能受到影响。

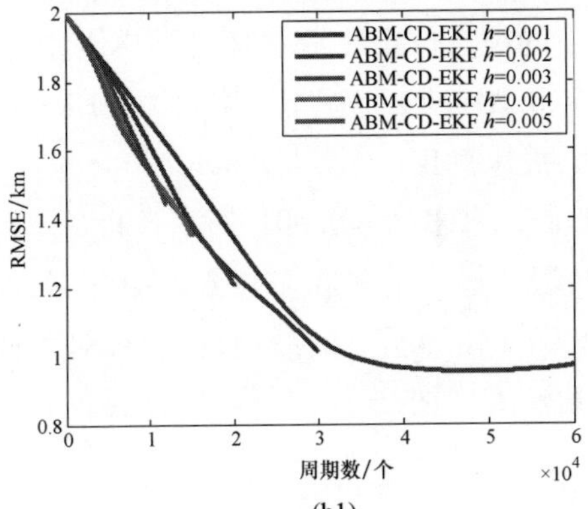

(b1)

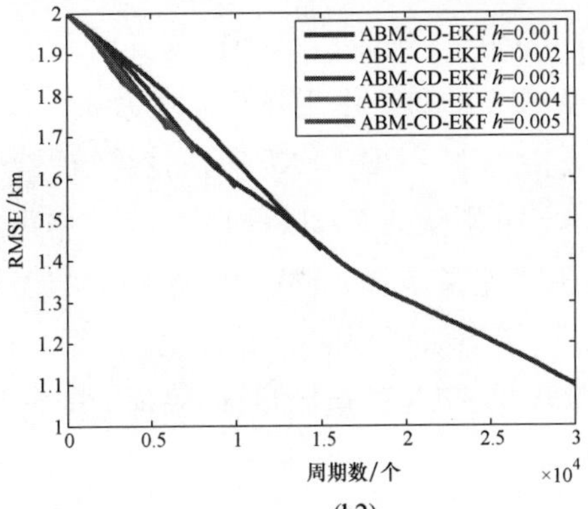

(b2)

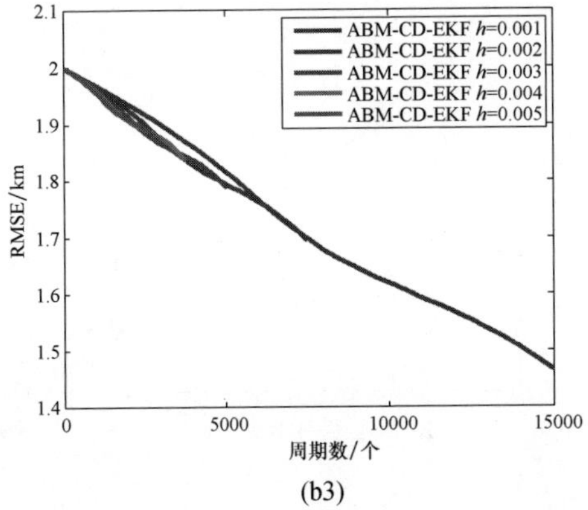

(b3)

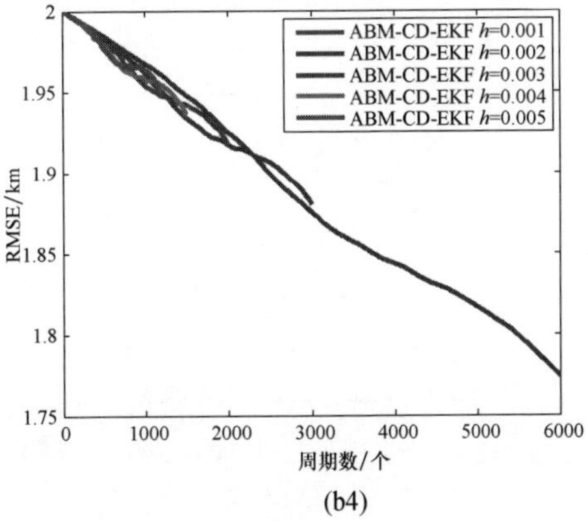

(b4)

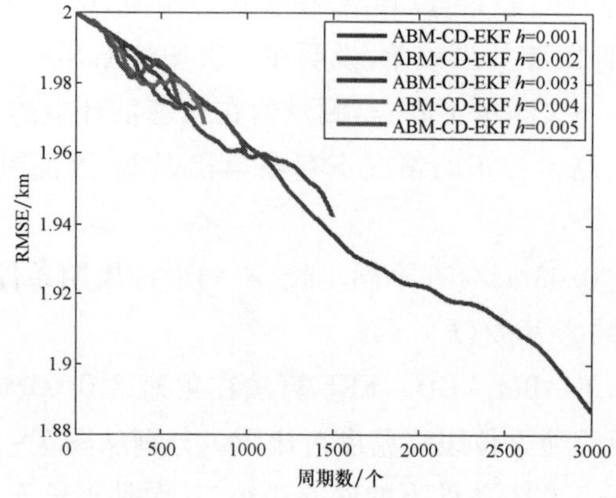

(b5)

图 5-13　角速度为 0.03rad/s 条件下的估计误差(见彩图)

(b1)角速度 0.03rad/s,采样周期 5h;(b2)角速度 0.03rad/s,采样周期 10h;(b3)角速度 0.03rad/s,采样周期 20h;(b4)角速度 0.03rad/s,采样周期 50h;(b5)角速度 0.03rad/s,采样周期 100h。

(2) RK-CD-EKF 算法测试。以下是 RK-CD-EKF 算法在角速度为 0.05rad/s、不同步长、不同采样周期条件下的纯方位跟踪精度对比图,周期数为 $300/(h\times m)$。由于在角速度为 0.01rad/s、0.03rad/s 情况下 RK-CD-EKF 算法和 ABM-CD-EKF 算法计算结果类似,故未列出。

分别从图 5-14(c1)~(c5)中可以看出,步长 $h=0.001$ 条件下的误差最小,其次是步长 $h=0.002$ 条件下的误差,误差最大的是在步长 $h=0.005$ 条件下。随着采样周期的增加,误差线同样出现了较为明显的波动,说明针对角速度 0.05rad/s 的运动目标,采样间隔长和角速度增加,会对目标跟踪造成较大的影响。

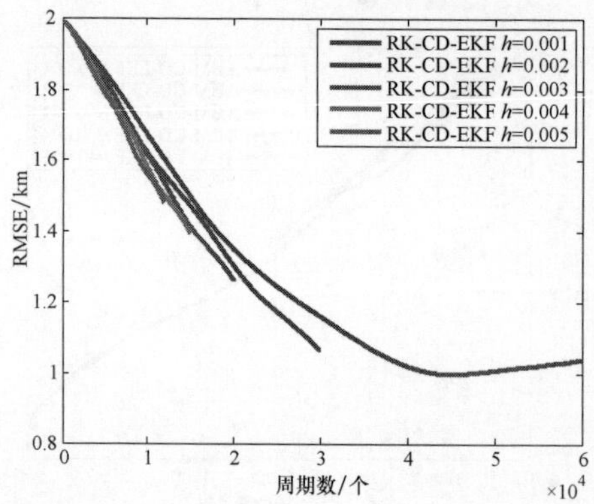

(c1)

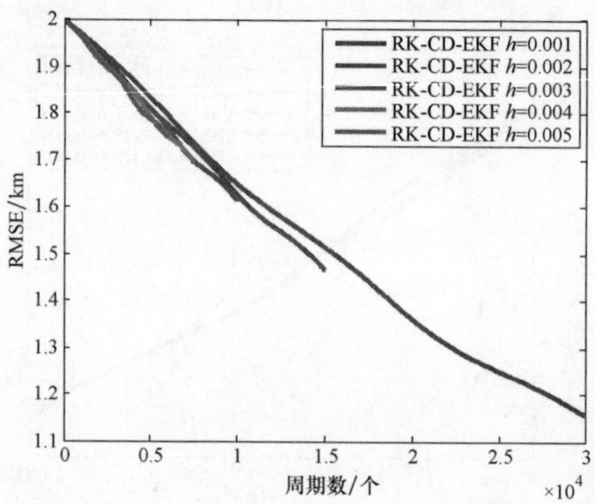

(c2)

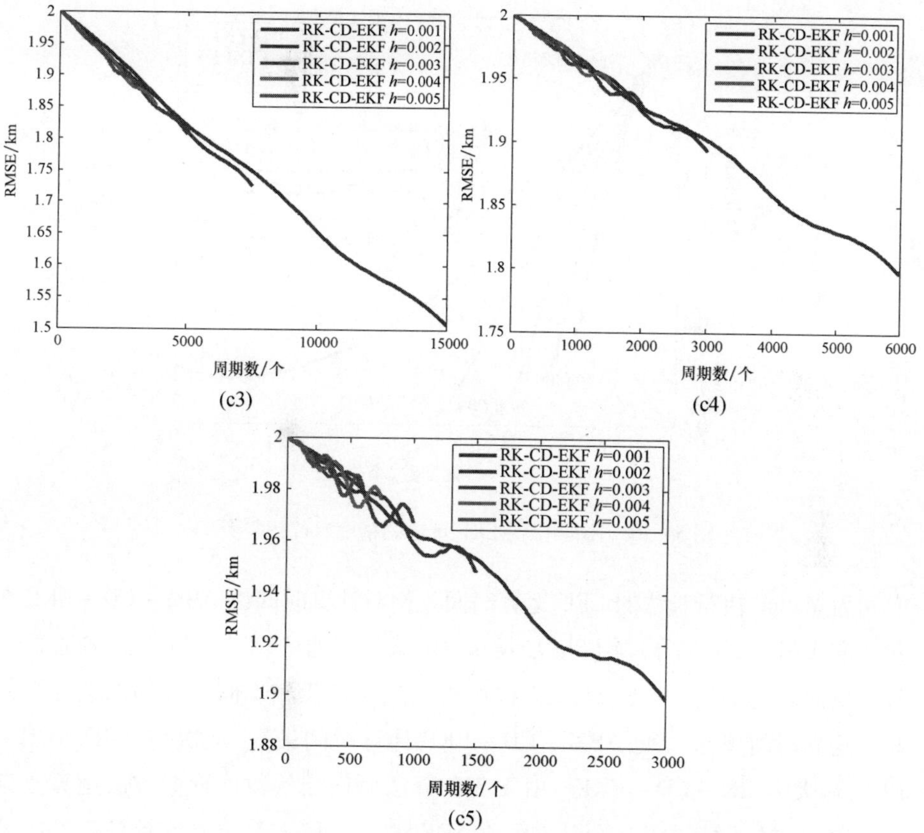

图5-14 角速度为0.05rad/s条件下的估计误差(见彩图)

(c1)角速度0.05rad/s,采样周期5h;(c2)角速度0.05rad/s,采样周期10h;(c3)角速度0.05rad/s,采样周期20h;(c4)角速度0.05rad/s,采样周期50h;(c5)角速度0.05rad/s,采样周期100h。

3. 不同算法的精度和计算时间对比

下面对ABM-CD-EKF、定步长显式龙格-库塔方法(RK-CD-EKF)和定步长嵌入隐式龙格-库塔方法(ARK-CD-EKF)进行精度和计算时间对比。

图5-15展示了ABM-CD-EKF、RK-CD-EKF和ARK-CD-EKF在角速度0.01 rad/s、采样周期5h和步长0.001-0.005条件下的精度对比。可以看出,由于均采用基于4阶数值近似的滤波方法,不同算法的状态估计精度相似。由于在其他角速度和采样周期条件下的精度对比规律类似,故本文只列出在角速度0.01 rad/s、采样周期5h条件下的相对计算时间对比。

图5-16展示了ABM-CD-EKF、RK-CD-EKF和ARK-CD-EKF在角速度0.01rad/s、采样周期5~100h、步长0.001条件下的相对计算时间对比。计算

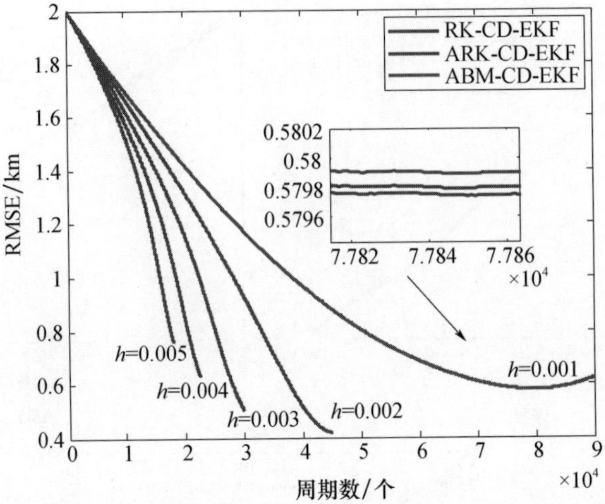

图 5 – 15　不同 CD – EKF 算法的精度对比(见彩图)

时间为 Matlab 执行算法的 CPU 运算时间。相对计算时间以 ABM – CD – EKF 在角速度 0.01rad/s、采样周期 5h、步长 0.001 条件下的计算时间为基点,通过两个计算时间之比得到。可以看出,3 种算法在同一步长和不同采样周期条件下的相对运算时间规律一致,ABM – CD – EKF 计算时间最短,其次为 ARK – CD – EKF,最大为 RK – CD – EKF。由于 3 种算法所使用的数值近似方法运算复杂度不同,ABM 运算过程分别是 RK 和 ARK 的 1/2 和 2/3,并且在滤波算法中的其他步骤相同。因此,基于上述 3 种数值计算的滤波方法在整体算法效率上呈现与数值近似一样的对比规律。由于其他角速度和步长条件下的时间对比规律类似,故本文只列出在角速度 0.01rad/s、步长 0.001 条件下的相对计算时间对比。

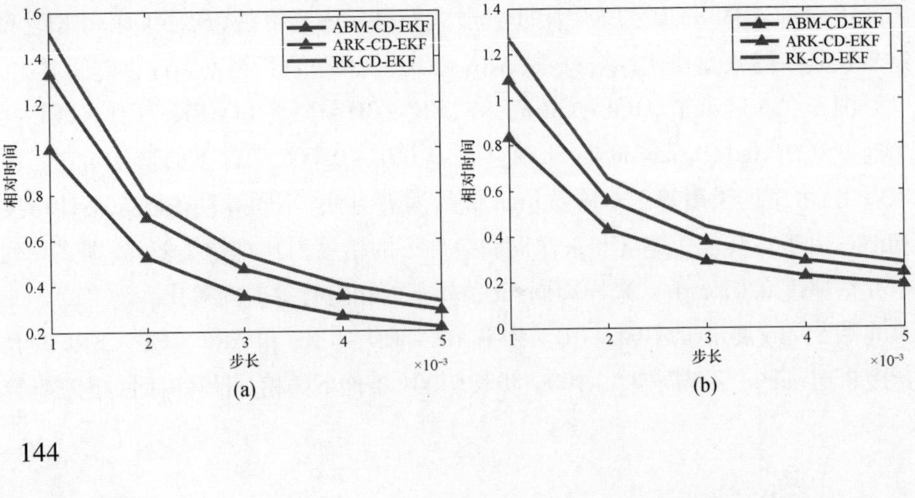

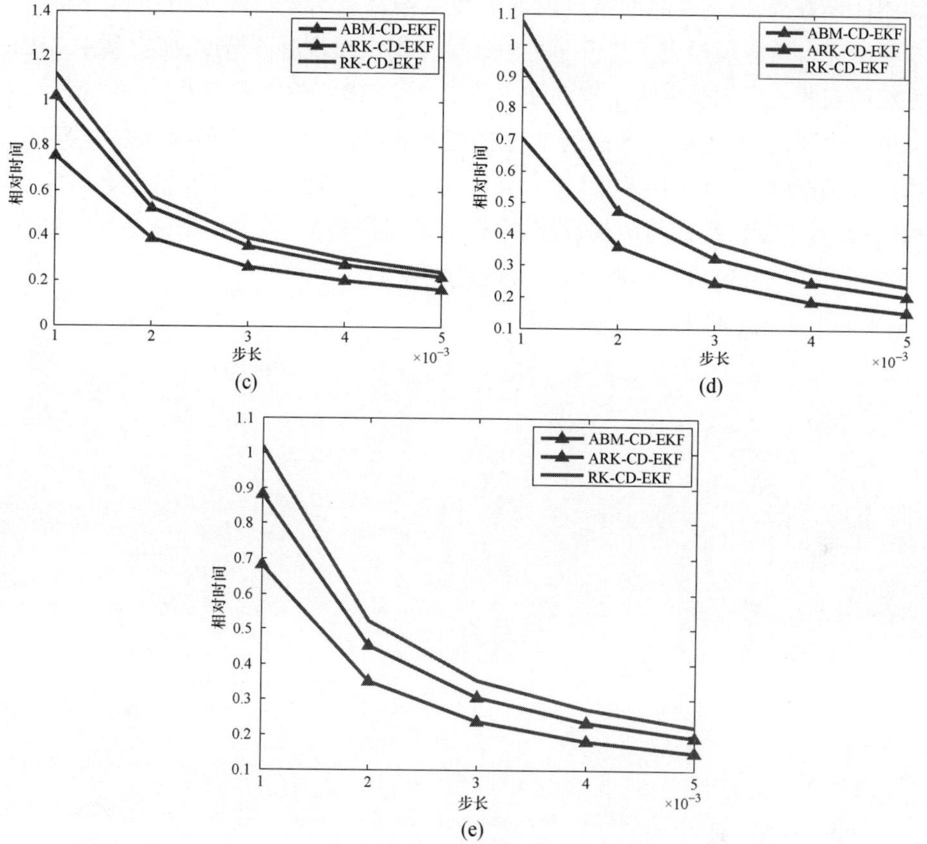

图5-16 不同CD-EKF算法的相对计算时间对比(见彩图)

(a)角速度0.01rad/s,采样周期5h;(b)角速度0.01rad/s,采样周期10h;(c)角速度0.01rad/s,采样周期20h;(d)角速度0.01rad/s,采样周期50h;(d)角速度0.01rad/s,采样周期100h。

综合以上时间对比和计算时间对比,可以得出以下结论:对于CD-EKF方法,同等精度阶数条件下的滤波方法状态估计精度类似;在滤波算法一致的情况下,算法计算时间与所使用的数值方法呈正相关。其中,ABM-CF-EKF能够在保持高精度的前提下有效减小运算时间,实用性较强。

5.5 本章小结

本章阐述了离散系统与连续-离散系统的联系与区别,描述了连续时间单站纯方位跟踪系统数学模型,并提出了低阶和高阶连续-离散系统滤波方法的时间更新方式。重点分析了基于数值近似方法的连续时间状态预测和协方差预测计算方法,使连续时间系统的时间更新与离散时间的测量更新实现衔接。本章所提自适应反馈方法提升了低阶连续-离散系统滤波精度;所提基于 ABM 方法的连续-离散扩展卡尔曼滤波方法结合了 ABM 数值近似方法的高精度和低效率优势,提升了滤波方法的估计精度和效率性能。与此同时,该方法可以进行步长选择,在一定误差条件下,可以通过步长调整实现计算精度和效率的提高;并且其算法性能与步长选择、采样周期直接相关,可以根据任务场景选择性地调整方法参数,以达到具体任务的性能要求。

第 6 章　基于广义 M 估计的抗差单站纯方位跟踪方法

第 4 章、第 5 章讨论了如何提高运动目标跟踪的精度，即在测量噪声和过程噪声服从高斯分布时，这些方法可以得到准确的结果。实际中，除了系统非线性和随机误差的影响，目标运动状态的切换、测量环境的恶劣多变、电磁环境复杂等因素，还会导致测量异常误差的出现，如果不进行处理，则可能使跟踪结果不准确。于是，本章讨论当测量异常误差可能出现时，如何提高对运动目标跟踪的可靠性。

对于测量异常误差，现有方法一般通过线性或非线性回归方法，利用抗差 Huber 函数修正测量更新步骤来减小异常误差的影响[75-77]。然而，这种方法存在以下问题：一是线性或非线性回归方法破坏了确定性采样滤波的原有框架，使其无须求导、运算量低等优点也消失；二是对于异常误差一般采用经验方法判别，实用性有待提高；三是 Huber 函数需要进行迭代求解，抗异常误差效率较低。

为解决上述问题，本章提出一种基于广义 M 估计的抗差 CKF 算法（Generalized M - estimation based CKF，GMCKF）。首先利用约束总体最小二乘准则将测量模型等价变换，在不进行线性近似的前提下将 M 估计原理与 CKF 结合，这样既保留了 CKF 无须求导、滤波精度高的特点，也使得算法具有 M 估计抗异常误差能力强的优点；其次引入 Mahalanobis 距离来确定异常误差临界值，一方面克服传统算法依据经验确定异常误差临界值的不足，使得异常误差判别更加准确，另一方面无须已知异常误差的统计特性，实用性更强；最后依据抗异常误差效果构建等价权函数，降低小异常误差权值，剔除大异常误差，有效降低测量不确定对目标跟踪的不利影响。

6.1　线性动态系统的抗差滤波方法

考虑线性动态系统：

$$\boldsymbol{x}_k = \boldsymbol{F}_{k-1}\boldsymbol{x}_{k-1} + \boldsymbol{v}_{k-1} \tag{6-1}$$

$$\boldsymbol{z}_k = \boldsymbol{H}_k\boldsymbol{x}_k + \boldsymbol{e}_k \tag{6-2}$$

式中：$\boldsymbol{x}_k \in \mathbb{R}^{n_x}$；$\boldsymbol{z}_k \in \mathbb{R}^{n_z}$；$\boldsymbol{F}_{k-1}$为状态转移矩阵；$\boldsymbol{H}_k$ 为测量模型的系数矩阵，$k=1,2,\cdots$。过程噪声 $\boldsymbol{v}_{k-1}$和测量噪声 $\boldsymbol{e}_k$ 通常假定均值为 0 的高斯噪声，其协方差分别为 $\boldsymbol{Q}_{k-1}$和 $\boldsymbol{R}_k$。

对以上线性系统的求解可转化为如下优化问题：

$$\hat{\boldsymbol{x}}_{k|k} = \underset{\hat{\boldsymbol{x}}_{k|k}}{\arg}(\min(\|\boldsymbol{x}_k - \hat{\boldsymbol{x}}_{k|k-1}\|^2_{\boldsymbol{P}^{-1}_{k|k-1}} + \|\boldsymbol{H}_k\boldsymbol{x}_k - \boldsymbol{z}_k\|^2_{\boldsymbol{R}_k^{-1}})) \tag{6-3}$$

式中：$\underset{x}{\arg}(\cdot)$表示满足括号中表达式的 x 的取值；$\hat{\boldsymbol{x}}_{k|k-1}$为预测状态；$\boldsymbol{P}_{k|k-1}$为预测协方差；$\|\boldsymbol{x}\|^2_A = \boldsymbol{x}^{\mathrm{T}}\boldsymbol{A}\boldsymbol{x}$。因此，高斯线性假设下的极值函数可写为

$$\Omega = \min(\boldsymbol{r}^{\mathrm{T}}_{x_{k|k-1}}\boldsymbol{P}^{-1}_{k|k-1}\boldsymbol{r}_{x_{k|k-1}} + \boldsymbol{r}_k^{\mathrm{T}}\boldsymbol{R}_k^{-1}\boldsymbol{r}_k) = \min(\sum_{i=1}^{n_x}\breve{\boldsymbol{r}}^2_{x_{k|k-1},i} + \sum_{i=1}^{n_z}\boldsymbol{R}^{-1}_{k,i}r^2_{k,i}) \tag{6-4}$$

式中：预测误差向量为 $\boldsymbol{r}_{x_{k|k-1}} = \hat{\boldsymbol{x}}_{k|k} - \hat{\boldsymbol{x}}_{k|k-1}$；测量残差向量为 $\boldsymbol{r}_k = \boldsymbol{H}_k\hat{\boldsymbol{x}}_{k|k} - \boldsymbol{z}_k$。记 $\breve{\boldsymbol{r}}_{x_{k|k-1}} = \boldsymbol{P}^{-1/2}_{k|k-1}(\hat{\boldsymbol{x}}_{k|k} - \hat{\boldsymbol{x}}_{k|k-1})$，$\breve{\boldsymbol{r}}_{x_{k|k-1},i}$和 $\boldsymbol{r}_{k,i}$分别为 $\breve{\boldsymbol{r}}_{x_{k|k-1}}$和 $\boldsymbol{r}_k$ 的第 i 个元素。$\boldsymbol{R}_{k,i}$为 $\boldsymbol{R}_k$ 的第 i 个对角元素。

测量异常误差会影响上述优化结果。因此，将污染分布重写如下：

$$G_e = (1-\varepsilon)N + \varepsilon M \tag{6-5}$$

为了减小测量异常误差的影响，在考虑上述污染分布的基础上，引入基于 M 估计的抗差极值函数，即

$$\Omega = \min\left(\frac{1}{2}\boldsymbol{r}^{\mathrm{T}}_{x_{k|k-1}}\boldsymbol{P}^{-1}_{k|k-1}\boldsymbol{r}_{x_{k|k-1}} + \sum_{i=1}^{n_z}\boldsymbol{R}^{-1}_{k,i}\rho(r_{k,i})\right) \tag{6-6}$$

式中：$\rho(\cdot)$通常为凸的对称函数，如 Huber 函数：

$$\rho(r) = \begin{cases} 0.5r^2_{k,i} & ,|r_{k,i}| \leqslant c_0 \\ c_0|r_{k,i}| - 0.5c_0^2 & ,|r_{k,i}| > c_0 \end{cases} \tag{6-7}$$

式中：c_0 代表判决门限，通常有 $c_0 \in [1.3,2]$。

若取 $\rho(r_{k,i}) = 0.5r^2_{k,i}$，式(6-6)所示的抗差极值函数就退化为式(6-4)所示的高斯极值函数。这说明，高斯极值函数是抗差极值函数的特例，其中 $\varepsilon=0$。

抗差极值函数的求解可以通过对式(6-6)求导实现，即

$$\boldsymbol{P}^{-1}_{k|k-1}\boldsymbol{r}_{x_{k|k-1}} + \sum_{i=1}^{n_z}\boldsymbol{R}^{-1}_{k,i}\varphi(r_{k,i})\frac{\partial \boldsymbol{r}_{k,i}}{\partial \boldsymbol{x}_k} = 0 \tag{6-8}$$

式中：φ 为函数 ρ 的导数，即 $\varphi = \rho'$。令 $\varphi(\boldsymbol{r}_{k,i})/\boldsymbol{r}_{k,i} = w^b_{k,i}$且 $\overline{w}_{k,i} = \boldsymbol{R}^{-1}_{k,i}w^b_{k,i}$，式(6-8)可化简为

$$\boldsymbol{P}^{-1}_{k|k-1}\boldsymbol{r}_{x_{k|k-1}} + \boldsymbol{H}_k^{\mathrm{T}}\overline{\boldsymbol{w}}_k\boldsymbol{r}_k = 0 \tag{6-9}$$

式中：$\overline{\boldsymbol{w}}_k=\mathrm{diag}(\overline{w}_{k,1},\overline{w}_{k,2},\cdots,\overline{w}_{k,n_z})$。将 $\boldsymbol{r}_{x_{k|k-1}}=\hat{\boldsymbol{x}}_{k|k}-\hat{\boldsymbol{x}}_{k|k-1}$ 和 $\boldsymbol{r}_k=\boldsymbol{H}_k\boldsymbol{x}_{k|k}-z_k$ 代入式(6-9)，得

$$\boldsymbol{H}_k^{\mathrm{T}}\overline{\boldsymbol{w}}_k\boldsymbol{H}_k\hat{\boldsymbol{x}}_{k|k}+\boldsymbol{P}_{k|k-1}^{-1}\hat{\boldsymbol{x}}_{k|k}-\boldsymbol{H}_k^{\mathrm{T}}\overline{\boldsymbol{w}}_k z_k-\boldsymbol{P}_{k|k-1}^{-1}\hat{\boldsymbol{x}}_{k|k-1}=0 \tag{6-10}$$

于是，有

$$\hat{\boldsymbol{x}}_{k|k}=(\boldsymbol{H}_k^{\mathrm{T}}\overline{\boldsymbol{w}}_k\boldsymbol{H}_k+\boldsymbol{P}_{k|k-1}^{-1})^{-1}(\boldsymbol{H}_k^{\mathrm{T}}\overline{\boldsymbol{w}}_k z_k+\boldsymbol{P}_{k|k-1}^{-1}\hat{\boldsymbol{x}}_{k|k-1}) \tag{6-11}$$

因此，式(6-11)的递推形式以及对应的估计协方差矩阵可表示为

$$\hat{\boldsymbol{x}}_{k|k}=\hat{\boldsymbol{x}}_{k|k-1}+\overline{\boldsymbol{K}}_k(z_k-\boldsymbol{H}_k\hat{\boldsymbol{x}}_{k|k-1}) \tag{6-12}$$

$$\boldsymbol{P}_{k|k}=(\boldsymbol{I}-\overline{K}_k\boldsymbol{H}_k)\boldsymbol{P}_{k|k-1} \tag{6-13}$$

其中

$$\overline{K}_k=\boldsymbol{P}_{k|k-1}\boldsymbol{H}_k^{\mathrm{T}}(\boldsymbol{H}_k^{\mathrm{T}}\boldsymbol{P}_{k|k-1}\boldsymbol{H}_k+\overline{\boldsymbol{w}}_k^{-1})^{-1} \tag{6-14}$$

根据贝叶斯估计理论，卡尔曼滤波方法可看做最小二乘－最小二乘(LS－LS)方法，第一个最小二乘表示动态模型的极值函数，第二个最小二乘表示测量模型的极值函数。与此类似，基于 M 估计的卡尔曼滤波方法可看做最小二乘－基于 M 估计的最小二乘(LS－MLS)滤波。

6.2　基于线性/非线性回归模型的抗差非线性滤波方法

6.2.1　基于线性回归模型的抗差 CKF 方法

考虑非线性系统：

$$\boldsymbol{x}_k=\boldsymbol{f}(\boldsymbol{x}_{k-1},\boldsymbol{v}_{k-1}) \tag{6-15}$$

$$z_k=h(\boldsymbol{x}_k,\boldsymbol{e}_k) \tag{6-16}$$

式中：$\boldsymbol{x}_k$ 为 k 时刻的 n 维状态向量，$\boldsymbol{v}_{k-1}$、$\boldsymbol{e}_k$ 分别为过程噪声和测量噪声向量，这里假定其为 0 均值的独立高斯分布，其协方差矩阵分别为 $\boldsymbol{Q}_{k-1}$、$\boldsymbol{R}_k$。

下面以容积卡尔曼滤波为例，介绍基于线性回归模型的抗差滤波算法。

时间更新与标准容积卡尔曼滤波相同，k 时刻的容积采样点为

$$\boldsymbol{X}_{j,k-1|k-1}=\boldsymbol{S}_{k-1|k-1}\boldsymbol{\xi}_j+\hat{\boldsymbol{x}}_{k-1|k-1} \tag{6-17}$$

容积点传播：

$$\boldsymbol{X}_{j,k|k-1}^{*}=f(\boldsymbol{X}_{j,k-1|k-1}) \tag{6-18}$$

故预测状态和预测协方差矩阵可分别表示为

$$\hat{\boldsymbol{x}}_{k|k-1}=\sum_{j=1}^{m}w_j\boldsymbol{X}_{j,k-1|k-1}^{*} \tag{6-19}$$

$$P_{k|k-1} = \frac{1}{2n}\sum_{j=1}^{2n} X_{j,k-1|k-1} X_{j,k-1|k-1}^{*,\mathrm{T}} - \hat{x}_{k-1|k-1}\hat{x}_{k|k-1}^{\mathrm{T}} \tag{6-20}$$

量测更新：

将预测协方差进行柯西分解：

$$P_{k|k-1} = S_{k|k-1} S_{k|k-1}^{\mathrm{T}}$$

容积采样点可表示为

$$x_{k|k-1,j}^{*} = S_{k|k-1}\xi_j + \hat{x}_{k|k-1} \tag{6-21}$$

将容积采样点通过非线性测量函数，得

$$z_{k|k-1,j}^{*} = h(x_{k|k-1,j}^{*}) \tag{6-22}$$

预测测量可表示为

$$\hat{z}_{k|k-1} = \frac{1}{2n_x}\sum_{j=1}^{2n_x} z_{k|k-1,j}^{*} \tag{6-23}$$

新息协方差 $P_{zz,k|k-1}$ 和互协方差 $P_{xz,k|k-1}$ 可表示为

$$P_{zz,k|k-1} = \frac{1}{2n_x}\sum_{j=1}^{2n_x} (z_{k|k-1,j}^{*} - \hat{z}_{k|k-1,j})(z_{k|k-1,j}^{*} - \hat{z}_{k|k-1,j})^{\mathrm{T}} + R_k \tag{6-24}$$

$$P_{xz,k|k-1} = \frac{1}{2n_x}\sum_{j=1}^{2n_x} (\hat{x}_{k|k-1} - x_{k|k-1,j}^{*})(\hat{z}_{k|k-1} - z_{k|k-1,j}^{*})^{\mathrm{T}} \tag{6-25}$$

为引入抗差准则，构造量测矩阵 H_k：

$$H_k = \left.\frac{\partial h}{\partial x}\right|_{x=\hat{x}_{k|k-1}} \tag{6-26}$$

于是，测量方程可近似为

$$z_k \approx \hat{z}_{k|k-1} + H_k(x_k - \hat{x}_{k|k-1}) \tag{6-27}$$

将其转化为线性回归模型：

$$\begin{Bmatrix} z_k - z_{k|k-1} + H_k x_{k|k-1} \\ x_{k|k-1} \end{Bmatrix} = \begin{bmatrix} H_k \\ I \end{bmatrix} x_k + \begin{bmatrix} e_k \\ -\delta_k \end{bmatrix} \tag{6-28}$$

其中，误差向量 $\delta_k = \hat{x}_{k|k-1} - x_k$。

定义如下变量：

$$S_k = \begin{bmatrix} R_k & 0 \\ 0 & P_{k|k-1} \end{bmatrix} \tag{6-29}$$

$$y_k = S_k^{-1/2}\begin{bmatrix} z_k - z_{k|k-1} + H_k\hat{x}_{k|k-1} \\ \hat{x}_{k|k-1} \end{bmatrix} \tag{6-30}$$

$$M_k = S_k^{-1/2}\begin{bmatrix} H_k \\ I \end{bmatrix} \tag{6-31}$$

$$\boldsymbol{\xi}_k = \boldsymbol{S}_k^{-1/2}\begin{bmatrix}\boldsymbol{R}_k\\ \boldsymbol{\delta}_k\end{bmatrix} \tag{6-32}$$

因此,可将线性回归模型转化如下线性估计问题:

$$\boldsymbol{y}_k = \boldsymbol{M}_k\boldsymbol{x}_k + \boldsymbol{\xi}_k \tag{6-33}$$

于是,就可利用线性系统抗差估计方法来解决。定义代价函数:

$$\boldsymbol{J}(\boldsymbol{x}_k) = \sum_{i=1}^{m}\rho(\boldsymbol{\zeta}_i) \tag{6-34}$$

式中:$\boldsymbol{\zeta}_i$ 为残差向量;m 为残差向量的维数;ρ 为凸的对称函数,常用的 Huber 函数见式(6-7)。然后,再利用线性系统的等价权原理计算状态估计值和相应的协方差,详见6.1节。这样,就利用线性回归模型将抗差准则引入到了容积卡尔曼滤波中。

从上面讨论可以看出,为了将抗差M估计引入容积卡尔曼滤波,量测更新被转化为了线性回归问题。一方面,转化为线性回归的过程引入了线性化误差,非线性滤波精度会受到影响;另一方面,线性回归问题的求解需要求导、迭代,破坏了容积卡尔曼滤波原本无需求导的框架,增加了计算负担,并且容易导致滤波发散,需要进一步改进。

6.2.2 基于非线性回归模型的抗差 CKF 算法

为了减小线性化误差,可将上述线性回归模型改进为非线性回归模型,以提高量测信息的利用率。

将量测方程转化为非线性回归模型:

$$\boldsymbol{y}_k = \boldsymbol{m}(\boldsymbol{x}_k) + \boldsymbol{\xi}_k \tag{6-35}$$

式中:$\boldsymbol{y}_k$、$\boldsymbol{\xi}_k$ 的定义与线性回归模型一致。非线性函数 $\boldsymbol{m}(\boldsymbol{x}_k)$ 定义为

$$\boldsymbol{m}(x_k) = \boldsymbol{S}_k^{-1/2}\begin{bmatrix}\boldsymbol{h}(x_k)\\ \boldsymbol{x}_k\end{bmatrix} \tag{6-36}$$

构造隐式方程:

$$\left(\frac{\partial \boldsymbol{m}}{\partial \boldsymbol{x}_k}\right)^{\mathrm{T}}\psi[\boldsymbol{m}(x_k) - \boldsymbol{y}_k] = 0 \tag{6-37}$$

为解决以上非线性问题,可以对其进行重线性化,采用加权最小二乘算法进行迭代求解,这类似于高斯-牛顿方法,即

$$\hat{\boldsymbol{x}}_{k|k}^{(j+1)} = [M(\hat{\boldsymbol{x}}_{k|k}^{(j)})^{\mathrm{T}}\psi M(\hat{\boldsymbol{x}}_{k|k}^{(j)})]^{-1}M(\hat{\boldsymbol{x}}_{k|k}^{(j)})^{\mathrm{T}}\psi[M(\hat{\boldsymbol{x}}_{k|k}^{(j)})\hat{\boldsymbol{x}}_{k|k}^{(j)} - \boldsymbol{m}(\hat{\boldsymbol{x}}_{k|k}^{(j)}) + \boldsymbol{y}_k] \tag{6-38}$$

其中

$$M(\hat{\boldsymbol{x}}_{k|k}^{(j)}) = \left.\frac{\partial \boldsymbol{m}}{\partial \boldsymbol{x}}\right|_{\boldsymbol{x}=\hat{\boldsymbol{x}}_{k|k}^{(j)}} \tag{6-39}$$

以上求解过程可利用矩阵求逆引理进一步化简,从而保持滤波过程的递推性,即

$$\boldsymbol{K}_k^{(j)} = \hat{\boldsymbol{P}}_{k|k-1}^{-1/2}\boldsymbol{\psi}_x^{-1}\hat{\boldsymbol{P}}_{k|k-1}^{-1/2}\boldsymbol{C}(\hat{\boldsymbol{x}}_{k|k}^{(j)})^{\mathrm{T}}[\boldsymbol{C}(\hat{\boldsymbol{x}}_{k|k}^{(j)})\hat{\boldsymbol{P}}_{k|k-1}^{-1/2}\boldsymbol{C}(\hat{\boldsymbol{x}}_{k|k}^{(j)})^{\mathrm{T}} + \boldsymbol{R}_k^{1/2}\boldsymbol{\psi}_x^{-1}\boldsymbol{R}_k^{1/2}]^{-1} \tag{6-40}$$

$$\hat{\boldsymbol{x}}_{k|k}^{(j+1)} = \hat{\boldsymbol{x}}_{k|k-1} + \boldsymbol{K}_k^{(j)}[z_k - h(\hat{\boldsymbol{x}}_{k|k}^{(j)}) - \boldsymbol{C}(\hat{\boldsymbol{x}}_{k|k}^{(j)})(\hat{\boldsymbol{x}}_{k|k-1} - \hat{\boldsymbol{x}}_{k|k}^{(j)})] \tag{6-41}$$

$$\hat{\boldsymbol{P}}_{k|k}^{(j)} = [\boldsymbol{I} - \boldsymbol{K}_k^{(j)}\boldsymbol{C}(\hat{\boldsymbol{x}}_{k|k}^{(j)})]\hat{\boldsymbol{P}}_{k|k-1}^{-1/2}\boldsymbol{\psi}_x^{-1}\hat{\boldsymbol{P}}_{k|k-1}^{1/2} \tag{6-42}$$

其中

$$\boldsymbol{C}(\hat{\boldsymbol{x}}_{k|k}^{(j)}) = \left.\frac{\partial \boldsymbol{h}}{\partial \boldsymbol{x}}\right|_{\boldsymbol{x}=\hat{\boldsymbol{x}}_{k|k}^{(j)}} \tag{6-43}$$

从以上讨论可以看出,虽然基于非线性回归模型的抗差滤波方法减小了线性化误差,但仍然会破坏 CKF 的原本框架,并且需要迭代求解,不仅运算量较大,还对迭代初值较为敏感,实用性有待提高。

6.3 基于广义 M 估计的抗差非线性滤波方法

为了避免线性和非线性回归导致的问题,本节在单站纯方位跟踪中不改变原本 CKF 滤波框架,利用广义 M 估计准则提高容积卡尔曼滤波的抗异常误差能力。

6.3.1 抗差准则设计

考虑单站纯方位跟踪模型:

$$\boldsymbol{x}_k = \boldsymbol{f}(\boldsymbol{x}_{k-1}) + \boldsymbol{v}_{k-1} - \boldsymbol{u}_{k-1,k} \tag{6-44}$$

$$z_k = h(\boldsymbol{x}_k) = \arctan\frac{\boldsymbol{x}_k}{\boldsymbol{y}_k} + \boldsymbol{e}_k \tag{6-45}$$

式中:$\boldsymbol{x}_k \in \mathbb{R}^{n_x}$,$z_k \in \mathbb{R}^{n_z}$,这里 $n_x = 4, n_z = 1$ 。过程噪声 $\boldsymbol{v}_k \sim N(\boldsymbol{0}, \boldsymbol{Q})$,测量噪声 $\boldsymbol{e}_k \sim N(0, R_k)$。定义 $\widetilde{\boldsymbol{b}}_k = \boldsymbol{x}_k^{\mathrm{o}}\cos\widetilde{z}_k - \boldsymbol{y}_k^{\mathrm{o}}\sin\widetilde{z}_k$,其中 $\widetilde{z}_k$ 为 k 时刻目标到观测站的真实角度。k 时刻测量方程可重新表示为

$$\widetilde{\boldsymbol{A}}_k[x_k^{\mathrm{t}}, y_k^{\mathrm{t}}]^{\mathrm{T}} = \widetilde{\boldsymbol{b}}_k \tag{6-46}$$

式中:$\widetilde{\boldsymbol{A}}_k = [\cos\widetilde{z}_k, -\sin\widetilde{z}_k]$。考虑测量误差,式(6-46)可表示为

$$\boldsymbol{A}_k[x_k^{\mathrm{t}}, y_k^{\mathrm{t}}]^{\mathrm{T}} = \boldsymbol{b}_k \tag{6-47}$$

其中,$\boldsymbol{b}_k = \widetilde{\boldsymbol{b}}_k + \boldsymbol{e}_{b_k}$,$\boldsymbol{A}_k = \widetilde{\boldsymbol{A}}_k + \boldsymbol{e}_{\boldsymbol{A}_k} = [\cos z_k, -\sin z_k]$。$\boldsymbol{e}_{b_k}$和 $\boldsymbol{e}_{\boldsymbol{A}_k} = [e_{\boldsymbol{A}_k^1}, e_{\boldsymbol{A}_k^2}]$为观测

向量 $\boldsymbol{b}_k$ 和系数矩阵 $\boldsymbol{A}_k$ 的误差矩阵。

由泰勒公式可知

$$\begin{cases}\cos\tilde{z}_k = \cos(z_k - e_k) = \cos z_k - e_k \sin z_k + o(e_k) \\ \sin\tilde{z}_k = \sin(z_k - e_k) = \sin z_k + e_k \cos z_k + o(e_k)\end{cases} \tag{6-48}$$

于是，$\boldsymbol{e}_{\boldsymbol{A}_k} = [e_k \sin z_k + o(e_k), e_k \cos z_k + o(e_k)]$，$e_{b_k} = e_k(x_k^{\mathrm{o}} \sin z_k + y_k^{\mathrm{o}} \cos z_k) + o(e_k)$，其中 $o(e_k)$ 表示 e_k 的二阶及高阶项。

于是，就利用等价变换在无线性化近似的前提下将非线性测量方程转化为伪线性形式。注意到 $\boldsymbol{A}_k$ 和 b_k 均存在误差，因此利用最小二乘准则求解式(6-47)会产生较大误差。同时系数矩阵误差 $\boldsymbol{e}_{A_k}$ 和观测向量误差 e_{b_k} 并不独立，为利用二者之间的统计关系，构建约束总体最小二乘准则为[160]

$$\begin{cases}\min\limits_{x_k^{\mathrm{p}}, e_k} \| [G_1 e_k \ G_2 e_k \ G_3 e_k] \|_{\mathrm{F}}^2 \\ \text{s. t.} \ [\boldsymbol{A}_k \ z_k] \begin{bmatrix} \boldsymbol{x}_k^{\mathrm{p}} \\ -1 \end{bmatrix} - [G_1 e_k \ G_2 e_k \ G_3 e_k] \begin{bmatrix} \boldsymbol{x}_k^{\mathrm{p}} \\ -1 \end{bmatrix} = 0\end{cases} \tag{6-49}$$

式中：$\|\cdot\|_{\mathrm{F}}$ 代表 Frobenius 范数，$G_1 = \sin z_k$，$G_2 = \cos z_k$，$G_3 = x_k^{o} \sin z_k + y_k^{o} \cos z_k$。权矩阵通常取测量噪声协方差的逆矩阵，即 $\breve{w}_k = (R_k)^{-1}$。

记 $\boldsymbol{A}_x = \sum\limits_{i=1}^{n_z+1} \boldsymbol{x}_{k,i}^{\mathrm{t}} \boldsymbol{G}_i - \boldsymbol{G}_{i+1}$，则式(6-49)可化为无约束优化问题：

$$\min((\boldsymbol{A}_k \boldsymbol{x}_k^{\mathrm{p}} - b_k)^{\mathrm{T}} (\boldsymbol{A}_x \boldsymbol{R}_k \boldsymbol{A}_x^{\mathrm{T}})^{-1} (\boldsymbol{A}_k \boldsymbol{x}_k^{\mathrm{p}} - b_k)) \tag{6-50}$$

考虑状态方程，则单站纯方位跟踪的极值函数可表示为

$$\Omega = \min(\boldsymbol{r}_{x_{k|k-1}}^{\mathrm{T}} \boldsymbol{P}_{k|k-1}^{-1} \boldsymbol{r}_{x_{k|k-1}} + \boldsymbol{r}_k^{\mathrm{T}} (\boldsymbol{A}_x R_k \boldsymbol{A}_x^{\mathrm{T}})^{-1} \boldsymbol{r}_k) \tag{6-51}$$

式中：$\boldsymbol{r}_{x_{k|k-1}} = \hat{\boldsymbol{x}}_{k|k} - \hat{\boldsymbol{x}}_{k|k-1}$ 为状态残差；$\boldsymbol{r}_k = \boldsymbol{A}_k \hat{\boldsymbol{x}}_{k|k}^{t} - b_k$ 为观测残差。式(6-51)可看做最小二乘-约束总体最小二乘(LS-CTLS)准则。由于非线性项 $(\boldsymbol{A}_x R_k \boldsymbol{A}_x^{\mathrm{T}})^{-1}$ 的存在，式(6-51)一般不存在闭合解，第 3 章所提方法则可看作对上式的数值近似方法。

考虑到测量残差 $r_k = \boldsymbol{A}_k \boldsymbol{x}_k^{\mathrm{p}} - b_k$ 既包含 $\boldsymbol{A}_k$ 中的误差，又包含 b_k 中的误差。于是，基于广义 M 估计的极值函数可构建为

$$\Omega = \min\left(\frac{1}{2} \boldsymbol{r}_{x_{k|k-1}}^{\mathrm{T}} \boldsymbol{P}_{k|k-1}^{-1} \boldsymbol{r}_{x_{k|k-1}} + (\boldsymbol{A}_x R_k \boldsymbol{A}_x^{\mathrm{T}})^{-1} \rho_m(e_{A_k^1}, e_{A_k^2}, e_{b_k})\right) \tag{6-52}$$

式中：$\rho_m(\cdot)$ 表示抗异常误差代价函数。对式(6-52)求导，得

$$\boldsymbol{P}_{k|k-1}^{-1} \boldsymbol{r}_{x_{k|k-1}} + (\boldsymbol{A}_x R_k \boldsymbol{A}_x^{\mathrm{T}})^{-1} \left[\left(\frac{\partial e_{A_k^1}}{\partial \boldsymbol{x}_k}\right) \varphi_1(e_{A_k^1}) + \left(\frac{\partial e_{A_k^2}}{\partial \boldsymbol{x}_k}\right) \varphi_2(e_{A_k^2}) + \left(\frac{\partial e_{b_k}}{\partial \boldsymbol{x}_k}\right) \varphi_3(e_{b_k})\right] = 0 \tag{6-53}$$

式中:$\varphi_i(\cdot)$为$\rho(\cdot)$的导数。为减小异常误差的影响,这里使$\varphi_i(\cdot)$为有界函数,于是,异常误差的影响也是有界的。同时考虑到$e_{A_{k,i}^1}$、$e_{A_{k,i}^2}$和$e_{b_{k,i}}$均来自测角误差e_k,令$\varphi_1(e_{A_k^1})=e_{A_k^1}w_b$,$\varphi_2(e_{A_k^2})=e_{A_k^2}w_b$,以及$\varphi_3(e_{b_k})=e_{b_k}w_b$,则式(6-53)可表示为

$$\boldsymbol{P}_{k|k-1}^{-1}\boldsymbol{r}_{x_{k|k-1}}+(\boldsymbol{A}_x\overline{w}_k^{-1}\boldsymbol{A}_x^{\mathrm{T}})^{-1}\left[\left(\frac{\partial e_{A_k^1}}{\partial \boldsymbol{x}_k}\right)e_{A_k^1}+\left(\frac{\partial e_{A_k^2}}{\partial \boldsymbol{x}_k}\right)e_{A_k^2}+\left(\frac{\partial e_{b_k}}{\partial \boldsymbol{x}_k}\right)e_{b_k}\right]=0 \tag{6-54}$$

式中:$\overline{w}_k=(R_k^z)^{-1}w_b$为等价权因子。

事实上,若令$\rho(e_{A_k^1},e_{A_k^2},e_{b_k})=0.5(e_{A_k^1}^2+e_{A_k^2}^2+e_{b_k}^2)$,抗差极值准则就退化为高斯极值准则。将其代入式(6-52),导数为

$$\boldsymbol{P}_{k|k-1}^{-1}\boldsymbol{r}_{x_{k|k-1}}+(\boldsymbol{A}_xR_k\boldsymbol{A}_x^{\mathrm{T}})^{-1}\left[\left(\frac{\partial e_{A_k^1}}{\partial \boldsymbol{x}_k}\right)e_{A_k^1}+\left(\frac{\partial e_{A_k^2}}{\partial \boldsymbol{x}_k}\right)e_{A_k^2}+\left(\frac{\partial e_{b_k}}{\partial \boldsymbol{x}_k}\right)e_{b_k}\right]=0 \tag{6-55}$$

式(6-54)和式(6-55)的区别仅仅是权函数不同。也就是说,只需将原始权替换为等价权,即可降低非线性滤波中异常误差的影响,这样就利用CTLS准则实现了广义M估计和CKF等确定采样滤波的结合。

经等价权函数修正后的新息协方差$\overline{\boldsymbol{P}}_{zz,k|k-1}$可表示为

$$\overline{\boldsymbol{P}}_{zz,k|k-1}=\sum_{j=1}^{m}w_j(\boldsymbol{z}_{k|k-1,j}^*-\hat{\boldsymbol{z}}_{k|k-1,j})(\boldsymbol{z}_{k|k-1,j}^*-\hat{\boldsymbol{z}}_{k|k-1,j})^{\mathrm{T}}+\overline{w}_k^{-1} \tag{6-56}$$

根据污染分布的定义,异常误差可看做来自于干扰分布的测量误差,其等价协方差为$\overline{w}_k^{-1}$。因此,估计状态和相应的协方差可表示为[161]

$$\hat{\boldsymbol{x}}_{k|k}=\hat{\boldsymbol{x}}_{k|k-1}+\overline{\boldsymbol{K}}_k(z_k-\hat{z}_{k|k-1}) \tag{6-57}$$

$$\boldsymbol{P}_{k|k}=\boldsymbol{P}_{k|k-1}-\overline{\boldsymbol{K}}_k\overline{\boldsymbol{P}}_{zz,k|k-1}\overline{\boldsymbol{K}}_k^{\mathrm{T}} \tag{6-58}$$

其中,等价卡尔曼增益为

$$\overline{\boldsymbol{K}}_k=\boldsymbol{P}_{xz,k|k-1}\overline{\boldsymbol{P}}_{zz,k|k-1}^{-1} \tag{6-59}$$

需要说明的是,与线性或非线性回归方法引入M估计相比,以上推导并没有进行线性化近似,并且没有改变原确定性采样滤波解的形式。因此,新方法保留了非确定性采样滤波非求导、精度高、稳定性好的优点,同时,抗差M估计的引入也使其能够有效地抵抗异常误差的干扰。

6.3.2 等价权函数设计

从上述讨论看出,得到抗差极值准则后,对测量异常误差的处理就转化为对等价权函数$\overline{w}_k$的设计。等价权函数通常包括两部分,测量数据信息区间划

分和各区间的权值。例如,Huber 权函数可表示为

$$\bar{w}_k = \begin{cases} \breve{w}_k & ,|r_k| < c_0 \\ \operatorname{sgn}(r_k)\dfrac{\breve{w}_k \cdot c_0}{r_k} & ,|r_k| \geqslant c_0 \end{cases} \tag{6-60}$$

Huber 函数是典型的两段权函数,即将测量数据分为正常数据和异常数据,当标准化残差超过临界值时,认为数据异常,并降低其权值[67,127]。但它有两个缺点:一是不能完全消除大异常误差的影响;二是临界值 c_0 的确定通常采用经验方法,不利于其在导航战等实际系统中的应用。

事实上,动态系统中测量残差不仅包括测量误差,还包括了预测误差和非线性误差,不利于异常误差的有效判别。于是,这里考虑标准化新息:

$$\boldsymbol{\tau}_k = (z_k - \hat{z}_{k|k-1}) / \boldsymbol{S}_{zz,k|k-1} \tag{6-61}$$

式中:$\boldsymbol{S}_{zz,k|k-1}$ 为新息协方差的均方根因子,即 $\boldsymbol{P}_{zz,k|k-1} = \boldsymbol{S}_{zz,k|k-1}\boldsymbol{S}_{zz,k|k-1}^{\mathrm{T}}$。于是,构建异常误差判别量:

$$\boldsymbol{\lambda}_k = (z_k - \hat{z}_{k|k-1})\boldsymbol{P}_{zz,k|k-1}^{-1}(z_k - \hat{z}_{k|k-1}) = \boldsymbol{\tau}_k^2 \tag{6-62}$$

$\boldsymbol{\lambda}_k$ 为真实测量 z_k 和预测测量 $\hat{z}_{k|k-1}$ 的 Mahalanobis 距离。Mahalanobis 距离提供了真实信息和预测信息的不一致性[162-163]。若过程噪声和测量噪声均服从高斯分布,则从统计意义上来看,预测测量 $\hat{z}_{k|k-1}$ 将会较为接近真实测量;否则,若存在测量异常,$\boldsymbol{\lambda}_k$ 也将变得异常。非线性的影响使得标准化新息的真实分布难以获得,因此,假定 $\boldsymbol{\tau}_k$ 近似服从高斯分布,于是,$\boldsymbol{\lambda}_k$ 服从自由度为 1 的卡方分布,即

$$\boldsymbol{\lambda}_k \sim \chi^2(1) \tag{6-63}$$

定义置信水平 α,于是,有

$$p(\boldsymbol{\lambda}_k > \gamma_\alpha) = 1 - \alpha \tag{6-64}$$

式中:$p(\cdot)$为求概率算子;γ_α 表示 α 分位点。

当异常误差出现时,异常误差判别量 $\boldsymbol{\lambda}_k$ 将会偏离χ^2 分布。也就是说,当 $1-\alpha$ 取值合适,若 $\boldsymbol{\lambda}_k > \gamma_\alpha$,则可将该时刻的测量当作异常数据。因此,判别临界值 γ_α 可通过置信水平和χ^2 分布表求得。

当异常误差出现且新息协方差受到等价权函数的修正后,新的误差判别量不应该超过 γ_α,否则,抗差方法就没有达到减小异常误差影响的效果,即有

$$\bar{\boldsymbol{\lambda}}_k = (z_k - \hat{z}_{k|k-1})\bar{\boldsymbol{P}}_{zz,k|k-1}^{-1}(z_k - \hat{z}_{k|k-1}) \leqslant \gamma_\alpha \tag{6-65}$$

将式(6-65)带入式(6-56),得到

$$\bar{w}_k^{-1} \geqslant \frac{\boldsymbol{\lambda}_k \boldsymbol{P}_{zz,k|k-1}}{\gamma_\alpha} - \boldsymbol{P}_{zz,k|k-1} + R_k \tag{6-66}$$

同时，当误差判别量大于某一临界值时，我们将其剔除，这样就消除了大异常误差对滤波的影响。因此，新的三段等价权函数可构建为

$$\overline{w}_k = \begin{cases} R_k^{-1} & ,\lambda_k < \gamma_\alpha \\ \left(\dfrac{\lambda_k \boldsymbol{P}_{zz,k|k-1}}{\gamma_\alpha} - \boldsymbol{P}_{zz,k|k-1} + R_k \right)^{-1} & ,\gamma_\alpha \leqslant \lambda_k < \gamma_\beta \\ 0 & ,\lambda_k \geqslant \gamma_\beta \end{cases} \tag{6-67}$$

与 Huber 函数相比，以上等价权函数利用χ^2 分布的 α 分位点来调整异常误差判别临界值，比经验取值更为合理。此外，当 $\boldsymbol{\lambda}_k$ 较大时，将权值归 0，能够有效消除大异常误差对滤波的影响。需要注意的是，当 $\overline{w}_k = 0$ 时，$\overline{\boldsymbol{P}}_{zz,k|k-1}$ 会趋近于无穷大，直接利用非线性滤波框架求解会导致滤波发散，于是，此时直接将预测状态和预测协方差作为本时刻滤波的输出结果，即

$$\hat{\boldsymbol{x}}_{k|k} = \hat{\boldsymbol{x}}_{k|k-1} \tag{6-68}$$

$$\boldsymbol{P}_{k|k} = \boldsymbol{P}_{k|k-1} \tag{6-69}$$

综上所述，以上方法的具体流程如图 6－1 所示。其中，滤波框架若为 CKF，则可以得到 GMCKF，当然，滤波框架也可以采用第 4 章所提方法或其他确定性采样滤波。

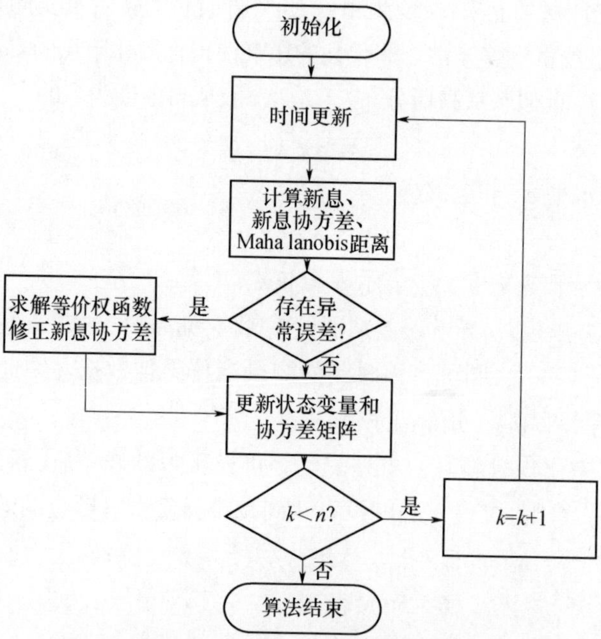

图 6－1　基于抗差 M 估计的单站纯方位跟踪方法

6.4 仿真分析

为比较算法的性能，首先设置仿真场景。假定目标做受加速度扰动的匀速直线运动，过程噪声功率谱密度 q 为 $4.63\times10^{-4}\mathrm{km}^2/\mathrm{min}^3$。为满足可观测性条件，假定单观测站从原点(0,0)出发进行机动，测量间隔 $\Delta=1\mathrm{min}$。

为保证比较的公平有效，设置相同的仿真初值。假定目标到观测站的初始真实距离为 d，则初始估计距离服从高斯分布，即 $\bar{d}\sim N(d,\sigma_d^2)$，其中，$d=10\mathrm{km}$，$\sigma_d=2\mathrm{km}$。设初始真实测量角度为 z_0，则初始估计角度服从高斯分布，即 $\bar{z}_0\sim N(z_0,\sigma_z^2)$，其中 $\tilde{z}_0=80°$，$\sigma_z=1.5°$。初始估计速度服从高斯分布，即 $\bar{s}\sim N(s,\sigma_s^2)$，其中目标初始真实速度大小为 $s=20\mathrm{km/h}$，$\sigma_s=3\mathrm{km/h}$。设目标初始真实运动方向为 c，则初始估计方向服从高斯分布，即 $\bar{c}\sim N(c,\sigma_c^2)$，其中，$c=-140°$，$\sigma_c=\pi/\sqrt{12}$。

比较 CKF、GMCKF 以及基于非线性回归的抗差无迹卡尔曼滤波方法（Novel Robust Unscented Kalman Filter, NRUKF）的性能[164]，并令 NRUKF 尺度因子 $\kappa=0$（UKF 中，若 $\kappa=0$，则其等价于 CKF）。GMCKF 中，$\alpha=95\%$，$\beta=99.5\%$。

仿真实验 1：无测量异常误差干扰。各算法的位置均方根误差和速度均方根误差分别如图 6－2 和图 6－3 所示。

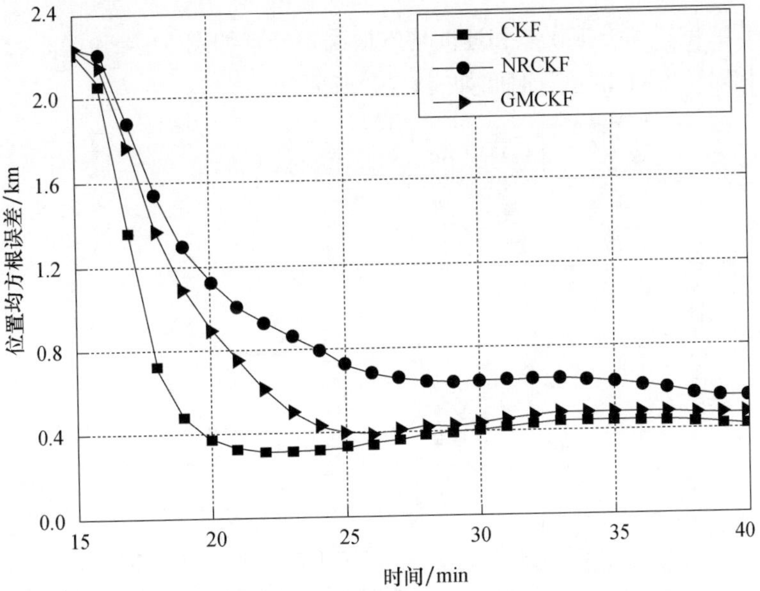

图 6－2 不存在异常误差时各算法 $\mathrm{RMSE}_{\mathrm{pos}}$ 比较

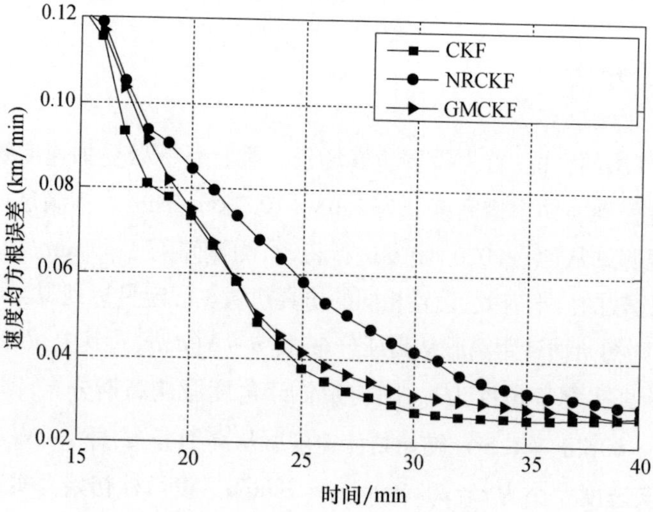

图 6－3　不存在异常误差时各方法 $RMSE_{vel}$ 比较

仿真实验 2:存在异常误差的干扰。异常误差设置如表 6－1 所列。

表 6－1　异常误差设置

时间/min	16	20	24	28	32
异常误差	$5\sigma_z$	$6\sigma_z$	$7\sigma_z$	$8\sigma_z$	$20\sigma_z$

各算法位置均方根误差和速度均方根误差分别如图 6－4 和图 6－5 所示。各算法相对于 CKF 的运算时间如表 6－2 所列。

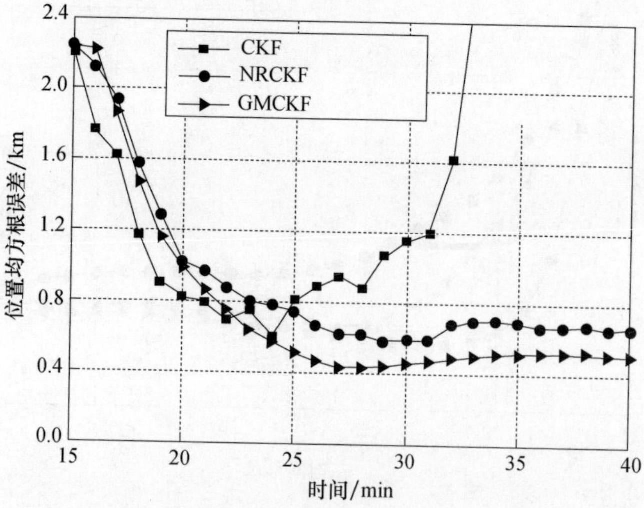

图 6－4　存在异常误差时各方法 $RMSE_{pos}$ 比较

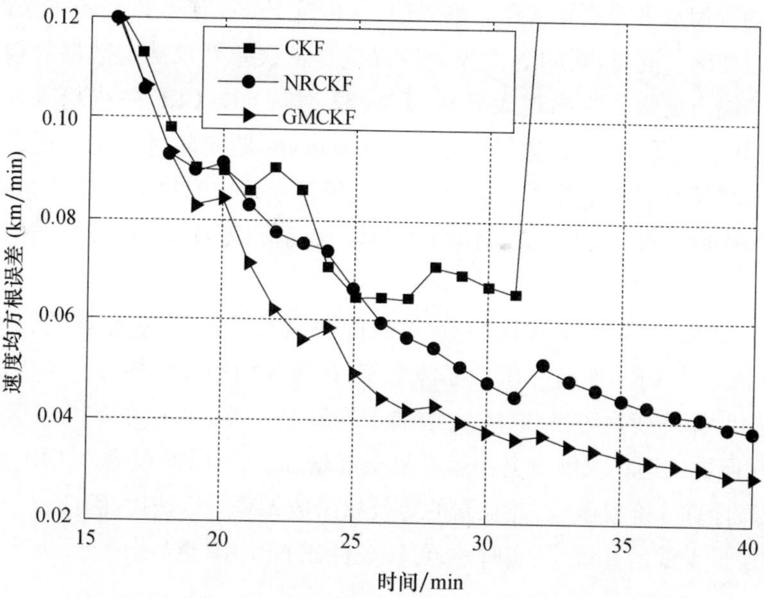

图 6－5　不存在异常误差时各方法 $RMSE_{vel}$ 比较

表 6－2　各算法相对运算时间

算法	CKF	NRUKF	GMCKF
相对运算时间	1	2. 34	1. 09

从以上仿真实验可以看出：

(1) 如图 6－2 和图 6－3 所示，不存在异常误差时，各算法能够随着测量次数的增加趋于收敛。抗异常误差方法(NRUKF，GMCKF)的性能不及 CKF，这是因为滤波过程中有效性和可靠性是一对矛盾，在同一滤波框架下，提高其可靠性也会牺牲其有效性。NRUKF 的性能明显低于 CKF，这是因为 NRUKF 利用统计线性化思想构建非线性回归方程，在引入抗差 M 估计的同时也降低了算法的精度。相比之下，GMCKF 和 CKF 曲线更为接近，这是因为本文利用约束总体最小二准则，在没有进行线性化近似的前提下将 CKF 和 M 估计结合，更充分地利用了 CKF 准确性高的优点。

(2) 如图 6－4 和图 6－5 所示，存在异常误差时，CKF 跟踪结果明显受到影响，而 NRUKF、GMCKF 则得到不同程度的改善。当出现离散小异常误差(16，20，24，28 时刻)时，GMCKF 位置和速度曲线最为平缓，这是由于所提方法以真实测量和预测测量的 Mahalanobis 距离作为判别异常误差的依据，并利用

χ^2 分布的置信水平确定异常误差临界值,比传统 Huber 函数以经验方法确定临界值更为准确。同时,新的等价权函数以抗异常误差效果确定数据的权值,抗异常误差能力更强。当出现大异常误差(32 时刻)时,CKF 曲线趋于发散,而 GMCKF 几乎没受到影响,这是由于当 Mahalanobis 距离超过一定值后,所提等价权函数将该时刻测量数据权值降为 0,大异常误差未对协方差矩阵造成不利影响。NRUKF 所采用的 Huber 函数为两段权函数,不能完全消除大异常误差的影响。

(3) 如表 6-2 所列,NRUKF 运算时间明显长于 CKF,这是因为,一方面,NRUKF 破坏了 UKF 原有非求导滤波框架,在构建回归方程的过程中需要进行求逆、迭代、矩阵变换等操作,大大增加了运算复杂度;另一方面,NRUKF 中对 Huber 权函数的迭代求解也会使运算复杂度增加。GMCKF 仅需在 CKF 求解框架下额外计算等价权函数,并且新的等价权函数无须进行迭代,因此,与 CKF 相比只增加了少量运算量,其实时性、可实现性比 NRUKF 更好。

6.5 本章小结

目标运动状态的切换、测量环境的恶劣多变等因素,会导致测量异常误差出现的概率大大增加,为减小其对运动目标跟踪的影响,本章提出了 GM-CKF 算法。与传统抗异常误差目标跟踪方法相比,本章所提算法在目标跟踪中具有以下优势。

(1) 在未进行线性化近似的前提下将确定性采样滤波和 M 估计结合,并且抗测量异常方法没有改变确定性采样滤波的求解框架,这使新算法依然具有无须求导、滤波精度高、数值稳定性好等优点。

(2) 等价权函数的构建中,一方面,采用 Mahalanobis 距离作为异常误差判别量,比传统 M 估计依据经验判别更加准确,并且无须已知异常误差的统计特性;另一方面,以抗异常误差效果构建的三段权函数能够更有效地减小各类异常误差的影响,并且无须进行迭代,提高了算法的实时性。

第7章　基于判决延迟策略的抗差自适应单站纯方位跟踪方法

第6章讨论了抗测量异常的目标跟踪方法，即在测量异常出现时，这些方法也能得到准确的结果。除了测量异常之外，目标运动状态的切换、环境的恶劣多变等因素还会导致模型异常误差的出现，这同样会造成目标跟踪失败。于是，本章讨论当模型异常误差和测量异常误差可能同时出现时，如何提高对运动目标跟踪的可靠性。

对于模型异常误差，目前常用的方法主要可以分为两类：输入估计方法和自适应方法。输入估计方法将未知输入作为扩展的状态向量对待，直接检测目标运动是否发生变化，并估计出未知变化的大小。自适应方法通过在估计过程中调整、更新先验信息来减小模型异常带来的影响，常见的方法有模型方差自适应补偿法、Sega - Husa 滤波方法、开窗逼近法、衰减记忆滤波法等。

本章引入自适应因子来调节模型信息和测量信息对跟踪的贡献，从而改善模型异常误差带来的影响。当测量异常误差和模型异常误差都可能出现时，传统方法通常需要模型和测量的冗余信息，但单站纯方位跟踪每时刻的可用信息较少，并不适用，为此，本章采用基于判决延迟策略的目标抗差自适应跟踪方法，当异常误差判别量超过阈值时，将滤波器分割为标准滤波器、抗差滤波器、自适应滤波器，分别对3个子滤波器进行预测和更新，并以估计协方差矩阵迹最小的滤波器作为本时刻的输出；下一时刻，利用反馈信息修正上时刻的输出，将异常误差判别量最小的子滤波器作为上时刻的输出滤波器，从而判别出异常误差的来源并减小其影响。

7.1　基于自适应因子的抗模型异常方法

7.1.1　抗模型异常误差准则

由于目标的非合作性，一方面，我们对目标运动状态不完全已知；另一方面，其运动状态很难用统一的模型加以描述，因此，在实际中，还需考虑模型异常给单站纯方位跟踪带来的影响[165-166]。

首先分析线性高斯系统的抗模型异常误差准则。将线性高斯的极值函数重写如下：

$$\Omega = \min(\boldsymbol{r}_{x_{k|k-1}}^{\mathrm{T}} \boldsymbol{P}_{k|k-1}^{-1} \boldsymbol{r}_{x_{k|k-1}} + \boldsymbol{r}_k^{\mathrm{T}} \boldsymbol{R}_k^{-1} \boldsymbol{r}_k) = \min\left(\sum_{i=1}^{n_x} \breve{\boldsymbol{r}}_{x_{k|k-1},i}^2 + \sum_{i=1}^{n_z} \boldsymbol{R}_{k,i}^{-1} r_{k,i}^2 \right) \tag{7-1}$$

对于模型异常误差，直接引入自适应因子调节模型信息和测量信息的贡献，于是，抗差自适应极值函数可以写为

$$\Omega = \min\left(\frac{1}{2} \mu_k \boldsymbol{r}_{x_{k|k-1}}^{\mathrm{T}} \boldsymbol{P}_{k|k-1}^{-1} \boldsymbol{r}_{x_{k|k-1}} + \sum_{i=1}^{n_z} \boldsymbol{R}_{k,i}^{-1} \rho(r_{k,i}) \right) \tag{7-2}$$

式中：μ_k 为自适应因子，且 $0 < \mu_k \leqslant 1$。然后，就可求得线性系统的抗差自适应解。需要说明的是，线性系统中，自适应因子的传递也是线性的，因此，可以利用卡尔曼滤波的性质，求得最优自适应因子，以实现对模型异常误差的有效改善。

对单站纯方位跟踪来讲，模型的不确定性也会使预测状态变得不可靠。也就是说，当模型异常误差存在时，传统方法低估了预测协方差的大小。于是，将自适应因子引入到预测协方差中，从而调节其大小，即

$$\overline{\boldsymbol{P}}_{k|k-1} = \frac{1}{\mu_k} \boldsymbol{P}_{k|k-1} \tag{7-3}$$

式中：$\overline{\boldsymbol{P}}_{k|k-1}$ 称为等价预测协方差矩阵，且有 $0 < \mu_k \leqslant 1$。

为了进一步提高滤波精度，可以使用多自适应因子，对状态向量的每一个元素进行修正。然而，自适应因子的数量受到测量维数的约束，对单站纯方位跟踪来讲，一方面，每一时刻仅有一个输入测量，可利用信息较少；另一方面，不同于线性系统，测量方程的非线性使得预测协方差的传播也是非线性的，于是，也难以求得最优自适应因子。

7.1.2 自适应容积卡尔曼滤波算法

采用 Huber 方法确定自适应因子 μ_k：

$$\mu_k = \begin{cases} 1 & , |\lambda_k| \leqslant \gamma_\alpha \\ \dfrac{\gamma_\alpha}{|\lambda_k|} & , |\lambda_k| > \gamma_\alpha \end{cases} \tag{7-4}$$

式中：λ_k 为预测测量和真实测量之间的 Mahalanobis 距离；γ_α 为 χ^2 分布的 α 分

位点。

以容积卡尔曼滤波框架为例，自适应容积卡尔曼滤波（Adaptive Cubature Kalman Filter，ACKF）跟踪方法可总结如下。

（1）时间更新为

$$\hat{\boldsymbol{x}}_{k|k-1} = \sum_{j=1}^{m} w_j \boldsymbol{X}_{j,k-1|k-1}^{*} \tag{7-5}$$

$$\overline{\boldsymbol{P}}_{k|k-1} = \frac{1}{\mu_k}\boldsymbol{P}_{k|k-1} = \frac{1}{\mu_k}\left(\frac{1}{2n_x}\sum_{j=1}^{2n} \boldsymbol{X}_{j,k-1|k-1}\boldsymbol{X}_{j,k-1|k-1}^{*,\mathrm{T}} - \hat{\boldsymbol{x}}_{k-1|k-1}\hat{\boldsymbol{x}}_{k|k-1}^{\mathrm{T}}\right) \tag{7-6}$$

式中：μ_k 由式(7－4)计算得出。

（2）测量更新为

$$\boldsymbol{x}_{k|k-1,j}^{*} = \overline{\boldsymbol{S}}_{k|k-1}\boldsymbol{\xi}_j + \hat{\boldsymbol{x}}_{k|k-1} \tag{7-7}$$

其中

$$\overline{\boldsymbol{P}}_{k|k-1} = \overline{\boldsymbol{S}}_{k|k-1}\overline{\boldsymbol{S}}_{k|k-1}^{\mathrm{T}}$$

$$\boldsymbol{z}_{k|k-1,j}^{*} = h(\boldsymbol{x}_{k|k-1,j}^{*}) \tag{7-8}$$

$$\hat{\boldsymbol{z}}_{k|k-1} = \frac{1}{2n_x}\sum_{j=1}^{2n_x} \boldsymbol{z}_{k|k-1,j}^{*} \tag{7-9}$$

$$\overline{\boldsymbol{K}}_k = \overline{\boldsymbol{P}}_{xz,k|k-1}\boldsymbol{P}_{zz,k|k-1}^{-1} \tag{7-10}$$

$$\boldsymbol{P}_{zz,k|k-1} = \frac{1}{2n_x}\sum_{j=1}^{2n_x} (\boldsymbol{z}_{k|k-1,j}^{*} - \hat{\boldsymbol{z}}_{k|k-1,j})(\boldsymbol{z}_{k|k-1,j}^{*} - \hat{\boldsymbol{z}}_{k|k-1,j})^{\mathrm{T}} + R_k \tag{7-11}$$

$$\overline{\boldsymbol{P}}_{xz,k|k-1} = \frac{1}{2n_x}\sum_{j=1}^{2n_x} (\hat{\boldsymbol{x}}_{k|k-1} - \boldsymbol{x}_{k|k-1,j}^{*})(\hat{\boldsymbol{z}}_{k|k-1} - \boldsymbol{z}_{k|k-1,j}^{*})^{\mathrm{T}} \tag{7-12}$$

于是，有

$$\hat{\boldsymbol{x}}_{k|k} = \hat{\boldsymbol{x}}_{k|k-1} + \overline{\boldsymbol{K}}_k(\boldsymbol{z}_k - \hat{\boldsymbol{z}}_{k|k-1}) \tag{7-13}$$

$$\boldsymbol{P}_{k|k} = \boldsymbol{P}_{k|k-1} - \overline{\boldsymbol{K}}_k\boldsymbol{P}_{zz,k|k-1}\overline{\boldsymbol{K}}_k^{\mathrm{T}} \tag{7-14}$$

从上述分析可以看出，自适应因子平衡了模型信息和测量信息之间的贡献，当出现模型异常时，自适应因子减小，从而增大预测协方差。等价预测协方差经非线性测量方程传播后，使互协方差 $\overline{\boldsymbol{P}}_{xz,k|k-1}$ 增大，从而减少模型信息的贡献，进而减小模型异常误差带来的影响。

7.2 基于判决延迟策略的抗差自适应单站纯方位跟踪方法

7.2.1 判决延迟策略

由于目标的非合作性，模型异常和测量异常都有可能出现。比较抗测量异常误差方法和抗模型异常误差方法，我们发现处理模型异常和抗测量异常是一个相对立的过程。当出现测量异常误差，抗差方法减小受污染测量值的权值，这时，模型信息将会对滤波贡献更多。相反，如果出现模型异常，自适应方法能够增大预测协方差的大小，这时，测量信息将会对滤波贡献更多。然而，对单站纯方位跟踪问题来讲，每一个时刻仅有一个测量角度。也就是说，难以判断异常究竟来自模型还是测量[167]。

为了解决模型异常和测量异常都可能出现的情况，这里采用一种判决延迟策略。当 k 时刻的异常误差判别量 λ_k 超过判决门限 γ_α，将滤波器分割为 3 个子滤波器：抗差滤波器 GMCKF、自适应滤波器 ACKF 和标准滤波器 CKF（为了和文献中方法进行比较，这里均以 CKF 为基本框架），分别记为 A、B、C。分别将 3 个子滤波器进行更新，在 $k+1$ 时刻，若 $\lambda_{k+1,\mathrm{A}}=\min(\lambda_{k+1,\mathrm{A}},\lambda_{k+1,\mathrm{B}},\lambda_{k+1,\mathrm{C}})$，为 k 时刻选择 GMCKF 滤波器；若 $\lambda_{k+1,\mathrm{B}}=\min(\lambda_{k+1,\mathrm{A}},\lambda_{k+1,\mathrm{B}},\lambda_{k+1,\mathrm{C}})$，则选择 ACKF；同理，若 $\lambda_{k+1,\mathrm{C}}=\min(\lambda_{k+1,\mathrm{A}},\lambda_{k+1,\mathrm{B}},\lambda_{k+1,\mathrm{C}})$，则选择 CKF。判决延迟策略如图 7-1 所示。

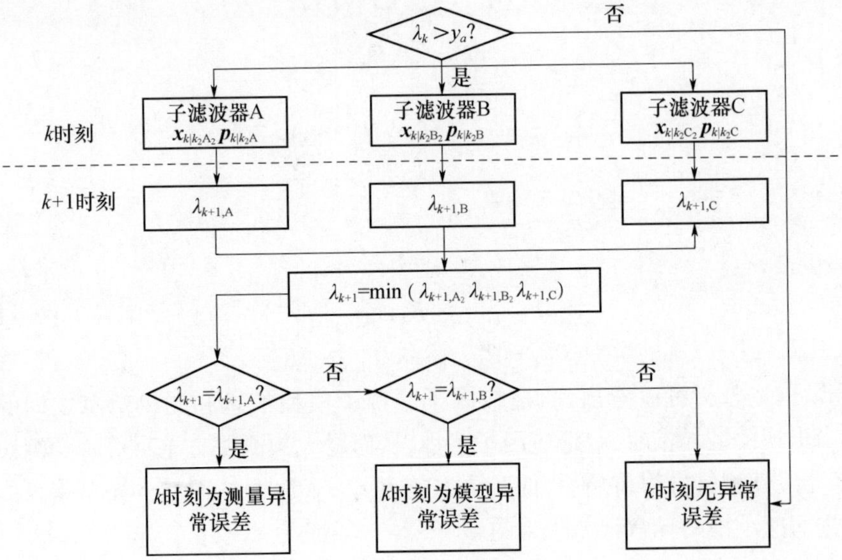

图 7-1　判决延迟策略

由图 7-1 所示，$\lambda_k>\gamma_\alpha$ 意味着 k 时刻的预测信息和测量信息相差较大，可能出现了测量异常误差或预测异常误差。由于无法从单个测量角度得知异常误差的来源，于是，将其分割为 3 个子滤波器并分别进行更新。在下一时刻，选择最小判别量 λ_{k+1} 对应的子滤波器，这是因为在 $k+1$ 时刻该子滤波器对应的预测信息最为接近新的测量信息。这样，就利用了反馈信息判断出 k 时刻异常误差的来源，并选择了合适的方法减小异常误差的影响。此外，由于 Mahalanobis 距离既涉及观测模型，也涉及动力学模型，在观测量不足的情况下，利用其判别异常误差可能会产生误判，而判决延迟策略有效降低了这一风险。

7.2.2　跟踪算法设计与实现

结合 7.2.1 节中的判决延迟策略、7.1 节中的自适应目标跟踪方法以及第 6 章的抗测量异常目标跟踪方法，得到基于判决延迟策略的抗差自适应容积卡尔曼滤波算法（Judgement - delay Based Adaptively Robust Cubature Kalman Filter，JDAR - CKF）。将 JDAR - CKF 总结如下。

（1）初始化。计算滤波初值 $\boldsymbol{x}_0$、$\boldsymbol{P}_0$，记 k 时刻异常标识为 flag(k)，并令 flag(0) = 0。

（2）时间更新为

$$\hat{\boldsymbol{x}}_{k|k-1} = \frac{1}{2n_x}\sum_{j=1}^{2n_x}\boldsymbol{X}^*_{j,k-1|k-1} \tag{7-15}$$

$$\boldsymbol{P}_{k|k-1} = \frac{1}{2n_x}\sum_{j=1}^{2n}\boldsymbol{X}_{j,k-1|k-1}\boldsymbol{X}^{*,\mathrm{T}}_{j,k-1|k-1} - \hat{\boldsymbol{x}}_{k-1|k-1}\hat{\boldsymbol{x}}^{\mathrm{T}}_{k|k-1} \tag{7-16}$$

（3）测量更新为

$$\boldsymbol{x}^*_{k|k-1,j} = \boldsymbol{S}_{k|k-1}\boldsymbol{\xi}_j + \hat{\boldsymbol{x}}_{k|k-1} \tag{7-17}$$

其中

$$\boldsymbol{P}_{k|k-1} = \boldsymbol{S}_{k|k-1}\boldsymbol{S}^{\mathrm{T}}_{k|k-1}$$

$$\boldsymbol{z}^*_{k|k-1,j} = h(\boldsymbol{x}^*_{k|k-1,j}) \tag{7-18}$$

$$\hat{\boldsymbol{z}}_{k|k-1} = \frac{1}{2n_x}\sum_{j=1}^{2n_x}\boldsymbol{z}^*_{k|k-1,j} \tag{7-19}$$

$$\boldsymbol{P}_{zz,k|k-1} = \frac{1}{2n_x}\sum_{j=1}^{2n_x}(\boldsymbol{z}^*_{k|k-1,j} - \hat{\boldsymbol{z}}_{k|k-1,j})(\boldsymbol{z}^*_{k|k-1,j} - \hat{\boldsymbol{z}}_{k|k-1,j})^{\mathrm{T}} + R_k \tag{7-20}$$

$$\boldsymbol{P}_{xz,k|k-1} = \frac{1}{2n_x}\sum_{j=1}^{2n_x}(\hat{\boldsymbol{x}}_{k|k-1} - \boldsymbol{x}^*_{k|k-1,j})(\hat{\boldsymbol{z}}_{k|k-1} - \boldsymbol{z}^*_{k|k-1,j})^{\mathrm{T}} \tag{7-21}$$

（4）异常误差判别。计算异常误差判别量为

$$\boldsymbol{\lambda}_k = (\boldsymbol{z}_k - \hat{\boldsymbol{z}}_{k|k-1})\boldsymbol{P}^{-1}_{zz,k|k-1}(\boldsymbol{z}_k - \hat{\boldsymbol{z}}_{k|k-1}) \tag{7-22}$$

若 $\boldsymbol{\lambda}_k < \gamma_\alpha$，则 flag($k$) = 0，且

$$\hat{\boldsymbol{x}}_{k|k} = \hat{\boldsymbol{x}}_{k|k-1} + \boldsymbol{K}_k(\boldsymbol{z}_k - \hat{\boldsymbol{z}}_{k|k-1}) \tag{7-23}$$

$$\boldsymbol{P}_{k|k}=\boldsymbol{P}_{k|k-1}-\boldsymbol{K}_k\boldsymbol{P}_{zz,k|k-1}\boldsymbol{K}_k^{\mathrm{T}} \tag{7-24}$$

其中

$$\boldsymbol{K}_k=\boldsymbol{P}_{xz,k|k-1}\boldsymbol{P}_{zz,k|k-1}^{-1} \tag{7-25}$$

$$\boldsymbol{P}_{xz,k|k-1}=\frac{1}{2n_x}\sum_{j=1}^{2n_x}(\hat{\boldsymbol{x}}_{k|k-1}-\boldsymbol{x}_{k|k-1,j}^{*})(\hat{z}_{k|k-1}-\boldsymbol{z}_{k|k-1,j}^{*})^{\mathrm{T}} \tag{7-26}$$

若 $\boldsymbol{\lambda}_k\geqslant\gamma_\alpha$，则 $\mathrm{flag}(k)=1$，将滤波器分为子滤波器 A、B、C 并同时进行测量更新：

子滤波器 A：GMCKF，更新过程见第 6 章，求得 $\hat{\boldsymbol{x}}_{k|k,A}$、$\boldsymbol{P}_{k|k,A}$；

子滤波器 B：ACKF，更新过程见式(7-4)和式(7-6)～式(7-14)，求得 $\hat{\boldsymbol{x}}_{k|k,B}$、$\boldsymbol{P}_{k|k,B}$；

子滤波器 C：CKF，更新过程见式(7-23)～式(7-24)，求得 $\hat{\boldsymbol{x}}_{k|k,C}$、$\boldsymbol{P}_{k|k,C}$。

为了保证 k 时刻输出的唯一性，这里先将估计协方差迹最小的子滤波器作为 k 时刻的输出子滤波器。

(5) 子滤波器选择。依据式(7-15)～式(7-22)求得 $k+1$ 时刻 3 个子滤波器的异常误差判别量 $\boldsymbol{\lambda}_{k+1,\mathrm{A}}$、$\boldsymbol{\lambda}_{k+1,\mathrm{B}}$、$\boldsymbol{\lambda}_{k+1,\mathrm{C}}$，于是，有

$$\boldsymbol{\lambda}_{k+1}=\min(\boldsymbol{\lambda}_{k+1,\mathrm{A}},\boldsymbol{\lambda}_{k+1,\mathrm{B}},\boldsymbol{\lambda}_{k+1,\mathrm{C}}) \tag{7-27}$$

并对 k 时刻的输出子滤波器进行修正，即选择最小 $\boldsymbol{\lambda}_{k+1}$ 对应子滤波器作为 k 时刻为输出结果：

$$\hat{\boldsymbol{x}}_{k|k}=\hat{\boldsymbol{x}}_{k|k,l} \tag{7-28}$$

$$\boldsymbol{P}_{k|k}=\boldsymbol{P}_{k|k,l} \tag{7-29}$$

式中：l 为所选子滤波器相应的标号。于是，就利用反馈信息判别并减小了异常误差的影响。

除此之外，由于标准 CKF 也是候选子滤波器，判决延迟策略还可以有效减小对异常误差的误判率，进一步提高滤波性能。JDAR-CKF 流程图如图 7-2 所示。

7.3 仿真分析

7.3.1 场景和参数设置

本节测试当测量异常误差和模型异常误差均可能出现时所提抗差自适应方法的性能。以 7.2 节方法 JDAR-CKF 与 CKF、ACKF、GMCKF 以及抗差自适

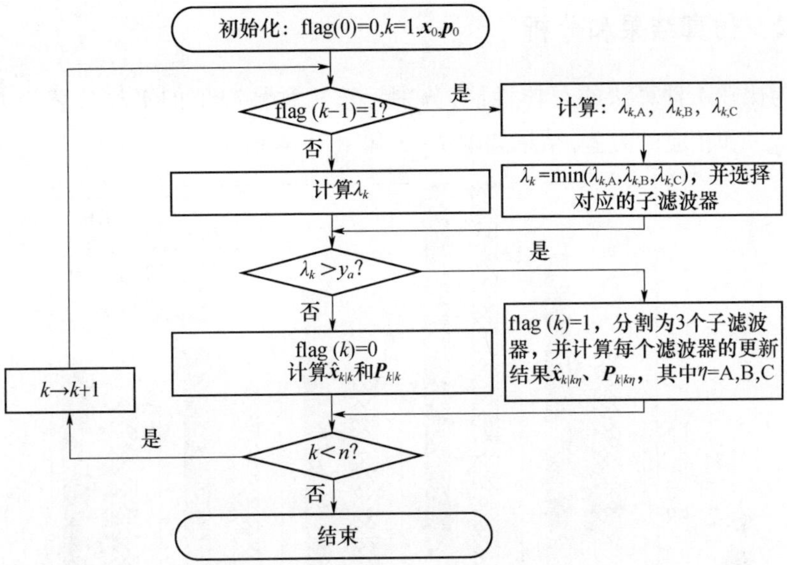

图 7-2　JDAR-CKF 示意图

应无迹卡尔曼滤波算法(Adaptively Robust Unscented Kalman Filter,ARUKF)进行比较。其中,ARUKF 的尺度因子 $\kappa=0$。

为了比较算法在不同场景下的性能,这里考虑 4 种情况。

场景 1:无异常误差存在。

场景 2:在 20、25、30、35 时刻存在测量异常误差,其真实大小为 $6\sigma_z$。

场景 3:在 25 时刻存在模型异常误差,其功率谱密度为 $100q$。

场景 4:模型异常和测量异常均存在。测量异常误差出现在 20、35 时刻,其真实大小为 $6\sigma_z$。模型异常误差出现在 25 时刻,其功率谱密度为 $100q$。

假定目标做受加速度扰动的匀速直线运动,过程噪声功率谱密度 q 为 $4.63\times10^{-4}\text{km}^2/\text{min}^3$。为满足可观测性条件,假定单观测站从原点(0,0)出发进行机动,测量间隔 $\Delta=1\text{min}$。假定目标到观测站的初始真实距离为 d,则初始估计距离服从高斯分布,即 $\bar{d}\sim N(d,\sigma_d^2)$,其中,$d=10\text{km}$,$\sigma_d=2\text{km}$。设初始真实测量角度为 z_0,则初始估计角度服从高斯分布,即 $\bar{z}_0\sim N(z_0,\sigma_z^2)$,其中 $\tilde{z}_0=80°$,$\sigma_z=1.5°$。初始估计速度服从高斯分布,即 $\bar{s}\sim N(s,\sigma_s^2)$,其中目标初始真实速度大小为 $s=20\text{km/h}$,$\sigma_s=3\text{km/h}$。设目标初始真实运动方向为 c,则初始估计方向服从高斯分布,即 $\bar{c}\sim N(c,\sigma_c^2)$,其中,$c=-140°$,$\sigma_c=\pi/\sqrt{12}$。

7.3.2 仿真结果和分析

为比较4种算法的总体性能，分别计算4种情况下的平均位置均方误差(MSE_{pos})和相应的方差，结果如图7－3和图7－4所示。

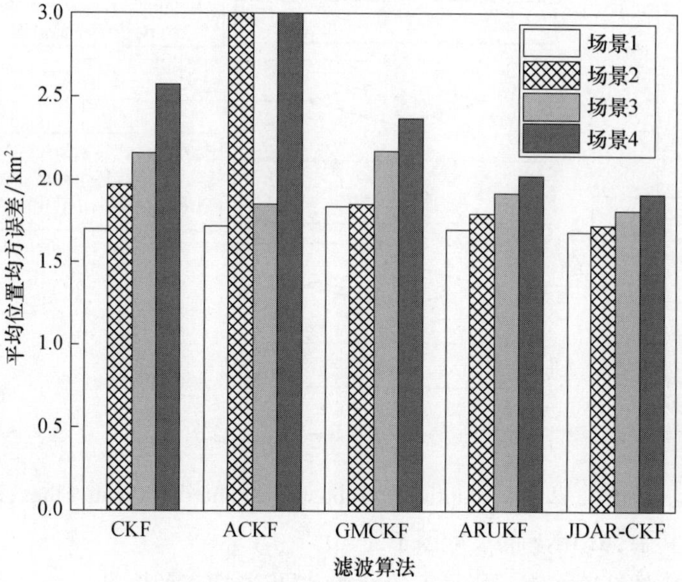

图7－3 各算法不同情况下平均位置均方误差比较

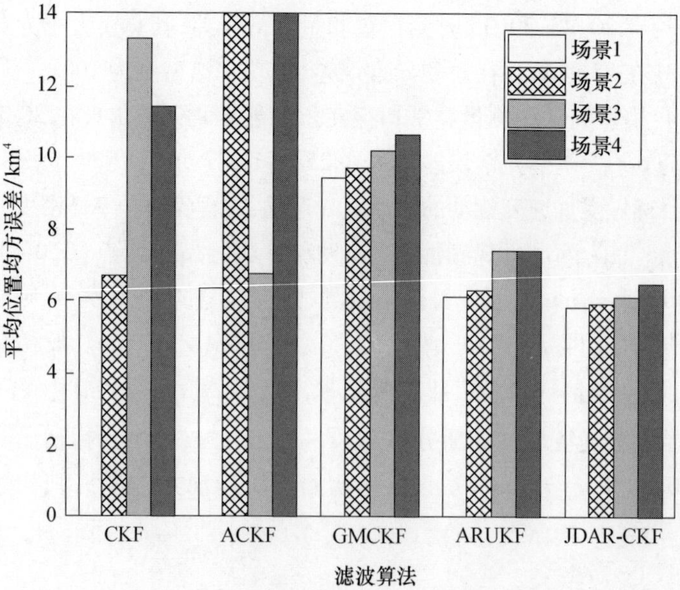

图7－4 各算法不同情况下平均位置均方误差的方差比较

不同情况下各算法平均位置均方误差计算结果如表7－1和表7－2所列。

表7－1　各算法平均 MSE_{pos} 比较

	场景1	场景2	场景3	场景4
MSE_{pos}(CKF)/km^2	1.70	1.97	2.15	2.57
MSE_{pos}(ACKF)/km^2	1.73	13.6	1.85	13.1
MSE_{pos}(GMCKF)/km^2	1.75	1.81	2.19	2.37
MSE_{pos}(ARUKF)/km^2	1.72	1.86	1.92	2.02
MSE_{pos}(JDAR－CKF)/km^2	1.68	1.73	1.81	1.91

表7－2　各算法平均 MSE_{pos} 方差比较

	场景1	场景2	场景3	场景4
MSE_{pos}方差(CKF)/km^4	6.08	6.68	13.3	11.34
MSE_{pos}方差(ACKF)/km^4	6.39	199	6.76	443
MSE_{pos}方差(GMCKF)/km^4	7.46	7.73	10.21	10.60
MSE_{pos}方差(ARUKF)/km^4	6.11	6.32	7.44	7.38
MSE_{pos}方差(JDAR－CKF)/km^4	5.86	5.95	6.14	6.49

从以上仿真中可以看出：

(1) 如图7－3所示和表7－1所列，当不存在异常误差(场景1)时，CKF性能优于GMCKF、ACKF和ARUKF。这是因为GMCKF、ACKF和ARUKF在提高算法可靠性的前提下，不同程度地牺牲了算法的有效性。此外，环境的非线性也会增加对正常数据的误判率，可能使GMCKF、ACKF和ARUKF降低优质数据的权值，进而降低其性能。在这一场景下，所提JDAR－CKF性能优于CKF，这是因为虽然CKF没有抗异常误差机制降低其有效性，但其不一定在每一时刻的性能都是最优的，而JDAR－CKF在利用测量信息提高跟踪可靠性的基础上，还能够根据判决延迟策略带来的反馈信息选择出每一时刻的最佳子滤波器，因此总体性能最优。

(2) 当出现测量异常误差时(场景2)，由于没有抗异常误差机制，CKF性能明显减低，结果变得不可靠。ACKF跟踪结果严重偏离真实情况，这是因为ACKF错误地将模型信息权值降低，使滤波性能更加恶化。GMCKF、ARUKF和JDAR－CKF能够利用M估计原理降低测量异常误差的权值，改善了CKF的性能。当模型异常误差(场景3)出现时，ACKF和JDAR－CKF中的自适应因子可以改善受模型异常影响的预测协方差，因此性能更好。然而，GMCKF将模型异常误差错误地判断为测量异常误差,因此其性能低于 CKF。

(3) 当测量异常误差和模型异常误差都可能存在时(场景 4),ARUKF 在出现异常的时刻利用新息强制正交的方法将模型异常误差和测量异常误差同时处理。JDAR - CKF 则首先计算预测测量和真实测量的 Mahalanobis 距离,并利用判决延迟策略判断异常误差的来源(模型或测量),然后选择合适的方法进行滤波。该方法对于不同类型的异常误差有针对性地进行处理,因此其性能优于 ARUKF。ACKF 和 GMCKF 没有得到准确的跟踪结果,这是因为它们将模型和测量异常错误地当作同一种异常误差,其仅能够处理一种类型的异常误差。此外,从图中还可以看出,JDAR - CKF 在不同情况下性能均优于其他算法,这说明 JDAR - CKF 可以更为有效地处理模型异常和测量异常带来的影响。

(4) 如图 7 - 4 所示和表 7 - 2 所列,不同情况下,CKF、ACKF、GMCKF、ARUKF 的位置均方误差的方差差别较大,而 JDAR - CKF 的位置均方误差的方差差别较小,这意味着 JDAR - CKF 具有更好的滤波稳定性。

7.4 本章小结

复杂环境影响、目标状态信息的不确定性等因素,会导致测量和模型异常误差出现的概率大大增加。由于单站纯方位跟踪系统每时刻提供的信息较少,为减小测量和模型异常误差对运动目标跟踪的影响,本章提出了 JDAR - CKF 算法,采取判决延迟策略能够利用反馈信息有效判别异常误差来源并减小其影响,并且反馈信息能够减小对数据的误判率,与传统抗差自适应方法相比,具有精度高、抗异常误差能力强、累计误差小等优点,实现了对运动目标跟踪有效性和可靠性的统一。

仿真实验比较了 4 种情况下(无异常误差、只存在测量异常误差、只存在模型异常误差、模型和测量异常误差均存在)各方法的性能,结果表明,JDAR - CKF 在不同情况下的性能均优于传统方法,在恶劣环境下具有更强的鲁棒性。

第8章 威胁约束下的单观测站机动策略

观测站是纯方位跟踪系统滤波方法的观测值来源,其观测数据直接决定了目标状态估计精度的优劣。对于单站纯方位跟踪而言,观测站与目标相对静止、观测站与目标的相对运动方向在两者连线上、观测站与目标的运动方程阶数相同等情况均不一定能够实现目标跟踪。从系统可观测性(或能观性)的角度,出现上述情况的原因是观测站的观测值未能反映系统内部状态,即系统非完全可观测;从观测信息的角度,上述情况是由于观测值未能得到实现目标定位和跟踪所需的目标信息。一般情况下,系统可观测性可以通过观测平台进行控制或改善。

从实际纯方位跟踪应用场景出发,一方面,观测站需进行机动以保证其处于有利观测位置,获取有效的观测信息,即通过实施以目标信息收益为主导的观测站机动,以增强信息对系统状态估计的作用;另一方面,由于实际对抗的复杂性,我方观测站对敌实施目标跟踪的环境中可能存在各类敌方威胁,因此对我方观测站机动形成了运动空间约束。

本章研究威胁约束的情况下的观测站机动策略。在分析纯方位跟踪系统可观测性和研究无约束条件下单观测站机动优化准则的基础上,一方面,同时考虑各类威胁和单观测站机动的精度增益,给出一种单观测站路径选择方法;另一方面,通过构建 Fisher 信息矩阵与威胁空间约束的整体代价函数,给出一种基于目标信息收益的机动决策方法。

8.1 基于观测站机动的纯方位跟踪系统可观测性分析

纯方位跟踪的可观测性和目标-观测站相对位置、相对运动状态等直接相关[168]。目前,观测站的某些机动模式已被证明无法提高系统的可观测性。现对部分观测站机动模式对纯方位跟踪系统可观测性的影响进行分析,为观测站机动决策方法提供参考。

设观测站与目标的位置关系为

$$\boldsymbol{p}_k^{\mathrm{r}} = \boldsymbol{p}_k^{\mathrm{o}} + \boldsymbol{s}_k^{\mathrm{r}} \tag{8-1}$$

式中：$\boldsymbol{p}_k^{\mathrm{o}}$ 为观测站位置；$\boldsymbol{s}_k^{\mathrm{r}}$ 为观测站到目标的矢量。设 $\boldsymbol{u}_k^{\mathrm{s}}$ 为单位向量，正交于 $\boldsymbol{s}_k^{\mathrm{r}}$，即 $\boldsymbol{u}_k^{\mathrm{s}} = [-\cos\theta_k \quad \sin\theta_k]^{\mathrm{T}}$，用 $(\boldsymbol{u}_k^{\mathrm{s}})^{\mathrm{T}}$ 乘上式等号两边，可得

$$(\boldsymbol{u}_k^{\mathrm{s}})^{\mathrm{T}}\boldsymbol{p}_k^{\mathrm{r}} = (\boldsymbol{u}_k^{\mathrm{s}})^{\mathrm{T}}\boldsymbol{p}_k^{\mathrm{o}} \tag{8-2}$$

若观测站按照匀加速直线运动，可表示为

$$\boldsymbol{p}_k^{\mathrm{o}} = \boldsymbol{p}_0^{\mathrm{o}} + \boldsymbol{v}_0^{\mathrm{o}}k + \frac{k^2}{2}\boldsymbol{a}_0^{\mathrm{o}} \tag{8-3}$$

式中：$\boldsymbol{v}_0^{\mathrm{o}}$ 为初始时刻的速度；$\boldsymbol{a}_0^{\mathrm{o}}$ 为初始时刻的加速度（保持不变）。

同理，目标按照匀加速直线运动，可表示为

$$\boldsymbol{p}_k^{\mathrm{s}} = \boldsymbol{p}_0^{\mathrm{s}} + \boldsymbol{v}_0^{\mathrm{s}}k + \frac{k^2}{2}\boldsymbol{a}_0^{\mathrm{s}} \tag{8-4}$$

将式(8-3)和式(8-4)代入式(8-2)，可得

$$(\boldsymbol{u}_k^{\mathrm{s}})^{\mathrm{T}}\left[\boldsymbol{I} \quad k\boldsymbol{I} \quad \frac{k^2\boldsymbol{I}}{2}\right]\begin{bmatrix}\boldsymbol{p}_0^{\mathrm{s}} \\ \boldsymbol{v}_{k-1}^{\mathrm{s}} \\ \boldsymbol{a}_0^{\mathrm{s}}\end{bmatrix} = (\boldsymbol{u}_k^{\mathrm{s}})^{\mathrm{T}}\left[\boldsymbol{I} \quad k\boldsymbol{I} \quad \frac{k^2\boldsymbol{I}}{2}\right]\begin{bmatrix}\boldsymbol{p}_0^{\mathrm{o}} \\ \boldsymbol{v}_{k-1}^{\mathrm{o}} \\ \boldsymbol{a}_0^{\mathrm{o}}\end{bmatrix} \tag{8-5}$$

式中：$\boldsymbol{I}$ 表示单位矩阵。

定理 8.1 在二维坐标系中，当观测站与目标的运动模式均为匀加速直线运动时，纯方位目标跟踪系统不能同时计算相对距离、目标速度和加速度的唯一解。

证明：由式(8-5)可得

$$(\boldsymbol{u}_k^{\mathrm{s}})^{\mathrm{T}}\left[\boldsymbol{I} \quad k\boldsymbol{I} \quad \frac{k^2\boldsymbol{I}}{2}\right]\begin{bmatrix}\boldsymbol{p}_0^{\mathrm{s}} - \boldsymbol{p}_0^{\mathrm{o}} \\ \boldsymbol{v}_{k-1}^{\mathrm{s}} - \boldsymbol{v}_{k-1}^{\mathrm{o}} \\ \boldsymbol{a}_0^{\mathrm{s}} - \boldsymbol{a}_0^{\mathrm{o}}\end{bmatrix} = 0 \tag{8-6}$$

取 $k = 1, 2, \cdots$，可得齐次方程组

$$\boldsymbol{A}_s\boldsymbol{X}_s = 0 \tag{8-7}$$

式中：$\boldsymbol{X}_s = [\boldsymbol{p}_0^{\mathrm{s}} - \boldsymbol{p}_0^{\mathrm{o}} \quad \boldsymbol{v}_{k-1}^{\mathrm{s}} - \boldsymbol{v}_{k-1}^{\mathrm{o}} \quad \boldsymbol{a}_0^{\mathrm{s}} - \boldsymbol{a}_0^{\mathrm{o}}]^{\mathrm{T}}$。若方程组只有零解，则式(8-7)存在唯一解。但 $\boldsymbol{p}_0^{\mathrm{s}} \neq \boldsymbol{p}_0^{\mathrm{o}}$，因此式(8-7)存在多解，无法确定参数的唯一解，纯方位跟踪系统不可观测。

证毕。

设 r_k 为目标与观测站之间的相对距离，则

$$\boldsymbol{p}_0^{\mathrm{r}} = r_k[\sin\theta_0 \quad \cos\theta_0]^{\mathrm{T}} \tag{8-8}$$

将式(8-8)代入式(8-6)可得

$$k(\boldsymbol{u}_k^{\mathrm{s}})^{\mathrm{T}}\begin{bmatrix}\boldsymbol{I} & \dfrac{k^2\boldsymbol{I}}{2}\end{bmatrix}\begin{bmatrix}\dfrac{\boldsymbol{v}_{k-1}^{\mathrm{s}}-\boldsymbol{v}_{k-1}^{\mathrm{o}}}{r_0}\\ \dfrac{\boldsymbol{a}_0^{\mathrm{s}}-\boldsymbol{a}_0^{\mathrm{o}}}{r_0}\end{bmatrix}=-(\boldsymbol{u}_k^{\mathrm{s}})^{\mathrm{T}}\begin{bmatrix}\sin\theta_0\\ \cos\theta_0\end{bmatrix} \tag{8-9}$$

取 $k=1,2,\cdots,N$,可得方程组

$$\boldsymbol{G}_s\boldsymbol{Y}_s=\boldsymbol{B}_s \tag{8-10}$$

其中

$$\boldsymbol{G}_s=[k_1\quad\cdots\quad k_N]^{\mathrm{T}}(\boldsymbol{u}_k^{\mathrm{s}})^{\mathrm{T}}\begin{bmatrix}\boldsymbol{I} & \dfrac{k^2\boldsymbol{I}}{2}\end{bmatrix},\boldsymbol{Y}_s=\begin{bmatrix}\dfrac{\boldsymbol{v}_{k-1}^{\mathrm{s}}-\boldsymbol{v}_{k-1}^{\mathrm{o}}}{r_0}\\ \dfrac{\boldsymbol{a}_0^{\mathrm{s}}-\boldsymbol{a}_0^{\mathrm{o}}}{r_0}\end{bmatrix},\boldsymbol{B}_s=\begin{bmatrix}\sin(\theta_1-\theta_0)\\ \cdots\\ \sin(\theta_N-\theta_0)\end{bmatrix}$$

上式两边同时左乘 $\boldsymbol{G}_s^{\mathrm{T}}$,可得

$$\boldsymbol{G}_s^{\mathrm{T}}\boldsymbol{G}_s\boldsymbol{Y}_s=\boldsymbol{G}_s^{\mathrm{T}}\boldsymbol{B}_s \tag{8-11}$$

令 $\boldsymbol{M}_s=\boldsymbol{G}_s^{\mathrm{T}}\boldsymbol{G}_s$,可得

$$\boldsymbol{M}_s=\begin{bmatrix}\sum\limits_{i=1}^{N}k_i^2\boldsymbol{u}_k^{\mathrm{s}}(\boldsymbol{u}_k^{\mathrm{s}})^{\mathrm{T}} & \dfrac{1}{2}\sum\limits_{i=1}^{N}k_i^3\boldsymbol{u}_k^{\mathrm{s}}(\boldsymbol{u}_k^{\mathrm{s}})^{\mathrm{T}}\\ \dfrac{1}{2}\sum\limits_{i=1}^{N}k_i^3\boldsymbol{u}_k^{\mathrm{s}}(\boldsymbol{u}_k^{\mathrm{s}})^{\mathrm{T}} & \dfrac{1}{4}\sum\limits_{i=1}^{N}k_i^4\boldsymbol{u}_k^{\mathrm{s}}(\boldsymbol{u}_k^{\mathrm{s}})^{\mathrm{T}}\end{bmatrix}$$

$$\boldsymbol{G}_s^{\mathrm{T}}\boldsymbol{B}_s=-\begin{bmatrix}\sum\limits_{i=1}^{N}k_i(\boldsymbol{u}_k^{\mathrm{s}})^{\mathrm{T}}\sin(\theta_i-\theta_0)\\ \dfrac{1}{2}\sum\limits_{i=1}^{N}k_i^2(\boldsymbol{u}_k^{\mathrm{s}})^{\mathrm{T}}\sin(\theta_i-\theta_0)\end{bmatrix}$$

当 $|\boldsymbol{M}_s|\neq 0$ 时,式(8-11)的唯一解为

$$\begin{bmatrix}\dfrac{\boldsymbol{v}_{k-1}^{\mathrm{s}}-\boldsymbol{v}_{k-1}^{\mathrm{o}}}{r_0} & \dfrac{\boldsymbol{a}_0^{\mathrm{s}}-\boldsymbol{a}_0^{\mathrm{o}}}{r_0}\end{bmatrix}^{\mathrm{T}}=(\boldsymbol{G}_s^{\mathrm{T}}\boldsymbol{G}_s)^{-1}\boldsymbol{G}_s^{\mathrm{T}}\boldsymbol{B}_s \tag{8-12}$$

计算可得下式

$$|\boldsymbol{M}_s|=\frac{1}{16}\left|\sum_{i=1}^{N}\sum_{j=1}^{N}k_i^2k_j^3(k_j-k_i)\begin{bmatrix}\cos\theta_i\cos\theta_j\cos(\theta_j-\theta_i) & -\cos\theta_i\cos\theta_j\cos(\theta_j-\theta_i)\\ -\sin\theta_i\cos\theta_j\cos(\theta_j-\theta_i) & \sin\theta_i\sin\theta_j\cos(\theta_j-\theta_i)\end{bmatrix}\right| \tag{8-13}$$

求解式(8-13)等号右边的行列式可得

$$|\boldsymbol{M}_s|=\frac{1}{16}\sum_{m>l}^{N}\sum_{j>i}^{N}k_i^2k_j^2(k_j-k_i)\cos(\theta_j-\theta_i)k_l^2k_m^2(k_m-k_l)\cos(\theta_m-\theta_l)\boldsymbol{\Theta}_M \tag{8-14}$$

其中

$\Theta_M = k_i k_j \cos\theta_i \sin\theta_l \sin(\theta_m - \theta_l) + k_j k_l \cos\theta_i \sin\theta_m \sin(\theta_j - \theta_l) + k_i k_m \cos\theta_j \sin\theta_l \sin(\theta_i - \theta_k) + k_i k_l \cos\theta_j \sin\theta_k \sin(\theta_l - \theta_i)$

根据上式可得如下结论。

定理 8.2 在二维坐标系中,若观测站与目标的运动模式均为匀加速直线运动时,如果测量序列和采样时间满足不等式$|\boldsymbol{M}_s| \neq 0$,则式(8-12)中相对速度与初始相对距离之比和相对加速度与初始相对距离存在唯一解。

类似地,对于任意阶次运动的情况,可得下列定理。

定理 8.3 在二维坐标系中,设观测站机动模型为$\boldsymbol{p}_k^{o} = \boldsymbol{p}_0^{o} + \boldsymbol{a}_1^{o}k + \boldsymbol{a}_2^{o}k^2 + \cdots + \boldsymbol{a}_n^{o}k^n$,目标机动模型为$\boldsymbol{p}_k^{s} = \boldsymbol{p}_0^{s} + \boldsymbol{a}_1^{s}k + \boldsymbol{a}_2^{s}k^2 + \cdots + \boldsymbol{a}_n^{s}k^m$,若$m \geqslant n$,则纯方位系统无法同时得到参数$\boldsymbol{p}_0^{s}, \boldsymbol{a}_1^{s}, \boldsymbol{a}_2^{s}, \cdots, \boldsymbol{a}_n^{s}$。

目前的研究已证明:观测站的运动阶数比目标的运动阶数高一阶以上,可满足纯方位跟踪系统的可观测性条件。纯方位跟踪系统的可观测性条件成为观测站机动决策必须考虑的首要因素。

8.2 无约束条件下的观测站最优机动准则

常用的单观测站机动优化准则包括方位角变化率最大、Fisher 信息矩阵行列式最大、滤波协方差矩阵迹最小准则等,利用单观测站机动优化准则,通常可以提高对目标的定位跟踪精度。

8.2.1 方位角变化率最大准则

在噪声方差一定的情况下,方位角变化率越大,测量数据的信噪比越大,因此,可以通过增加方位角变化率的方式提高对目标的定位精度。

设观测站的速度大小为s_o,测量间隔为Δ,k时刻运动方向为θ_k,以k时刻观测站的位置为圆心,Δs_o为半径做圆,根据目标和观测站的位置,利用几何关系可求出使得方位角变化率最大的运动方向。设k时刻观测角度为z_k,则最大角变化率准则可表示为

$$\theta_k = \arg_{\theta}(\max(z_{k+1} - z_k)) \tag{8-15}$$

式中:$\arg_{\theta}(\cdot)$表示当括号中表达式成立时θ的取值。方位角变化率最大准则的优点是计算简便,易于实现,但这一准则仅考虑了观测角度,而与目标到观测站的距离等因素无关,难以达到充分利用现有信息的效果。

8.2.2　Fisher 信息矩阵行列式最大准则

从信息论的角度来看,每一时刻的观测信息越多,越有利于对目标的准确定位。于是,可以利用 Fisher 信息矩阵的行列式来控制单观测站的路径,使系统总的 Fisher 信息量尽可能大,从而提高目标的可观测性。记 k 时刻 Fisher 信息矩阵为 $\boldsymbol{J}_k$,则可取最大化 $\boldsymbol{J}_k$ 的增量为性能指标,即

$$\theta_k = \arg_{\theta}(\max(\det[\boldsymbol{J}_{k+1} - \boldsymbol{J}_k])) \tag{8-16}$$

式中:det[·]表示取行列式。由于 Fisher 矩阵信息计算较为复杂,可以通过几何关系进行近似。设 k 时刻目标到观测站的距离为 d_k,则 Fisher 信息矩阵增量的行列式可表示为[190]

$$\det[\Delta\tilde{\boldsymbol{J}}_k] = \frac{\sin^2(z_k - z_{k+1})}{Rd_k^2 d_{k+1}^2} \tag{8-17}$$

式中:R 为测量误差协方差。根据几何关系即可利用 Fisher 信息矩阵行列式最大准则求出 k 时刻目标的运动方向。

8.2.3　滤波协方差矩阵迹最小准则

对于单站纯方位目标跟踪来讲,其无偏估计的方差下限称为克拉美罗下界,反映了利用已有信息所能估计参数的最好效果。估计误差协方差矩阵 $\boldsymbol{P}_{k|k}$ 描述了每一时刻估计误差的大小和分布。于是,定位精度与估计误差协方差矩阵 $\boldsymbol{P}_{k|k}$的迹密切相关,迹越小,估计误差越小,对于位置和速度的估计也就越准确。因此,可利用滤波协方差矩阵的迹最小为准则进行单观测站路径优化,即

$$\theta_k = \arg_{\theta}(\min[\mathrm{tr}(\boldsymbol{P}_{k|k})]) \tag{8-18}$$

式中:tr(·)表示括号所示矩阵的迹。

由于 $\boldsymbol{P}_{k|k}$中包含了位置精度信息和速度精度信息,因此,利用迹最大准则通常能够得到较为理想的轨迹优化效果。但在一些滤波不稳定的阶段,后验协方差变化较大。因此,后验协方差迹的稳定性将影响观测站机动决策的计算过程。

8.3　威胁约束下的单观测站路径优化方法

单站纯方位跟踪系统具有非线性程度高和可观测性弱的特点,需要通过单观测站的运动连续测量目标的方位角,进而估计出其位置和速度。传统方法仅以跟踪精度为准则确定单观测站的机动方式。然而,在实际中,单观测站还会

受到各类威胁的约束。因此,在进行单观测站机动方式优化时,不仅要考虑其带来的定位跟踪精度增益,也要使单观测站能够尽量避开所受到的威胁。本节综合考虑定位精度和所受威胁的影响,给出一种单观测站路径优化方法。

8.3.1 威胁分析

1. 探测威胁

战场环境中,敌方雷达能够利用自身发射的电磁波回波探测到单观测站的位置和速度。虽然雷达不直接对观测站造成打击,但会破坏单站跟踪的隐蔽性,使观测站处于危险之中。

通常,雷达对单观测站的探测概率与雷达所接收的信噪比有关,而雷达信噪比又和目标到雷达的距离 d_R 有关。对于确定的雷达和观测站,将雷达信噪比表示为

$$S/N = \frac{b}{d_R^4} \tag{8-19}$$

式中:b 为常数。

考虑二维情况,假定雷达为全向雷达,其最大探测距离为 $d_{R\max}$,最小探测距离为 $d_{R\min}$,因此,雷达的探测概率可表示为

$$P_R = \begin{cases} 0 & ,d_R > d_{R\max} \\ \dfrac{b_1}{(d_R - d_{R\min})^4} & ,d_{R\min} < d_R \leqslant d_{R\max} \\ 1 & ,d_R \leqslant d_{R\min} \end{cases} \tag{8-20}$$

2. 火力威胁

火力威胁主要包括高炮、防空导弹等武器,随着武器装备的不断更新,其对观测站的生存能力提出了巨大的挑战。为了简化模型,设防空武器的最大射程为 $d_{F\max}$,最小射程为 $d_{F\min}$,则单观测站被打击概率可表示为

$$P_F = \begin{cases} 0 & ,d_F > d_{F\max} \\ \dfrac{b_2}{d_F - d_{F\min}} & ,d_{F\min} < d_F \leqslant d_{F\max} \\ 1 & ,d_F \leqslant d_{F\min} \end{cases} \tag{8-21}$$

3. 地形威胁

地形威胁主要是指可能对观测站造成障碍的山峰和高地等。由于地形威胁会直接造成观测站的毁坏,在实际作战中必须完全避开。现实中地形威胁可

能是不规则的区域,但为了简化模型,本章假定地形威胁为圆形区域,其半径为 d_{Gm},设观测站到地形威胁中心的距离为 d_G,因此单观测站被毁伤概率可表示为

$$P_G=\begin{cases}0 & ,d_G>d_{Gm}\\ 1 & ,d_G\leqslant d_{Gm}\end{cases} \tag{8-22}$$

从上述分析看出,3 种威胁对观测站的影响就转化为了距离的函数,假定以上 3 种威胁的发生是独立的,则 k 时刻观测站所受威胁的概率可表示为

$$P(k)=1-(1-P_R(k))(1-P_F(k))(1-P_G(k)) \tag{8-23}$$

当然,在实际中,单观测站还受到一些自身条件的约束,如最大运动距离、最小转弯速度等,本章强调各类威胁对单观测站的影响,因此,忽略了单观测站自身条件对其可选路径的影响。

8.3.2　精度打分函数

本章以估计协方差的迹作为优化准则,并以其大小来计算单观测站各可选路径的精度得分[169]。假定 k 时刻($k=1,2,\cdots,n$)单观测站可选择的运动方向区间为$[\theta_1,\theta_m]$,将其分为 a 等分,分别计算 $k+1$ 时刻 a 个方向所对应的估计协方差矩阵 $\boldsymbol{P}_{k+1|k+1,i}$,并求得对应的迹的大小 $\mathrm{tr}(\boldsymbol{P}_{k+1|k+1,i})$,$(i=1,2,\cdots,a)$,将单观测站各运动方向按照迹从大到小降序排序,并等差赋予每个方向分数。由于迹越小,该运动方向对于定位精度的改善效果越好,因此单观测站不同运动方向的精度得分可表示为

$$\mathrm{score}_{\mathrm{acc},j}=j/a \tag{8-24}$$

式中:j 为按照迹的大小降序排列的第 j 个元素。

8.3.3　生存能力打分函数

这里建立单观测站生存能力与所受威胁概率 P 之间的函数关系。显然,被探测或被打击的概率越大,单观测站受到的威胁越大。因此,生存能力得分应当与 P 呈负相关关系。通常来讲,随着 P 的增大,单观测站受到的威胁快速增加,于是,这里选择二次函数描述单观测站所受威胁与被探测或被打击概率的关系。K 时刻单观测站不同路径的生存能力得分函数可建立为

$$\mathrm{score}_{\mathrm{dan},j}=\begin{cases}4(0.5-P_j(k))^2 & ,P_j(k)<0.5\\ 0 & ,P_j(k)\geqslant 0.5\end{cases} \tag{8-25}$$

式中:$P_j(k)$ 为观测站 k 时刻第 j 个可选航向所受威胁的概率,$j=1,2,\cdots,a$。我们认为,当威胁概率大于 0.5 时,其生存能力会受到质疑,因此,当 $P_j(k)\geqslant 0.5$

时，其生存能力得分为0。

8.3.4 路径选择函数

综合考虑单观测站可选路径所提高的定位精度和所带来的威胁程度，建立单观测站可选路径的得分函数：

$$\text{score}_j = c_1\,\text{score}_{\text{acc},j} + c_2\,\text{score}_{\text{dan},j} \tag{8-26}$$

式中：$c_1, c_2 \in [0,1]$且$c_1 + c_2 = 1, j = 1,2,\cdots,a$。$c_1$和$c_2$的取值取决于对于定位精度与单观测站生存能力重要程度的判断：c_1越大，相应路径的得分受定位精度的影响越大；c_2越大，路径的得分受单观测站威胁程度的影响越大。当$c_1 = 1$，$c_2 = 0$时，路径的得分只与其定位精度有关，当$c_1 = 0, c_2 = 1$时，路径的得分只与其受威胁程度有关。

于是，k时刻的路径选择函数可构建为

$$\boldsymbol{\theta}_k = \arg_{\theta}(\max[\text{score}_j]) \tag{8-27}$$

式中：$j = 1,2,\cdots,a$。也就是说，选择综合得分最高的方向作为本时刻单观测站的运动方向。

8.3.5 单观测站路径评价方法

得到单观测站路径后，需要对路径进行总体评价，以比较不同方法所得路径的优劣。通过上述讨论，需要考虑整条路径对定位精度的改善以及整条路径所受威胁的程度。

对于定位精度，平均位置均方根误差为

$$\text{MSE}_{\text{pos}} = \frac{1}{L}\sum_{i=1}^{L}\text{MSE}_{\text{pos},i} \tag{8-28}$$

式中：L为仿真次数；$\text{MSE}_{\text{pos},i}$为第$i$次仿真的位置均方误差，可表示为

$$\text{MSE}_{\text{pos},i} = \frac{1}{n}\sum_{k=1}^{n}[(\boldsymbol{x}_k - \hat{\boldsymbol{x}}_{k|k,i})^2 + (\boldsymbol{y}_{k|k,i} - \hat{\boldsymbol{y}}_{k|k,i})^2] \tag{8-29}$$

式中：$(\boldsymbol{x}_k, \boldsymbol{y}_k)$为目标在$k$时刻的真实位置；$(\hat{\boldsymbol{x}}_{k|k,i}, \hat{\boldsymbol{y}}_{k|k,i})$为目标$k$时刻第$i$次仿真的估计位置，$k = 1,2,\cdots,n$。$\text{MSE}_{\text{pos}}$可以反映不同方法得到轨迹对定位精度的改善程度，因此，这里用来评价各条轨迹对定位精度的改进程度。

假定迹最大准则所得轨迹的平均位置均方根误差为$\text{MSE}_{\text{pos},\min}$，未做轨迹优化所得轨迹的平均位置均方根误差为$\text{MSE}_{\text{pos},\max}$，构建精度评价指标：

$$S_1 = \frac{\text{MSE}_{\text{pos},\max} - \text{MSE}_{\text{pos}}}{\text{MSE}_{\text{pos},\max} - \text{MSE}_{\text{pos},\min}} \tag{8-30}$$

从式中看出，$S_1 \in [0,1]$，并且平均位置均方根误差越小，其精度评价得分越高。

假定各个威胁对单观测站的影响是独立的，各条轨迹中单观测站受到威胁的概率为 P，于是，构建单观测站生存能力评价指标为

$$S_2 = \begin{cases} 4(0.5-P)^2, P<0.5 \\ 0, P \geqslant 0.5 \end{cases} \tag{8-31}$$

从式中看出，$S_2 \in [0,1]$，并且单观测站受到的威胁越小，其生存能力评价得分越高。

构建轨迹综合评价指标：

$$S = w_1 S_1 + w_2 S_2 \tag{8-32}$$

式中：$w_1 + w_2 = 1$ 且 $w_1, w_2 \in [0,1]$。于是，$S \in [0,1]$，w_1、w_2 的取值反映了对于轨迹精度和威胁的折中。

8.4 基于观测信息收益的观测站机动跟踪策略

观测站机动跟踪过程是基于一定机动代价要求且与状态概率相关的决策过程。本节将在马尔可夫决策过程（Markov Decision Process，MDP）框架下，通过构建基于 Fisher 信息矩阵（Fisher Information Matrix，FIM）与威胁空间约束的整体代价函数，整合观测站信息收益与威胁代价，计算威胁空间约束条件下的观测站机动策略，实现在威胁环境中观测站机动跟踪，提高观测站机动决策方法在威胁环境中的适用性。根据观测站机动决策的特点，建立基于有限阶段 MDP 的决策方法，并结合信息收益和运动空间约束设计代价函数。

8.4.1 机动决策模型

建立有限阶段马尔可夫决策模型来处理观测站机动跟踪的决策问题。该模型如下式所示：

$$(\mathbb{X}, \mathbb{A}, \{\boldsymbol{A}(\boldsymbol{x}) \mid \boldsymbol{x} \in \mathbb{X}\}, \boldsymbol{P}^t, c) \tag{8-33}$$

式中：$\mathbb{X}$ 为状态空间；$\mathbb{A}$ 为动作集；$\boldsymbol{A}(\boldsymbol{x})$ 为动作集 $\mathbb{A}$ 的非空子集簇，当 $\boldsymbol{x} \in \mathbb{X}$ 时，$\boldsymbol{A}(\boldsymbol{x})$ 为可行动作集，假设 $\mathbb{K} = \{(\boldsymbol{x}, \boldsymbol{a}) \mid \boldsymbol{x} \in \mathbb{X}, \boldsymbol{a} \in \boldsymbol{A}(\boldsymbol{x})\}$ 是 $\mathbb{X} \times \mathbb{A}$ 的可测子集；$\boldsymbol{P}_t$ 为在给定条件下状态空间 $\mathbb{X}$ 的转移概率，c 为代价指标。定义为

$$\boldsymbol{P}_{xy}^t(a) = \boldsymbol{P}^t(\boldsymbol{x}(t+1) = \boldsymbol{y} \mid \boldsymbol{x}(t) = \boldsymbol{x}, \boldsymbol{a}) \tag{8-34}$$

假设有限阶段 $N \geqslant 1$ 和给定的初始状态 $\boldsymbol{x} \in \mathbb{X}$，对于策略 $\ell = \{a_t \mid t = 0,1,\cdots,N-1\} \in \mathbb{C}$（$\mathbb{C}$ 为所有可能策略的集合），其整体期望为

$$J(\ell,\boldsymbol{x}) = E_x^{\ell}\{\sum_{t=0}^{N} c(\boldsymbol{x}(t),\boldsymbol{a}_t) \mid \ell,\boldsymbol{x}_0 = \boldsymbol{x}\} \tag{8-35}$$

最优整体代价期望定义为

$$J^*(\boldsymbol{x}) = \underset{\ell \in \mathbb{C}}{\text{opt}} J(\ell,\boldsymbol{x}), \forall \boldsymbol{x} \in \mathbb{X} \tag{8-36}$$

马尔可夫决策过程的目的是求解最优策略 ℓ 以使代价函数最优化。该最优化准则是最小代价或最大代价,根据实际情况确定。则最优决策可定义为

$$\boldsymbol{a}_t^* = \underset{\boldsymbol{a} \in \boldsymbol{A}(\boldsymbol{x})}{\text{argopt}} \sum_{\boldsymbol{y} \in \mathbb{X}} \boldsymbol{P}_{xy}^t(\boldsymbol{a}) J(\ell,\boldsymbol{x}) \tag{8-37}$$

目标的运动状态由系统方程确定,并由滤波方法给出估计状态值。在当前策略下,观测站的运动状态可表示为

$$\boldsymbol{x}_{t+1}^{\text{o}} = \boldsymbol{x}_t^{\text{o}} + \boldsymbol{a}_t \tag{8-38}$$

每一时刻的动作集$\mathbb{A}$ 为

$$\begin{aligned} \mathbb{A} = \{ & L_\ell(\cos(i_m \times 5\pi/180), \sin(i_m \times 5\pi/180)), \\ & i_m \in [-m, -m+1, \cdots, -1, 0, 1, \cdots, m]\} \end{aligned} \tag{8-39}$$

式中:L_ℓ 为机动步长;i_m 为机动角度范围。

8.4.2 状态转移概率矩阵

在机动决策中,状态转移概率矩阵描述了相邻两个时刻状态转移的关联程度,在一定程度上决定了观测站机动决策的动作选择。为将纯方位跟踪系统的状态$(\boldsymbol{x}_t)_{0 \leqslant t \leqslant N}$变化过程表示为离散时间马尔可夫链$(\Gamma_t, \boldsymbol{P}_{ij}^t)$,使用量化方法进行近似[170-171],其中 Γ_t 表示栅格点集合$\{\boldsymbol{\Gamma}_t = [\tilde{\boldsymbol{x}}_t^1, \tilde{\boldsymbol{x}}_t^2, \cdots, \tilde{\boldsymbol{x}}_t^M]\}_t$。该方法采用蒙特卡罗方法将状态离散为一系列带权重的栅格以近似概率密度函数。

对于一般的近似方法,状态期望均可表示为一系列状态点的加权和,可表示为

$$\Pi_{z,t} f = E\{f(\boldsymbol{x}_t) \mid z_t\} \approx \sum_{i=1}^{M} \boldsymbol{P}_i^t f(\tilde{\boldsymbol{x}}_t^i) \tag{8-40}$$

对于栅格点 Γ_t 和概率$\{\boldsymbol{P}_i^t\}_{i=1}^M$,其近似误差可描述为

$$\left| E\{f(\boldsymbol{x}_t) \mid z_t\} - \sum_{i=1}^{M} \boldsymbol{P}_i^t f(\tilde{\boldsymbol{x}}_t^i) \right| = \left| \int f(\boldsymbol{x}_t) \boldsymbol{P}(\boldsymbol{x}_t \mid z_t) \mathrm{d}\boldsymbol{x}_t - \sum_{i=1}^{M} \boldsymbol{P}_i^t f(\tilde{\boldsymbol{x}}_t^i) \right| \tag{8-41}$$

对于每一个概率$\{\boldsymbol{P}_i^t\}_{i=1}^M$,对应一个积分面$\{\boldsymbol{S}_i^t\}_{i=1}^M$,即 $\boldsymbol{P}_i^t = \int_{\boldsymbol{S}_i^t} \boldsymbol{P}(\boldsymbol{x}_t \mid z_t) \mathrm{d}\boldsymbol{x}_t$,则近似误差为

$$\left|E\{f(\boldsymbol{x}_t)\mid z_t\}-\sum_{i=1}^{M}\boldsymbol{P}_i^t f(\widetilde{\boldsymbol{x}}_t^i)\right|=\left|\int_{S_i^t}(f(\boldsymbol{x}_t)-f(\widetilde{\boldsymbol{x}}_t^i))\boldsymbol{P}(\boldsymbol{x}_t\mid z_t)\mathrm{d}\boldsymbol{x}_t\right|$$
$$\leqslant\sum_{i=1}^{N_t}\int_{S_i^t}|f(\boldsymbol{x}_t)-f(\widetilde{\boldsymbol{x}}_t^i)|\boldsymbol{P}(\boldsymbol{x}_t\mid z_t)\mathrm{d}\boldsymbol{x}_t \tag{8-42}$$

假设 f 符合 Lipschitz 条件,即 $|f(\boldsymbol{x}_t)-f(\widetilde{\boldsymbol{x}}_t^i)|\leqslant[f]_{\mathrm{Lip}}\|\boldsymbol{x}_t-\widetilde{\boldsymbol{x}}_t^i\|$,其中 $\|\cdot\|$ 表示欧氏距离,则近似误差边界为

$$\left|E\{f(\boldsymbol{x}_t)\mid z_t\}-\sum_{i=1}^{M}\boldsymbol{P}_i^t f(\widetilde{\boldsymbol{x}}_t^i)\right|\leqslant[f]_{\mathrm{Lip}}\sum_{i=1}^{M}\int_{S_i^t}|f(\boldsymbol{x}_t)-f(\widetilde{\boldsymbol{x}}_t^i)|\boldsymbol{P}(\boldsymbol{x}_t\mid z_t)\mathrm{d}\boldsymbol{x}_t \tag{8-43}$$

栅格点集合 $\{\Gamma_t=[\widetilde{\boldsymbol{x}}_t^1,\widetilde{\boldsymbol{x}}_t^2,\cdots,\widetilde{\boldsymbol{x}}_t^M]\}_t$ 以欧氏距离的最近邻原则产生,通过竞争学习向量量化(Competitive Learning Vector Quantization,CLVQ)算法计算马尔可夫链的一个最优 Lipschitz 量化[172]。

初始化:初始状态$(\boldsymbol{x}_{0|0},\boldsymbol{P}_{0|0})$

时间长度 N,栅格点数 M,初始栅格集(Γ_k^0),$0\leqslant k\leqslant N$。

学习增益序列$\{\gamma_k\}$,蒙特卡罗仿真次数 N_{MC}。

量化计算:

```
for m = 1 : N_MC
  for k = 1 : N
    竞争阶段:在 Γ_k^m 中选择 x_k 的最近邻 y
        学习阶段:令 y' = y − γ_k(y − x_k)
    Γ_k^m ← Γ_k^m ∪ {y'} \ {y}
  end
end
返回:(Γ_k^M),0 ≤ k ≤ N
```

上述算法中学习增益序列 $\gamma_k\in(0\ 1)$,满足 $\sum_k\gamma_k=+\infty$ 和 $\sum_k\gamma_k^2\leqslant+\infty$ 。一般取为 $\gamma_k=\dfrac{1}{k}$。基于蒙特卡罗方法的栅格权重和概率转移矩阵的基础计算理论可见参考文献[172]。随机状态 $\boldsymbol{x}_k$ 的最优 Lipschitz 量化为 $\Gamma_k=[\widetilde{\boldsymbol{x}}_k^1,\widetilde{\boldsymbol{x}}_k^2,\cdots,\widetilde{\boldsymbol{x}}_k^M]$,$\Gamma_k$ 代表 k 时刻栅格和相应的 Voronoi 几何面$\{C_1(\Gamma_k),C_2(\Gamma_k),\cdots,C_M(\Gamma_k)\}$。

对于$0 \leqslant k \leqslant N-1$,两个栅格$i$、$j(1 \leqslant i,j \leqslant M)$的转移概率为

$$\begin{aligned} \boldsymbol{P}_{i,j}^{k} &= \boldsymbol{P}(\tilde{\boldsymbol{x}}_{k+1}=j \mid \tilde{\boldsymbol{x}}_{k}=i) = \frac{\boldsymbol{P}(\tilde{\boldsymbol{x}}_{k}=i, \tilde{\boldsymbol{x}}_{k+1}=j)}{\boldsymbol{P}(\tilde{\boldsymbol{x}}_{k}=i)} \\ &= \frac{\boldsymbol{P}(\boldsymbol{x}_{k} \in C_{i}(\Gamma_{k}), \boldsymbol{x}_{k+1} \in C_{j}(\Gamma_{k+1}))}{\boldsymbol{P}(\boldsymbol{x}_{k} \in C_{i}(\Gamma_{k}))} \end{aligned} \tag{8-44}$$

则随机状态$\boldsymbol{x}_k$的量化近似由马尔可夫链$(\Gamma_k, \boldsymbol{P}_{i,j}^{k})$表示。

8.4.3 机动决策代价函数

机动决策代价函数(或称收益函数)是机动决策优化计算的目标函数,体现机动决策的目的。纯方位跟踪系统的观测站机动是为了与目标保持有利的相对位置,以保证有效观测,从而提高目标跟踪的精度。通常用 FIM 表征纯方位跟踪观测信息收益,定义为

$$\begin{aligned} \mathrm{FIM} &= E\left\{\left[\frac{\partial}{\partial \boldsymbol{x}} \ln \boldsymbol{P}(z \mid \boldsymbol{x})\right]^{\mathrm{T}}\left[\frac{\partial}{\partial \boldsymbol{x}} \ln \boldsymbol{P}(z \mid \boldsymbol{x})\right] \mid \boldsymbol{x}\right\} \\ &= \int\left[\frac{\partial}{\partial x} \ln \boldsymbol{P}(z \mid \boldsymbol{x})\right]^{\mathrm{T}}\left[\frac{\partial}{\partial x} \ln \boldsymbol{P}(z \mid \boldsymbol{x})\right] \boldsymbol{P}(z \mid \boldsymbol{x}) \mathrm{d} z \end{aligned} \tag{8-45}$$

考虑 FIM 的瞬时演变(Temporal Evolution)特性[93],即

$$\mathrm{FIM}(k+1) = \mathrm{FIM}(k-1) + \Delta\mathrm{FIM}(k) \tag{8-46}$$

$$\Delta\mathrm{FIM}(k) = \boldsymbol{G}_{\mathrm{FIM}}(k)(\boldsymbol{G}_{\mathrm{FIM}}(k))^{\mathrm{T}} + \boldsymbol{G}_{\mathrm{FIM}}(k+1)(\boldsymbol{G}_{\mathrm{FIM}}(k+1))^{\mathrm{T}} \tag{8-47}$$

式中:$\boldsymbol{G}_{\mathrm{FIM}}(k) = \dfrac{1}{\sqrt{R_k} r_k}(\cos z_k, -\sin z_k)^{\mathrm{T}}$,$r_k$为目标与观测站之间的相对距离,$R_k$为测量噪声协方差。

根据 Minkowski 不等式定理可知,对于任意正定矩阵$\boldsymbol{A}$和$\boldsymbol{B}$,有$[\det(\boldsymbol{A}+\boldsymbol{B})]^{1/2} \geqslant \det(\boldsymbol{A})^{1/2} + \det(\boldsymbol{B})^{1/2}$,则对于式(8-46)可得

$$\det(\mathrm{FIM}(k+1))^{1/2} \geqslant \det(\mathrm{FIM}(k-1))^{1/2} + \det(\Delta\mathrm{FIM}(k))^{1/2} \tag{8-48}$$

考虑从初始时刻开始的累积 FIM,可得

$$\det(\mathrm{FIM}(k+1))^{1/2} \geqslant \det(\mathrm{FIM}(0))^{1/2} + \frac{1}{2}\sum_{j=1}^{k} \det(\Delta\mathrm{FIM}(j))^{1/2} \tag{8-49}$$

式中:FIM 增量$\Delta\mathrm{FIM}(j)$为

$$\begin{aligned} \det(\Delta\mathrm{FIM}(j)) &= \det\{[\boldsymbol{G}_{\mathrm{FIM}}(k), \boldsymbol{G}_{\mathrm{FIM}}(k+1)][\boldsymbol{G}_{\mathrm{FIM}}(k), \boldsymbol{G}_{\mathrm{FIM}}(k+1)]^{\mathrm{T}}\} \\ &= \det\{\mathrm{Gram}[\boldsymbol{G}_{\mathrm{FIM}}(k), \boldsymbol{G}_{\mathrm{FIM}}(k+1)]\} \\ &= \frac{1}{R_j^2 r_j^2 r_{j+1}^2} \sin^2(z_j - z_{j+1}) \end{aligned} \tag{8-50}$$

式中：Gram 表示 Grammian 矩阵。

从观测站相邻两个时刻信息收益代价上可得最优机动决策为

$$\boldsymbol{a}_k^* \to \underset{\boldsymbol{a}_k}{\arg\max}[\det(\Delta \mathrm{FIM}(k))] \tag{8-51}$$

考虑到实际观测站执行任务的区域可能存在的威胁（敌方火力阵地、拒止区域等），对观测站机动形成运动空间约束。在规避威胁的前提下进行有效观测，是确保观测站安全并执行目标跟踪任务的要求。因此，观测站最优机动策略的代价函数不仅要包含观测信息收益，同时要包含威胁规避的机动代价。

通常情况下，观测站与威胁的安全代价与它们之间的相对距离有关，距离越近，威胁因素越大[173-174]。因此，建立以威胁为中心、相对距离为指标的安全代价具有一定的普适性。设第 i 个威胁固定位置为 (x^{q_i}, y^{q_i})，l 个威胁对于观测站的安全代价定义为

$$V_p(k) = \sum_{i=1}^{l} \frac{1}{\sqrt{(x^o(k) - x^{q_i})^2 + (y^o(k) - y^{q_i})^2}} \tag{8-52}$$

考虑到威胁距离的有限性，设置有效威胁距离限制条件为

$$V_p(k) = \begin{cases} \sum_{i=1}^{l} \dfrac{1}{\sqrt{(x^o(k) - x^{q_i})^2 + (y^o(k) - y^{q_i})^2}}, & 0 < r \leqslant r_{\lim} \\ 0, & r > r_{\lim} \end{cases} \tag{8-53}$$

整体机动决策代价为信息收益与安全代价在无量纲情况下的差，表示为

$$J(\ell, \boldsymbol{x}) = \det(\Delta \mathrm{FIM}(k)) - \varepsilon_p \cdot V_p(k) \tag{8-54}$$

式中：ε_p 为调和因子，用于平衡等式右边前后两项的数值比例。

8.4.4　观测站机动跟踪方法

纯方位跟踪系统观测站机动决策方法是基于有限阶段马尔可夫决策框架提出的，在前面分别介绍了决策框架中的机动决策模型、概率转移矩阵和代价函数，本节结合上述决策框架和决策要素，给出观测站机动跟踪方法流程。

如图 8-1 所示，在观测站机动跟踪决策方法中，首先根据初始状态基于滤波方法进行状态预测，得到当前时刻的状态预测和协方差预测。然后，基于量化方法进行随机状态过程的量化，得到量化状态和对应的状态转移概率矩阵。根据定义的代价函数计算当前动作的代价，然后根据 MDP 过程优化求解最优机动动作。观测站执行机动动作并进行观测，并进行测量更新，输出最优状态估计值和协方差，作为下一时间状态预测和协方差预测的输入。重复上述过程

直至达到时间上限。

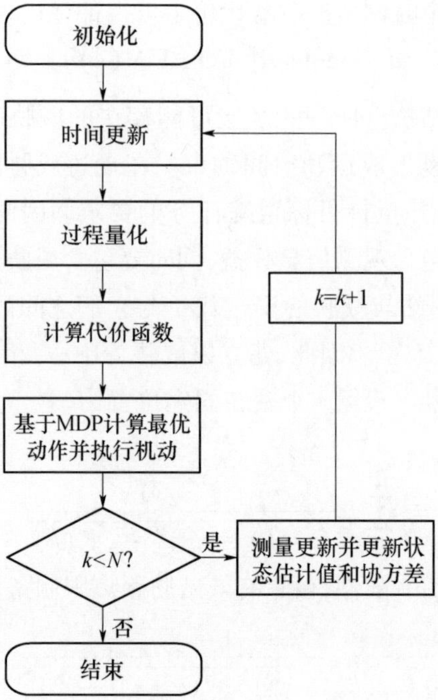

图 8-1　观测站机动跟踪决策方法流程图

观测站机动跟踪决策方法有效结合了马尔可夫决策方法和卡尔曼滤波的优势，采用有限阶段马尔可夫决策和观测校正的方式进行实时机动决策，有利于提高机动跟踪的实时性和观测有效性。

8.5　仿真分析

8.5.1　威胁约束下的单观测站路径优化仿真

卫星工具包(Satellite Tool Kit,STK)是美国 AGI 公司开发的一款航空航天仿真系统，能够动态展示各类作战场景，定量模拟各类作战过程，同时还具备二次开发功能，可以满足各类军用仿真需要。本节通过 STK 构建可视化仿真场景，并利用 STK/Matlab 接口，计算不同方法所规划的观测站路径，将其进行对比。

假定在导航战场景中，敌方运动 GNSS 干扰源已对我方某导航设备成功实施干扰，干扰源做受加速度扰动的匀速直线运动，速度为 20km/h，并且干扰源附近分布着雷达、火炮阵地以及地形威胁。我方单观测站在某一固定高度运动并对 GNSS 干扰源进行角度测量，速度为 30km/h，需要在这一环境下选择合适的路径，以在保证自身安全的前提下实现对 GNSS 干扰源的有效跟踪。

比较无优化、最大方位角变化率准则、Fisher 矩阵行列式最大准则、估计协方差迹最小准则和本章方法所得到的路径，并将其记为路径 1 ~ 5。第 3 章和第 4 章分别提出了抗非线性算法和抗异常误差算法，为了方便，本章不考虑异常误差的干扰，采用 ISR – OSCL – GSCKF1 方法来估计目标的位置和速度，各路径选择方法的初值相同。设 $c_1 = c_2 = 0.5$，评价指标中，$w_1 = w_2 = 0.5$。

仿真实验 1：无威胁下的路径优化比较。不考虑各类威胁对观测站的约束，各方法所得路径如图 8 – 2 所示，评价得分如表 8 – 1 所列。

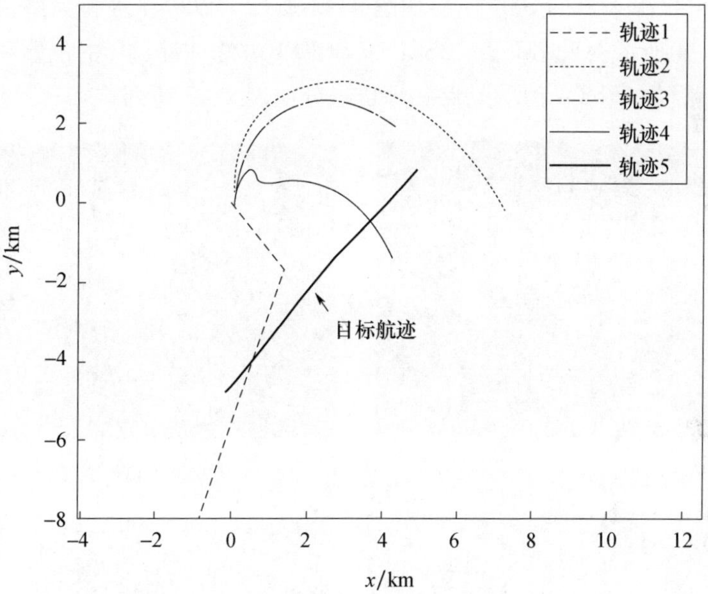

图 8 – 2　无威胁下各方法所规划路径

表 8 – 1　无威胁下路径评价得分

路径	S_1	S_2	S
1	0	1	0.5
2	0.74	1	0.74
3	0.83	1	0.83
4	1	1	1
5	1	1	1

如图 8 - 2 所示和表 8 - 1 所列,当不存在威胁时,所规划路径的评价得分完全取决于路径所带来定位精度增益。路径 1 没有经过优化,其定位精度最低,因此得分也最低。路径 2(角度变化率最大)仅考虑了角度信息对定位精度的影响,而没有考虑目标与观测站之间的距离,其所带来的精度增益有待提高;路径 3(Fisher 信息阵行列式增量最大)精度优于路径 2,这是由于 Fisher 信息阵行列式增量最大准则中包含了对角度和距离的优化。然而,由式(8 - 17)可知,该方法在具体应用过程中对式(8 - 16)进行了近似,这也是路径 3 得分低于路径 4 的原因之一;由于无各类威胁,协方差矩阵迹最小准则与本文所提策略所规划的路径重合,并且精度最好,综合评价得分最高。

仿真实验 2:威胁约束下的路径优化比较。探测威胁、火力威胁、地形威胁及 GNSS 干扰源平台的 STK 模型如图 8 - 3 所示。以探测威胁为例,其参数设置如图 8 - 4 所示。采用 ISR - OSCL - GSCKF1 方法估计目标的位置和速度,各方法所得路径如图 8 - 5 所示,路径评价得分如表 8 - 2 所列。

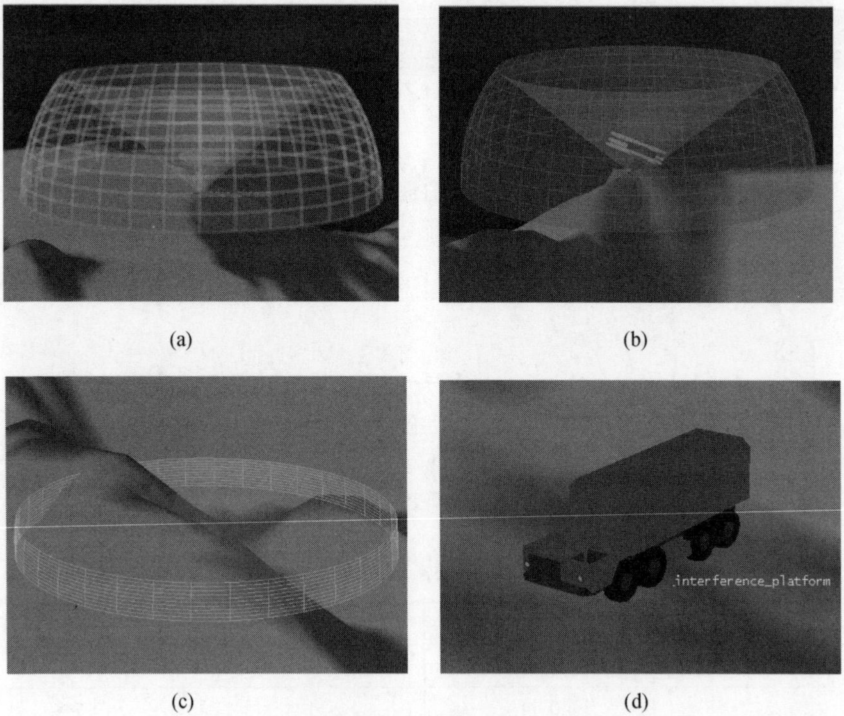

图 8 - 3　各类威胁和 GNSS 干扰源的 STK 模型图

(a)探测威胁;(b)火力威胁;(c)地形威胁;(d)GNSS 干扰源平台。

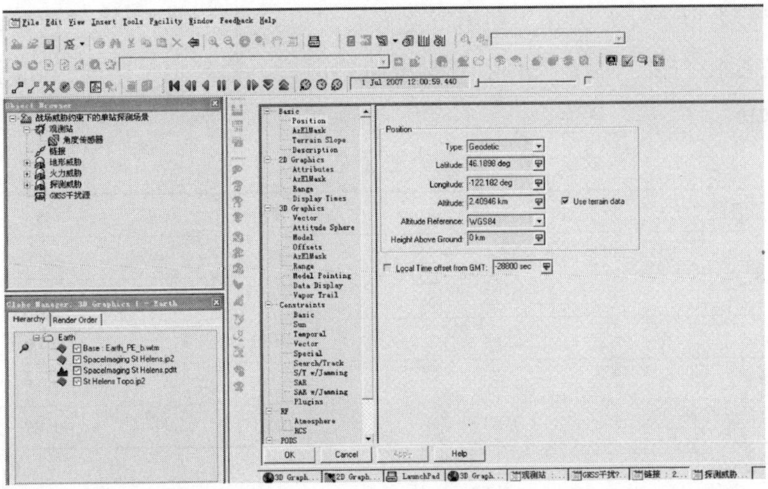

图 8 – 4　STK 参数设置

如图 8 – 5 所示，当存在威胁时，传统方法所规划路径较图 8 – 2 来讲并没有改变，这说明它们无法有效避开雷达、火炮等威胁，灵活性、实用性有待提高，而所提方法得到的路径则能够对各类威胁进行规避，生存能力更强。

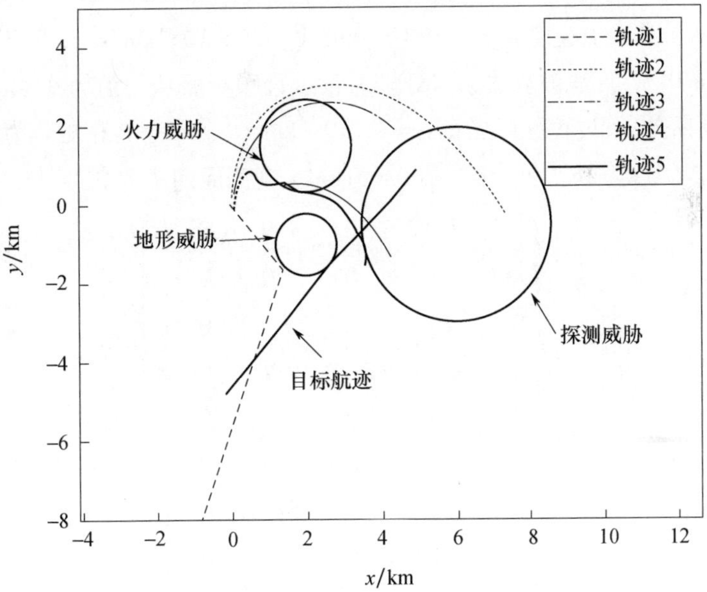

图 8 – 5　存在威胁下各方法所规划路径

如表 8 – 2 所列，虽然路径 1 避开了所有威胁，但其没有针对定位精度进行优化，因此综合得分并不高。路径 4 精度最高，但其没有考虑威胁带来的影响，其生存能力得分仅为0.16。利用本文方法所规划路径同时考虑了定位精度和观测站的生存能力,能够在有效规避威胁的前提下提高定位精度,其综合评价得分最高。

表8-2 存在威胁下的路径评价得分

路径	S_1	S_2	S
1	0	1	0.5
2	0.74	0	0.37
3	0.83	0.49	0.66
4	1	0.16	0.58
5	0.89	0.85	0.87

8.5.2 基于观测信息收益的观测站机动跟踪仿真

1. 匀加速直线运动目标机动跟踪

匀加速直线运动目标机动跟踪仿真条件及参数设置如下:目标无人机初始状态为$\boldsymbol{x}(t_0)=[100\text{km},0.01\text{km/s},100\text{km},-0.06\text{km/s},7\times10^{-6}\text{km/s}^2,-7\times10^{-6}\text{km/s}^2]$,其中加速度$\boldsymbol{a}_v=[7\times10^{-6}\text{km/s}^2,-7\times10^{-6}\text{km/s}^2]$,观测站初始位置为[0km,0km]。滤波算法为CKF。假设过程噪声服从均值为0,协方差矩阵为$\boldsymbol{Q}$的高斯分布,过程噪声强度$\boldsymbol{q}=1\times10^{-4}\text{km}^2/\text{s}^3$。状态转移矩阵为$\boldsymbol{F}$。测量噪声$v_k\sim N(0,R_k)$,$R_k$为一维常值0.001rad。观测周期$T$为0.1s。

$$\boldsymbol{Q}=\begin{bmatrix} T^3/3 & T^2/2 & 0 & 0 & 0 & 0 \\ T^2/2 & T & 0 & 0 & 0 & 0 \\ 0 & 0 & T^3/3 & T^2/2 & 0 & 0 \\ 0 & 0 & T^2/2 & T & 0 & 0 \\ 0 & 0 & 0 & 0 & T & 0 \\ 0 & 0 & 0 & 0 & 0 & T \end{bmatrix}\cdot\boldsymbol{q}$$

$$\boldsymbol{F}=\begin{bmatrix} 1 & T & 0 & 0 & T^2/2 & 0 \\ 0 & 1 & 0 & 0 & T & 0 \\ 0 & 0 & 1 & T & 0 & T^2/2 \\ 0 & 0 & 0 & 1 & 0 & T \\ 0 & 0 & 0 & 0 & 1 & 0 \\ 0 & 0 & 0 & 0 & 0 & 1 \end{bmatrix}$$

机动步长 $\boldsymbol{L}_\ell$ 为 0.115km/s，最大机动角度范围标识 m 为 6，有效威胁距离限制 $r_{\lim}$ 为 20km，调和因子 ε_p 为 1。设置威胁个数为 6，威胁位置为[35km 30km 70km 200km 230km 50km; -200km 15km -328km -100km -400km -400km]。Monte Carlo 仿真次数为 500 次。误差用位置均方根误差(RMSE)表示。

仿真分别对比无威胁条件下观测站静止、无威胁条件下观测站机动和有威胁条件下观测站机动 3 种情况的目标运动轨迹、精度以及 FIM 收益。具体仿真结果如下所示。

图 8-6 展示了无威胁条件下观测站在静止和观测站机动跟踪的场景。通过对比图 8-6(a)和(b)可以看出，观测站静止和观测站机动每一次观测的方位不同。在观测站机动条件下，观测站围绕目标做螺旋运动并逐渐靠近目标。

图 8-7 展示了有威胁条件下观测站机动跟踪的场景。观测站围绕目标做螺旋运动，在遇到威胁时观测站可以通过改变航向进行威胁规避。与图 8-6(b)相比，由于图 8-7 的观测站机动处于威胁环境中，在无威胁影响的初始阶段，两者机动轨迹相似，在进入威胁范围内后进行威胁规避，两者轨迹出现较大差别，说明本文所提出的机动决策方法在有无威胁条件下均可做出有效机动决策。

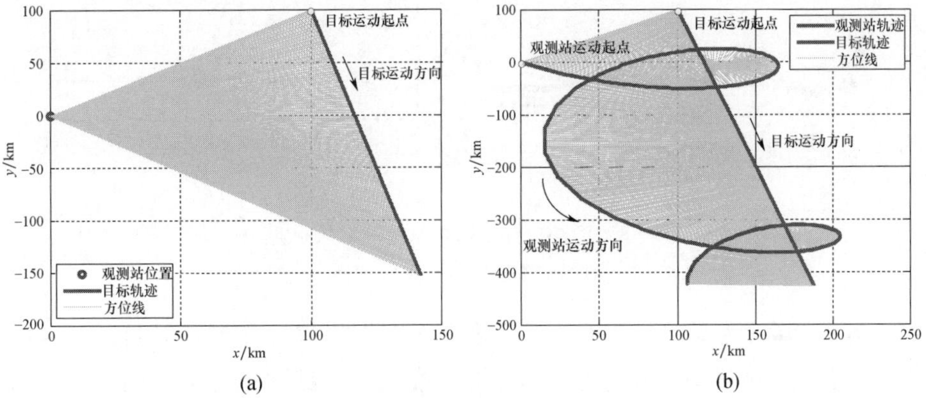

图 8-6　无威胁条件下观测站跟踪场景

(a)观测站静止；(b)观测站机动。

下面对上述目标跟踪场景的跟踪误差和 FIM 收益进行对比，如图 8-8 所示。

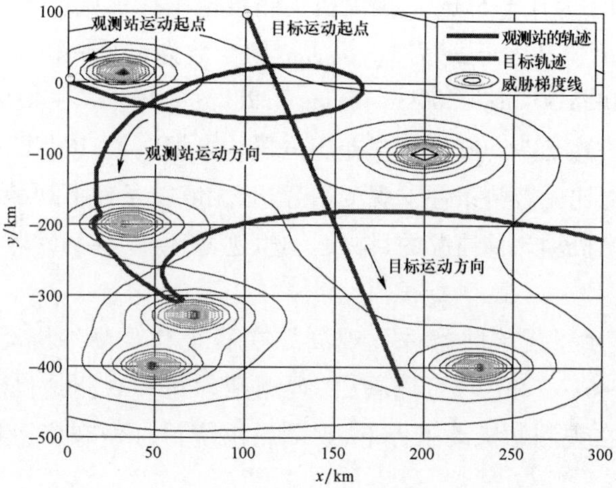

图 8-7 有威胁条件下观测站跟踪场景

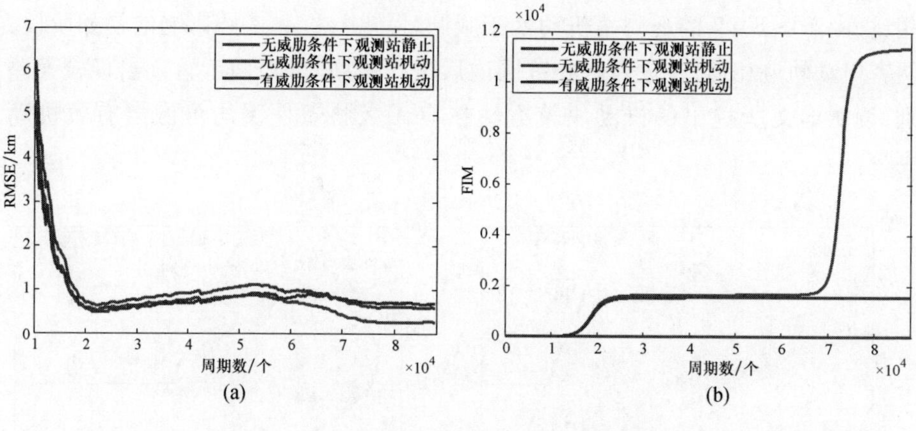

图 8-8 不同目标跟踪场景的跟踪效果对比

(a)误差对比;(b)FIM 收益对比。

图 8-8(a)为无威胁条件下观测站静止、无威胁条件下观测站机动和有威胁条件下观测站机动 3 种情况的目标跟踪精度。无威胁条件下观测站机动的目标跟踪误差最低,无威胁条件下观测站静止和有威胁条件下观测站机动的目标跟踪误差相似,有威胁条件下观测站机动的目标跟踪误差相对较低。通过对比可以看出,观测站机动比观测站静止进行目标跟踪的误差更小,无威胁条件下观测站机动比有威胁条件下观测站机动的目标跟踪误差更小。

图 8-8(b)为无威胁条件下观测站静止、无威胁条件下观测站机动和有威胁条件下观测站机动 3 种情况的 FIM 收益。无威胁条件下观测站机动的 FIM

收益最高，有威胁条件下观测站机动的 FIM 收益次之，无威胁条件下观测站静止的 FIM 收益最低。通过对比可以看出，观测站机动比观测站静止 FIM 收益更高，由于威胁环境造成的机动轨迹的改变对 FIM 收益有影响。

对于匀加速直线运动目标，通过仿真对比可以得出以下结论：一是相比于观测站静止，用所提方法进行观测站机动可以提高目标跟踪精度和 FIM 收益；二是威胁环境对观测站机动跟踪精度和 FIM 收益有一定影响。

2. 协调转弯运动目标机动跟踪

协调转弯运动目标机动跟踪仿真条件及参数设置如下：滤波算法为 ABM－CD－ECKF，扩散矩阵 $\boldsymbol{Q}=\mathrm{diag}[0,\sigma_1^2,0,\sigma_1^2,\sigma_2^2]$，其中，$\sigma_1=\sqrt{2}$，$\sigma_2=7\times10^{-3}$。目标初始状态为 $\boldsymbol{x}(t_0)=[40\text{km},0\text{km/s},50\text{km},0.06\text{km/s},\psi]$，$\psi$ 已知为 0.01rad/s。观测站初始位置为[0km,0km]。测量噪声 $v_k\sim N(0,R_k)$，R_k 为一维常值 0.02rad。步长 h 分别设置为 0.001，采样周期 T 分别设置为 $10h$。观测站机动步长 0.085km/s，威胁位置[－20km　－25km 40km　－40km　－35km 10km；－8km 44km 5km 10km 70km 15km]。其他参数与前面相同。Monte Carlo 仿真次数为 500 次。误差用位置均方根误差(RMSE)表示。

图 8－9 展示了无威胁环境中观测站在静止和观测站机动条件下对协调转弯运动目标的跟踪场景。通过对比图 8－9(a)和(b)可以看出，观测站静止和观测站机动每一次观测的方位不同。在观测站机动条件下，观测站环绕目标运动。

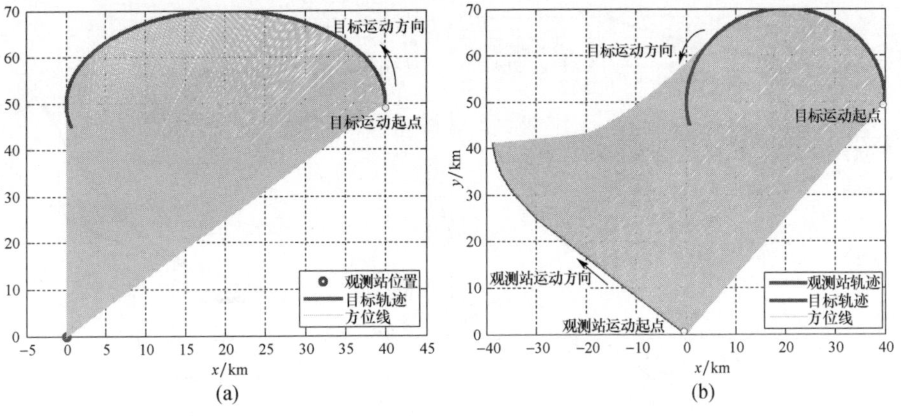

图 8－9　无威胁条件下观测站跟踪场景

(a)观测站静止；(b)观测站机动。

图 8－10 展示了有威胁环境中观测站机动条件下对协调转弯运动目标的跟踪场景。在遇到威胁时，观测站可以通过改变航向进行威胁规避。与图 8－9(b)

相比，由于图 8－10 的观测站机动处于威胁环境中，在无威胁影响的初始阶段，两者机动轨迹相似，在进入威胁范围内后进行威胁规避，两者轨迹差别明显，说明本文所提出的机动决策方法在有无威胁条件下针对协调转弯运动目标均可做出有效机动决策。

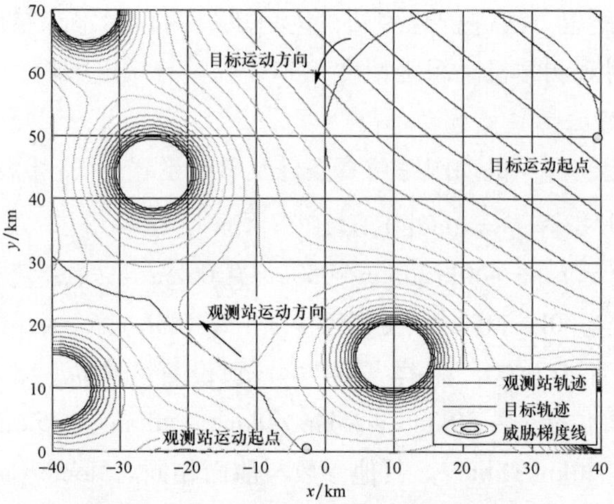

图 8－10　有威胁条件下观测站跟踪场景

下面对上述目标跟踪场景的跟踪误差和 FIM 收益进行对比，如图 8－11 所示。

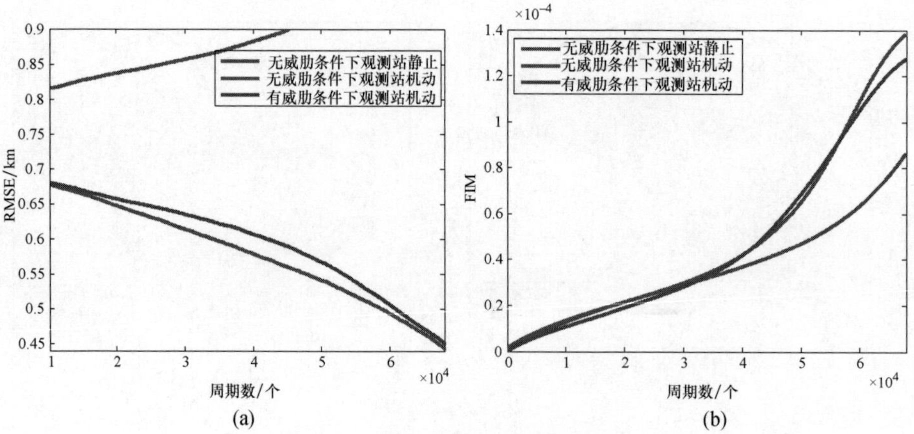

图 8－11　不同目标跟踪场景的跟踪效果对比

(a) 误差对比；(b) FIM 收益对比。

图 8－11(a) 为无威胁条件下观测站静止、无威胁条件下观测站机动和有威胁条件下观测站机动 3 种情况对协调转弯目标的跟踪精度。无威胁条件下

观测站机动的目标跟踪误差最低,其次是有威胁条件下观测站机动,无威胁条件下观测站静止的误差最大,并且出现发散的情况。通过对比可以看出,对于协调转弯运动目标,威胁虽然约束了观测站的机动空间,但通过有效的机动决策,使其与无威胁约束条件下的机动观测站的误差均小于观测站静止的情况,证明了机动决策方法的有效性。对于误差数据,无威胁条件下的观测站机动情况对应的误差最小,说明观测站机动与否对目标跟踪精度有影响。

图 8－11(b)为无威胁条件下观测站静止、无威胁条件下观测站机动和有威胁条件下观测站机动 3 种情况下协调转弯目标的 FIM 收益。无威胁条件下观测站机动的 FIM 收益最高,有威胁条件下观测站机动的 FIM 收益次之,无威胁条件下观测站静止的 FIM 收益最低。由于威胁影响导致观测站轨迹的改变,会导致一段时间内有威胁条件下的 FIM 收益高于无威胁条件。但从整个过程看,无威胁条件下观测站机动的 FIM 收益最高。通过对比可以看出,观测站机动比观测站静止 FIM 收益更高,由于威胁环境造成的机动轨迹的改变对 FIM 收益有影响。

对于协调转弯运动目标,通过仿真对比可以得出与前面匀加速直线运动目标跟踪类似的结论。说明本文所提算法对协调转弯和匀加速直线运动目标的机动跟踪在有威胁或无威胁环境下均有效。

8.6　本章小结

单观测站的运动会受到地形、敌方雷达、火炮等威胁的约束,为此,本章设计了在威胁约束下的单观测站路径选择策略和机动跟踪方法。首先对纯方位跟踪的可观测性进行了分析,并分析了对各类威胁,然后综合考虑跟踪场景中单观测站航迹对定位精度的贡献以及路径所受的各类威胁,构建了单观测站路径选择函数,并根据定位精度和生存能力构建了单观测站路径评价指标。同时,以马尔可夫决策过程为基础框架,使用量化方法将决策过程离散化,为马尔可夫决策过程的优化计算提供状态转移概率矩阵,并将 FIM 观测收益与威胁规避代价结合,提出威胁环境下观测站的机动决策。仿真实验中,利用 STK 构建了可视化仿真场景,并基于滤波估计算法,分别得到了各路径规划方法在无威胁和存在威胁场景下的路径。结果表明,传统方法所规划路径不能根据态势的改变而改变,而所提方法能够有效地规避威胁,并提高目标跟踪精度,具有良好的实用价值。

参考文献

[1] 陈忠贵,帅平,曲广吉. 现代卫星导航系统技术特点与发展趋势分析[J]. 中国科学(E辑:技术科学),2009,39(4):686-695.

[2] 刘天雄. 导航战及其对抗技术[J]. 卫星与网络,2014,(8):52-58.

[3] 王芳,刘兴,周海瑞. 导航战挑战与对策分析[J]. 指挥信息系统与技术,2014,5(4):20-25.

[4] 梁宗峰. 从伊拉克战争看GPS干扰和抗干扰的发展[C]. 中国航海学会通信导航专业委员会2005年学术年会,2005:4-7.

[5] 郭海侠. 卫星导航干扰源探测技术[J]. 导航,2010,(3):6-8.

[6] 何永前. 北斗卫星导航系统抗干扰技术研究与实现[J]. 舰船电子工程,2014,34(1):66-68.

[7] 王新怀. 卫星导航抗干扰接收系统技术研究[D]. 西安:西安电子科技大学,2010.

[8] 毛虎,吴德伟,闫占杰. 针对GPS接收机性能的压制干扰区域分析[J]. 宇航学报,2014,35(9):1078-1086.

[9] 张会锁,高关根,寇磊. 利用轨迹诱导的欺骗式GPS干扰技术研究[J]. 弹箭与制导学报,2013,33(8):149-152.

[10] 田明浩. 星载GPS相关干扰技术研究[D]. 南京:南京理工大学,2008.

[11] 杨元喜. 自适应动态导航定位[M]. 北京:测绘出版社,2006.

[12] 杨跃轮. 机载无源探测定位新技术综述[J]. 船舰电子对抗,2010,33(3):15-17.

[13] Gavish M, Weiss A J. Performance analysis of bearing-only target location algorithms[J]. IEEE Transactions on Aerospace and Electronic Systems,1992,28(3):817-828.

[14] Poirot J, Mcwhirter G. Application of linear statistical models to radar location techniques[J]. IEEE Transactions on Aerospace and Electronic Systems,1974,10(6):168-172.

[15] Wang Z, Luo J A, Zhang X P. A Novel Location-Penalized Maximum Likelihood Estimator for Bearing-Only Target Localization[J]. IEEE Transactions on Signal Processing,2012,60(12):6166-6181.

[16] Doğançay K. Bearings-only target localization using total least squares[J]. Signal Processing,2005,85(9):1695-1710.

[17] Golub G H, Loan C F V. An analysis of the total least squares problem[J]. SIAM Journal on

Numerical Analysis, 1980, 17: 883 - 893.

[18] Mahboub V, Sharifi M A. On weighted total least - squares with linear and quadratic constraints[J]. Journal of Geodesy, 2013, 87(3): 279 - 286.

[19] Schaffrin B, Wieser A. On weighted total least - squares adjustment for linear regression[J]. Journal of Geodesy, 2008, 87(7): 415 - 421.

[20] Wang D, Zhang L, Wu Y. Constrained total least squares algorithm for passive location based on bearing - only measurements[J]. Science in China Series F: Information Sciences, 2007, 50(4): 576 - 586.

[21] Wang D, Zhang L, Wu Y. The structured total least squares algorithm research for passive location based on angle information[J]. Science in China Series F: Information Sciences, 2009, 52(6): 1043 - 1054.

[22] Lemmerling P, Moor B D, Huffel S V. On the Equivalence of Constrained Total Least Squares and Structured Total Least Squares[J]. IEEE Transactions on Signal Processing, 1996, 44(11): 2908 - 2911.

[23] 孙仲康,郭富城,冯道旺. 单站无源定位跟踪技术[M]. 北京:国防工业出版社,2008.

[24] Anderson B D O, Moore J B. Optimal Filtering[M]. Eaglewood Cliffs, New York: Prentice - Hall, 1979.

[25] Ahmed N U, Radaideh S M. Modified extended Kalman filtering[J]. IEEE Transactions on Automatic Control, 1994, 36(6): 1322 - 1326.

[26] Quine B M. A derivative - free implementation of the extended Kalman filter[J]. Automatica, 2006, 42(11): 1927 - 1934.

[27] Itô K, Xiong K. Gaussian Filters for Nonlinear Filtering Problems[J]. IEEE Transactions on Automatic Control, 2000, 45(5): 910 - 927.

[28] Li W, Prasad S, Fowler J E. Hyperspectral Image Classification Using Gaussian Mixture Models and Markov Random Fields[J]. IEEE Geoscience and Remote Sensing Letters, 2014, 11(1): 153 - 157.

[29] 朱志宇. 粒子滤波算法以及应用[M]. 北京:科学出版社,2010.

[30] Yang T, Mehta P G, Meyn S P. Feedback Particle Filter[J]. IEEE Transactions on Automatic Control, 2013, 58(10): 2465 - 2480.

[31] Arasaratnam I, Haykin S, Elliott R J. Discrete - time nonlinear filtering algorithms using Gauss - Hermite quadrature[J]. IEEE Proceeding, 2007, 95(5): 953 - 977.

[32] NøRgaard M, Poulsen N K, Ravn O. New developments in state estimation for nonlinear systems[J]. Automatica, 2000, 36(11): 1627 - 1638.

[33] Julier S J, Uhlmann J K. Unscented filtering and nonlinear estimation[J]. Proceedings of the IEEE, 2004, 93(3): 401 - 422.

[34] Arasaratnam I, Haykin S. Cubature Kalman Filters[J]. IEEE Transactions on Automatic Control, 2009, 54(06): 1254 - 1269.

[35] Jia B, Xin M, Cheng Y. Sparse - grid quadrature nonlinear filtering[J]. Automatica, 2012, 48: 327 - 341.

[36] 冉昌艳,程向红,王海鹏. 稀疏网格高斯滤波器在 SINS 初始对准中的应用[J]. 中国惯性技术学报,2013,21(05):591 - 597.

[37] Straka O, Dunik J, Simandl M. Unscented Kalman filter with advanced adaptation of scaling parameter[J]. Automatica, 2014, 50(10): 2657 - 2664.

[38] García - Fernández F, Morelande M R, Grajal J. Truncated Unscented Kalman Filtering[J]. IEEE Transactions on Signal Processing, 2013, 60(7): 3372 - 3386.

[39] Wang S, Feng J, Tse C K. Spherical Simplex - Radial Cubature Kalman Filter[J]. IEEE Signal Processing Letters, 2014, 21(1): 43 - 46.

[40] Leong P H, Arulampalam S, Lamahewa T A, et al. Gaussian - Sum Cubature Kalman Filter with Improved Robustness for Bearings - only Tracking[J]. IEEE Signal Processing Letters, 2014, 21(5): 513 - 517.

[41] Jia B, Xin M, Cheng Y. High - degree cubature Kalman filter[J]. Automatica, 2013, 49: 510 - 518.

[42] Zhang Y, Huang Y, Wu Z, et al. Seventh - degree spherical simplex - radial cubature Kalman filter[C]. 2014 33rd Chinese Control Conference (CCC), 2014: 2513 - 2517.

[43] Chang L, Hu B, Li A, et al. Transformed Unscented Kalman Filter[J]. IEEE Transactions on Automatic Control, 2013, 58(1): 252 - 257.

[44] Duník J, Straka O, Šimandl M. Stochastic Integration Filter[J]. IEEE Transactions on Automatic Control, 2013, 58(06): 1561 - 1566.

[45] Leong P H, Arulampalam S, Lanahewa T A, et al. A Gaussian - Sum Based Cubature Kalman Filter for Bearings - Only Tracking[J]. IEEE Transactions on Aerospace and Electronic Systems, 2013, 49(2): 1161 - 1176.

[46] 王小旭,潘泉,黄鹤,等. 非线性系统确定采样型滤波算法综述[J]. 控制与决策,2012,27(6):801 - 812.

[47] 穆静,蔡远利. 迭代容积卡尔曼滤波算法及其应用[J]. 系统工程与电子技术,2011,33(7):1454 - 1457.

[48] 魏喜庆,宋申民. 无模型容积卡尔曼滤波及其应用[J]. 控制与决策,2013,28(5):769 - 773.

[49] 杨金龙,姬红兵,刘进忙. 高斯厄米特粒子 PHD 被动测角多目标跟踪算法[J]. 系统工程与电子技术,2013,35(3):457 - 462.

[50] Crouse D. Basic Tracking Using Nonlinear continuous - time dynamic models[J]. IEEE Aero-

space and Electronic Systems Magazine,2015,30(2):4 – 41.

[51] Arasaratnam I,Haykin S,Hurd T R. Cubature Kalman Filtering for Continuous – Discrete Systems:Theory and Simulation[J]. IEEE Transactions On Signal Processing,2010,58(10):4977 – 4993.

[52] Frogerais P,Bellanger J,Senhadji L. Various ways to compute the continuous – discrete extended Kalman filter[J]. IEEE Transactions On Automatic Control,2012,57(4):1000 – 1004.

[53] Crouse D F. Cubature Kalman Filters for Continuous – Time Dynamic Models Part I:Solutions Discretizing the Langevin equation[C]. Radar Conference 2014 IEEE,2014:169 – 174.

[54] Yang T,Blom H A P,Mehta P G. The continuous – discrete time feedback particle filter[C]. 2014 American control conference,2014:648 – 653.

[55] Särkkä S. On unsented Kalman filtering for state estimation of continuous – time nonlinear systems[J]. IEEE Transactions On Automatic Control,2007,52(9):1631 – 1641.

[56] Jørgensen J B,Thomsen P G,Madsen H,et al. A Computationally Efficient and Robust Implementation of the Continuous – Discrete Extended Filter[C]. Proceedings of the 2007 American Control Conference,2007:3706 – 3712.

[57] Xia Y,Geng X. A new continuous – discrete particle filter for continuous – discrete nonlinear systems[J]. Information Sciences,2013,242(1):64 – 75.

[58] Bourmaud G,Megret R,Arnaudon M,et al. Continuous – discrete extended Kalman filter on matrix Lie groups using concentrated Gaussian distributions[J]. Journal of Mathematical Imaging and Vision,2015,51(1):209 – 228.

[59] Crouse D F. Cubature Kalman Filters for Continuous – Time Dynamic Models Part Ⅱ:A Solution based on moment matching[C]. 2014 IEEE Radar Conference,2014:194 – 199.

[60] Wang J, Wang J, Zhang D, et al. Stochastic Feedback Based Kalman Filter for Nonlinear Continuous – Discrete Systems[J]. IEEE Transactions On Automatic Control, 2017, 63(9):3002 – 3009.

[61] Kulikov G Y,Maria V K. Accurate Numerical Implementation of the Continuous – Discrete Extended Kalman Filter[J]. IEEE Transactions On Automatic Control,2014,59(1):273 – 279.

[62] Kulikov G Y,Maria V K. The Accurate Continuous – Discrete Extended Kalman Filter for Radar Tracking[J]. IEEE Transactions On Signal Processing,2016,64(4):948 – 958.

[63] Maria V K,Kulikov G Y. Square – root accurate continuous – discrete extended Kalman filter for target tracking[C]. 52nd IEEE conference on decision and control,2013:7785 – 7790.

[64] Kulikov G Y,Kulikova M V. Accurate continuous – discrete unscented Kalman filtering for estimation of nonlinear continous – time stochastic models in radar tracking[J]. Signal Processing,2017,139:25 – 35.

[65] Kulikov G Y,Maria V K. High – order accurate continuous – discrete extended Kalman filte-

ring for chemical engineering[J]. European Journal of Control,2015,21:14 - 26.

[66] Kulikova M V,Kulikov G Y. NIRK - based Accurate Continuous - Discrete Extended Kalman filters for Estimating Continous - time Stochastic Target Tracking Models[J]. Journal of Computational and Applied Mathematics,2016,316:260 - 270.

[67] Huber P J. Robust estimation of a location parameter[J]. The Annals of Mathematical Statistics,1964,35(1):73 - 101.

[68] 周江文,黄幼才,杨元喜. 抗差最小二乘法[M]. 武汉:华中理工大学出版社,1997.

[69] 杨元喜,宋力杰,徐天河. 双因子方差膨胀抗差估计[J]. 测绘学报,2001,21(2):1 - 5.

[70] Yang Y X,Wen Y. Synthetically Adaptive Robust Filtering for Satellite Orbit Determination [J]. Science in China Scrics D:Earth Sciences,2003,32(11):1112 - 1119.

[71] Gandhi M,Mili L. Robust Kalman Filter Based on a Generalized Maximum - Likelihood - Type Estimator[J]. IEEE Transactions on Signal Processing,2010,58(5):2509 - 2520.

[72] 吴富梅,杨元喜. 一种两步自适应抗差 Kalman 滤波在 GPS/INS 组合导航中的应用[J]. 测绘学报,2010,39(5):522 - 527.

[73] 黄观文,杨元喜,张勤. 开窗分类因子抗差自适应序贯平差用于卫星钟差参数估计与预报[J]. 测绘学报,2011,40(1):15 - 21.

[74] Hajiyev C,Soken H E. Robust adaptive unscented Kalman filter for attitude estimation of pico satellites[J]. International Journal of Adaptive Control and Signal Processing,2014,28(2): 107 - 120.

[75] Karlgaard C D,Schaub H. Huber - Based Divided Difference Filtering[J]. Journal of Guidance Control & Dynamics,2007,30(3):885 - 891.

[76] Wang X,Cui N,Guo J. Huber - based unscented filtering and its application to vision - based relative navigation[J]. IET Radar Sonar and Navigation,2010,4(1):134 - 141.

[77] Karlgaard C D. Nonlinear Regression Huber - Kalman Filtering and Fixed - Interval Smoothing[J]. Journal of Guidance Control and Dynamics,2015,38(2):322 - 330.

[78] Chang L,Hu B,Chang G,et al. Robust derivative - free Kalman filter based on Huber's M - estimation methodology[J]. J Process Control,2013,23(10):1555 - 1561.

[79] HöRst J,Oispuu M,Koch W. Accuracy Study for a Piecewise Maneuvering Target with Unknown Maneuver Change Times[J]. IEEE Transactions on Aerospace and Electronic Systems,2014,50(01):737 - 755.

[80] Jazwinski A H. Stochastic processes and filtering theory[M]. New York:Mathematics in Science and Engineering Academic Press,1970.

[81] Chang G B,Liu M. An adaptive fading Kalman filter based on Mahalanobis distance[J]. Proceedings of the Institution of Mechanical Engineers Part G - Journal of Aerospace Engineering,2015,229(6):1114 - 1123.

[82] Yang Y, He H, Xu G. Adaptively robust filtering for kinematic geodetic positioning[J]. Journal of Geodesy, 2001, 75(2-3): 109-116.

[83] Yang Y, Xu T. An adaptive Kalman filter based on Sege windowing weights and variance components[J]. The Journal of Navigation, 2003, 56(2): 231-240.

[84] Yang Y, Gao W. An optimal adaptive Kalman filter[J]. Journal of Geodesy, 2006, 80(4): 177-183.

[85] Yang Y X, Cui X Q. Adaptively robust filter with multi adaptive factors[J]. Survey Review, 2008, 40(309): 260-270.

[86] Wang X, Shao X, Gong D, et al. Improved adaptive Huber filter for relative navigation using global position system[J]. Proceedings of the Institution of Mechanical Engineers Part G - Journal of Aerospace Engineering, 2011, 225(G7): 769-777.

[87] Wang Y D, Sun S M, Li L. Adaptively Robust Unscented Kalman Filter for Tracking a Maneuvering Vehicle[J]. Journal of Guidance Control and Dynamics, 2014, 37(5): 1696-1701.

[88] Zhao L Q, Wang J L, Yu T, et al. Design of adaptive robust square-root cubature Kalman filter with noise statistic estimator[J]. Applied Mathematics and Computation, 2015, 256: 352-367.

[89] Le Cadre J P, Jauffret C. Discrete-time observability and estimability analysis for bearings-only target motion analysis[J]. IEEE Transactions on Aerospace and Electronic Systems, 1997, 33(1): 178-201.

[90] Le C J E, Jauffret C. Discrete-time observability and estimability analysis for bearings-only target motion analysis[J]. IEEE Transactions On Aerospace & Electronic Systems, 2018, 33(1): 178-201.

[91] Ross S M, Cobb R G, Baker W P. Stochastic Real-Time Optimal Control for Bearing-Only Trajectory Planning[J]. International Journal of Micro Air Vehicles, 2014, 6(1): 1-27.

[92] Hammel S E, Liu P T, Hilliard E J, et al. Optimal observer motion for localization with bearing measurements[J]. Computers & Mathematics with Applications, 1989, 18(s1-3): 171-180.

[93] Le Cadre J P, Laurent-Michel S. Optimizing the receiver maneuvers for bearings-only tracking[J]. Automatica, 1999, 35(4): 591-606.

[94] Oshman Y, Davidson P. Optimization of observer trajectories for bearings-only target localization[J]. IEEE Transactions on Aerospace and Electronic Systems, 1999, 35(3): 892-902.

[95] Singh S, Vo B N, Doucet A, et al. Stochastic approximation for optimal observer trajectory planning[M]. New York: IEEE, 2003: 6313-6318.

[96] 戴中华. 单站只测角无源定位轨迹优化方法[D]. 长沙:国防科学技术大学,2007.

[97] Loc M B, Choi H S, You S S, et al. Time optimal trajectory design for unmanned underwater vehicle[J]. Ocean Engineering, 2014, 89: 69-81.

[98] Ross S M, Cobb R G, Baker W P. Stochastic Real-Time Optimal Control for Bearing-Only

Trajectory Planning[J]. International Journal of Micro Air Vehicles,2014,6(1):1 - 27.

[99] Gurcan R,Kartal M. Observer path design by imitation of competing constraints for bearing only tracking[J]. Turkish Journal of Electrical Engineering and Computer Sciences,2012,20:1160 - 1174.

[100] 权宏伟. 基于 Fisher 信息最大化的机载 ESM 无源定位[J]. 中南大学学报(自然科学版),2013,44(S2):334 - 338.

[101] 许志刚,周立. 纯方位目标跟踪系统观测平台的贪婪法机动策略[J]. 淮海工学院学报(自然科学版),2014,23(2):1 - 5.

[102] Rao S K. Bearings - only tracking:observer maneuver recommendation[J]. IETE Journal of Research,2018:1 - 12.

[103] Zhang H,de Saporta B,Dufour F,et al. Stochastic control of observer trajectories in passive tracking with acoustic signal propagation optimization[J]. IET Radar,Sonar & Navigation,2018,12(1):112 - 120.

[104] Shraim H,Awada A,Youness R. A survey on quadrotors:Configurations,modeling and identification,control,collision avoidance,fault diagnosis and tolerant control[J]. IEEE Aerospace & Electronic Systems Magazine,2018,33(7):14 - 33.

[105] Chen T,Hao W. Autonomous assembly with collision avoidance of a fleet of flexible spacecraft based on disturbance observer[J]. Acta Astronautica,2018,147:86 - 96.

[106] Cichella V,Marinho T,Stipanović D,et al. Collision Avoidance Based on Line - of - Sight Angle[J]. Journal of Intelligent & Robotic Systems,2018,89(3):1 - 15.

[107] Anton H,Rorrer C. Elementary Linear Algebra[M]. New York:John Wiley & Sons,Inc,2000.

[108] Berberian S K. Linear Algebra[M]. New York:Oxford University Press,1992.

[109] Johnson L W,Riess R D,Arnold J T. Introduction to Linear Algebra[M]. New York:Prentice ~ Hall,2000.

[110] Lay D C. Linear Algebra and Its Applications[M]. New York:Addison - Wesley,2000.

[111] Horn R,Johnson C. 矩阵分析[M]. 第 2 版. 北京:机械工业出版社,2020.

[112] Petersen K B,Petersen M S. The Matrix Cookbook[OL]. http://matrixcookbook.com,2012.

[113] Sherman J,Morrison W J. Adjustment of an inverse matrix corresponding to changes in the elements of a given column or a given row of the original matrix[J]. Ann Math Statist,1949,20:621.

[114] 张贤达. 矩阵分析与应用[M]. 第 2 版. 北京:清华大学出版社,2004.

[115] 史荣昌,魏丰. 矩阵分析[M]. 第 2 版. 北京:北京理工大学出版社,2005.

[116] 张凯院,徐仲. 矩阵论[M]. 西安:西北工业大学出版社,2017.

[117] 秦永元. 卡尔曼滤波与组合导航原理[M]. 第 3 版. 西安:西北工业大学出版社,2015.

[118] 陈金广．目标跟踪系统中的滤波方法[M]．西安:西安电子科技大学出版社,2013.

[119] 罗俊海,王章静．多源数据融合和传感器管理[M]．北京:清华大学出版社,2015.

[120] Lin S G. Assisted adaptive extended Kalman filter for low - cost single - frequency GPS/SBAS kinematic positioning[J]. GPS Solutions,2015,19(2):215 - 223.

[121] Doucet A,Gadsill S,Andrieu C. On sequential Monte Carlo sampling methods for Bayesian filtering[J]. Statistics and Computing,2000,50(2):736 - 746.

[122] Szottka I,Butenuth M. Advanced Particle Filtering for Airborne Vehicle Tracking in Urban Areas[J]. IEEE Geoscience and Remote Sensing Letters,2014,11(3):686 - 690.

[123] Arasaratnam I,Haykin S. Cubature Kalman smoothers[J]. Automatica,2011,47:2245 - 2250.

[124] Julier S J,Uhlmann J K. A new method for the nonlinear transformation of means and covariances in filters and estimators[J]. IEEE Transactions on Automatic Control,2000,45(3):477 - 482.

[125] Shu T G,Reza Zekavat S A,Pahlavan K. DOA - Based Endoscopy Capsule Localization and Orientation Estimation via Unscented Kalman Filter[J]. IEEE Sensors Journal 2014,14(11):3819 - 3829.

[126] Chang L B,Hu B Q,An L,et al. Unscented type kalman filter:limitation and combination[J]. IET Signal Processing,2013,7(3):167 - 176.

[127] Huber P J,Ronchetti E M. Robust statistics - 2nd Edition[M]. Hoboken,New Jersey:John Wiley & Sons,Inc. ,2009.

[128] Pilanci M,Arikan O,Pinar M C. Structured Least Squares Problems and Robust Estimators[J]. IEEE Transactions on Signal Processing,2010,58(5):2453 - 2465.

[129] 杨元喜．自适应动态导航定位[M]．北京:测绘出版社,2006.

[130] Bisht S S,Singh M P. An adaptive unscented Kalman filter for tracking sudden stiffness changes[J]. Mechanical Systems and Signal Processing,2014,49(1 - 2):181 - 195.

[131] Mohamed A H,Schwarz K P. Adaptive Kalman filtering for INS GPS[J]. Journal of Geodesy,1999,73(4):193 - 203.

[132] 关欣,舒益群,衣晓．基于运动外辐射源的单站定位误差分析与仿真[J]．中国电子科学研究院学报[J],2019,14(9):954 - 959.

[133] Wu H,Chen S X,Zhang Y H,et al. Robust bearings - only tracking algorithm using structured total least squares - based Kalman filter[J]. Automatika,2015,56(3):275 - 280.

[134] 郑岩．基于方位角及其变化率的无源定位算法研究[J]．哈尔滨:哈尔滨工程大学,2010.

[135] 倪文冠．基于多信息处理的机动单站无源探测定位研究[D]．上海:上海交通大学,2007.

[136] Fang X,Kutterer H. On the Weighted Total Least Squares Solutions,Kutterer H,Seitz F,

Alkhatib H, Schmidt M, editor, The 1st International Workshop on the Quality of Geodetic Observation and Monitoring Systems (QuGOMS'11): Springer International Publishing, 2015:45 - 50.

[137] 吴昊,陈树新,张衡阳. 基于递推总体最小二乘的机载单站无源定位算法[J]. 空军工程大学学报(自然科学版),2013,14(1):62 - 65.

[138] 吴昊,陈树新,张衡阳,等. 一种鲁棒的递推总体最小二乘无源定位算法[J]. 中南大学学报(自然科学版),2015,46(3):886 - 893.

[139] 吴昊,陈树新,侯志强,等. 一种鲁棒的约束总体最小二乘定位算法[J]. 上海交通大学学报(自然科学版),2013,47(7):1114 - 1118.

[140] Jia T Y, Wang H Y, Shen X H, et al. Target localization based on structured total least squares with hybrid TDOA - AOA measurements[J]. Signal Processing,2018,2:211 - 221.

[141] Li W, Liu M H, Duan D P. Improved robust Huber - based divided difference filtering[J]. Proceedings of the Institution of Mechanical Engineers Part G - Journal of Aerospace Engineering,2014,228(11):2123 - 2129.

[142] Wu H, Chen S X, Yang B F, et al. Robust structured total least squares algorithm for passive location[J]. Journal of Systems Engineering and Electronics,2015,26(5):946 - 953.

[143] Chandra K P, Gu D W, Postlethuevite I. Square Root Cubature Information Filter[J]. IEEE Sensors Journal,2013,13(2):750 - 758.

[144] Bhaumik S. Cubature quadrature Kalman filter[J]. IET Signal Processing,2013,7(7):533 - 541.

[145] Bhaumik S, Swati. Square - Root Cubature - Quadrature Kalman Filter[J]. Asian Journal of Control,2014,16(2):617 - 622.

[146] Liu Z W, Chen S X, Wu H, et al. Orthogonal Simplex Chebyshev - Laguerre Cubature Kalman Filter Applied in Nonlinear Estimation Systems [J]. Applied Sciences, 2018, 8(6):863.

[147] Leong P H, Arulampalam S, Lanahewa T A, et al. A Gaussian - Sum Based Cubature Kalman Filter for Bearings - Only Tracking[J]. IEEE Transactions on Aerospace and Electronic Systems,2013,49(2):1161 - 1176.

[148] Wu H, Chen S X, Yang B F, et al. Range - parameterized orthogonal simplex cubature Kalman filter for bearings - only measurements[J]. IET Science, Measurement & Technology, 2016,10(4):370 - 374.

[149] Wu H, Chen S X, Yang B F, et al. Robust range - parameterized cubature Kalman filter for bearings - only tracking[J]. Journal of Central South University,2016,23(6):1399 - 1405.

[150] Wu H, Chen S X, Yang B F, et al. Robust improved Gaussian - sum cubature Kalman filter for infrared target tracking[J]. Journal of Infrared and Millimeter Waves,2016,35(1):23 - 27.

[151] Arasaratnam I, Haykin S. Square - Root Quadrature Kalman Filtering[J]. IEEE Transactions on Signal Processing, 2008, 56(6): 2589 - 2593.

[152] Santos - Díaz E, Haykin S, Hurd T R. The Fifth - Degree Continuous - Discrete Cubature Kalman Filter for Radar[J]. IET Radar Sonar & Navigation, 2018, 12(11): 1225 - 1232.

[153] Kulikov G. Y., Kulikova M. V. Accurate cubature and extended Kalman filtering methods for estimating continuous - time nonlinear stochastic systems with discrete measurements[J]. Applied Numerical Mathematics, 2017, 111: 260 - 275.

[154] Ahmed - Ali T, Postoyan R, Lamnabhi - Lagarrigue F O. Continuous - discrete adaptive observers for state affine systems. [J]. Automatica, 2009, 45(12): 2986 - 2990.

[155] Särkkä S, Sarmavuori J. Gaussian filtering and smoothing for continuous - discrete dynamic systems[J]. Signal Processing, 2013, 93(2): 500 - 510.

[156] Farza M, M'Saad M, Fall M L, et al. Continuous - Discrete Time Observers for a Class of MIMO Nonlinear Systems[J]. IEEE Transactions On Automatic Control, 2014, 59(4): 1060 - 1065.

[157] Berntorp K, Grover P. Feedback Particle Filter With Data - Driven Gain - Function Approximation[J]. IEEE Transactions on Aerospace & Electronic Systems, 2018, 5(54): 2118 - 2130.

[158] He R K, Chen S X, Wu H, et al. Adaptive covariance feedback cubature Kalman filtering for continuous - discrete bearings - only tracking system[J] IEEE Access, 2019, 7: 2686 - 2694.

[159] He R K, Chen S X, Wu H, et al. Stochastic feedback based continuous - discrete cubature Kalman filtering for bearings - only tracking[J] Sensors, 2018, 18(6), 1959.

[160] He R K, Chen S X, Wu H, et al. Efficient extended cubature Kalman filtering for nonlinear target tracking[J]. International Journal of Systems Science, 2021, 52(2): 392 - 406.

[161] 吴昊, 陈树新, 杨宾峰, 等. 基于广义 M 估计的鲁棒容积卡尔曼滤波目标跟踪算法[J]. 物理学报, 2015, 64(21): 218401.

[162] Wu H, Chen S X, Yang B F, et al. Robust Derivative - free cubature Kalman filter for bearings - only tracking[J]. Journal of Guidance Control and Dynamics, 2016, 39(8): 1866 - 1871.

[163] Chang G. Robust Kalman filtering based on Mahalanobis distance as outlier judging criterion[J]. Journal of Geodesy, 2014, 88(4): 391 - 401.

[164] Qing L Y, Jian F C, Lieven D S. An Outlier Detection Method Based on Mahalanobis Distance for Source Localization[J]. Sensors, 2018, 18(7): 2186 - 2194.

[165] Chang L, Hu B, Chang G, et al. Huber - based novel robust unscented Kalman filter[J]. IET Science Measurement & Technology, 2012, 6(6): 502 - 509.

[166] Wang Y D, Sun S M, Li L. Adaptively Robust Unscented Kalman Filter for Tracking a Maneuvering Vehicle[J]. Journal of Guidance Control and Dynamics, 2014, 37(5): 1696 - 1701.

[167] Chang G, Liu M. M – estimator – based robust Kalman filter for systems with process modeling errors and rank deficient measurement models[J]. Nonlinear Dynamics, 2015, 80(3): 1431 – 1449.

[168] Chang G. Kalman filter with both adaptivity and robustness[J]. Journal of Process Control, 2014, 24(3): 81 – 87.

[169] 何友,关欣,衣晓. 纯方位二维运动目标的不可观测性问题研究[J]. 系统工程与电子技术, 2003, 25(1): 11 – 14.

[170] 吴昊,陈树新,刘卓崴. 战场威胁约束下的纯方位探测单观测站轨迹优化,国防科技大学学报, 2018, (5): 133 – 137.

[171] Feuer A, Goodwin G C. On – line quantization in nonlinear filtering[J]. Journal of Statistical Computation and Simulation, 2013, 83(7): 1210 – 1222.

[172] Pagès G, Pham H. Optimal quantization methods for nonlinear filtering with discrete – time observations[J]. Bernoulli, 2005, 11(5): 893 – 932.

[173] Bally V, Pagès G. A quantization algorithm for solving multi – dimensional discrete – time optimal stopping problems[J]. Bernoulli, 2003, 9(6): 1003 – 1049.

[174] He R K, Chen S X, Wu H, et al. Optimal maneuver strategy of observer for bearings – only tracking in Threat Environment[J]. International Journal of aerospace engineering, 2018, 7901917.

[175] He R K, Chen S X, Wu H, et al. Robust maneuver strategy of observer for bearings – only tracking[J]. Asian journal of control, 2019, 21(4): 1719 – 1731.

内 容 简 介

本书全面、系统地阐述了单站纯方位定位跟踪理论和方法。主要围绕如何提高定位跟踪的准确性和鲁棒性展开讨论，内容包括静止目标抗异常误差定位方法、运动目标非线性滤波跟踪方法、基于连续－离散系统滤波的高精度跟踪方法、基于抗差自适应估计的抗异常误差跟踪方法、单观测站机动跟踪策略等。本书将最新的最优估计、非线性滤波、连续－离散系统滤波、抗差自适应估计、最优决策等方法有机结合，形成了富有特色的非线性估计和滤波理论与方法。

成书内容来源于作者在国家自然科学基金、全国博士后创新人才支持计划等项目支持下取得的学术成果，内容兼具前沿性、创新性和系统性，可作为高等院校控制科学与工程、信息与通信工程、电子科学与技术、导航定位及大地测量等专业高年级本科生以及博士、硕士研究生的教材和参考用书，也可供导航、控制、信息、雷达、航空航天等领域的科研工作者和工程技术人员参考。

This book comprehensively and systematically expounds the theory and method of bearings – only positioning and tracking with single station. The discussion mainly focuses on how to improve the accuracy and robustness of positioning and tracking, including: robust stationary target positioning method, nonlinear filtering tracking method of moving target, high – precision tracking method based on continuous – discrete system filtering, adaptively and robust estimation based tracking method, single observation station maneuver tracking strategy, etc. This book organically combines the latest optimal estimation, nonlinear filtering, continuous – discrete system filtering, adaptively and robust estimation, optimal decision – making and other methods to form unique theory and method of nonlinear estimation and filtering.

The content of the book comes from the author s' academic achievements under the support of the National Natural Science Foundation of China and the National Postdoctoral Innovative Talent Support Program. The content is cutting – edge, innovative and systematic. It can be used as a textbook and reference book for senior undergraduates, doctoral and master graduate students in majors such as control science and engineering, information and communication engineering, electronic science and technology, navigation positioning and geodesy, etc. , and can also be used as a reference for scientific researchers and engineering technicians in the fields of navigation, control, information, radar, aerospace, etc.

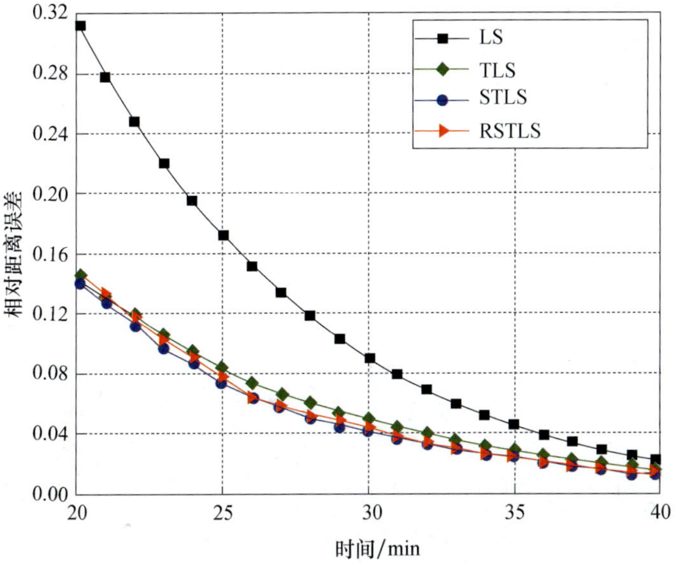

图 3-4　无异常误差时的各算法比较

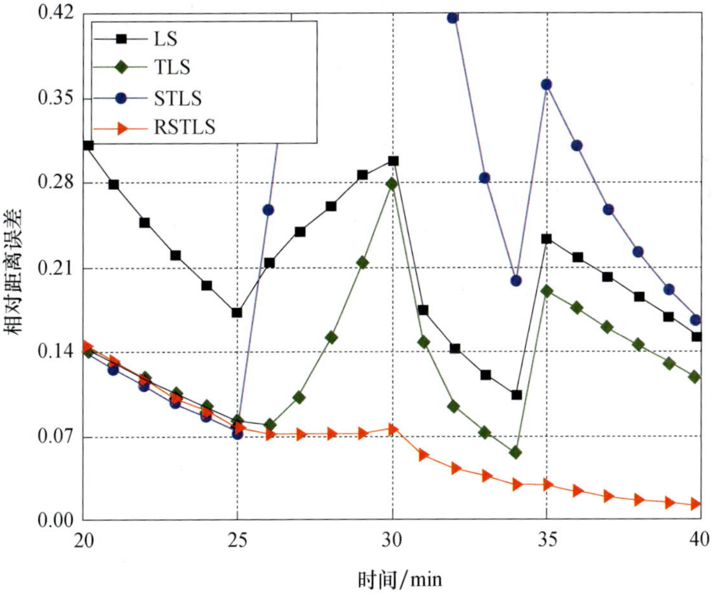

图 3-6　存在异常误差时各算法性能比较

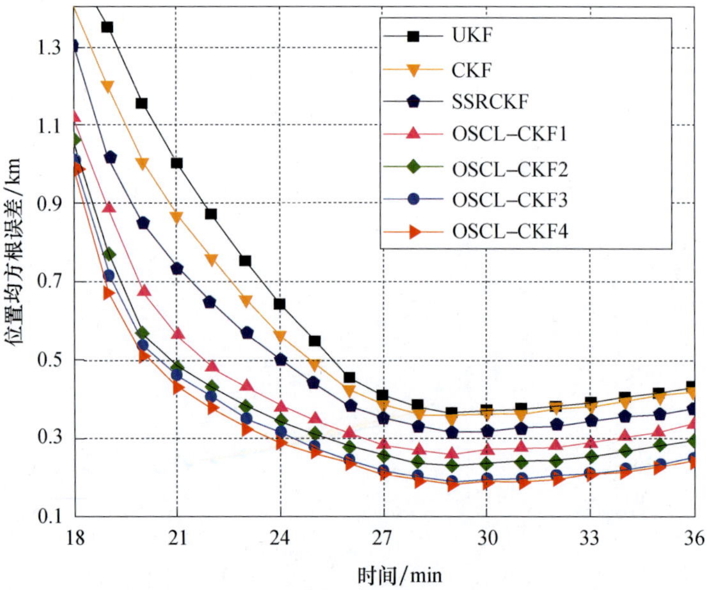

图 4 – 3　各算法位置均方根误差比较

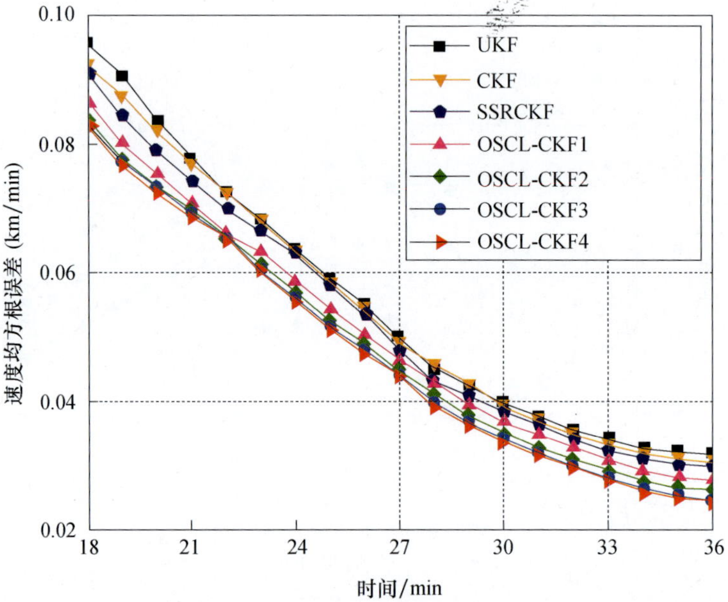

图 4 – 4　各算法速度均方根误差比较

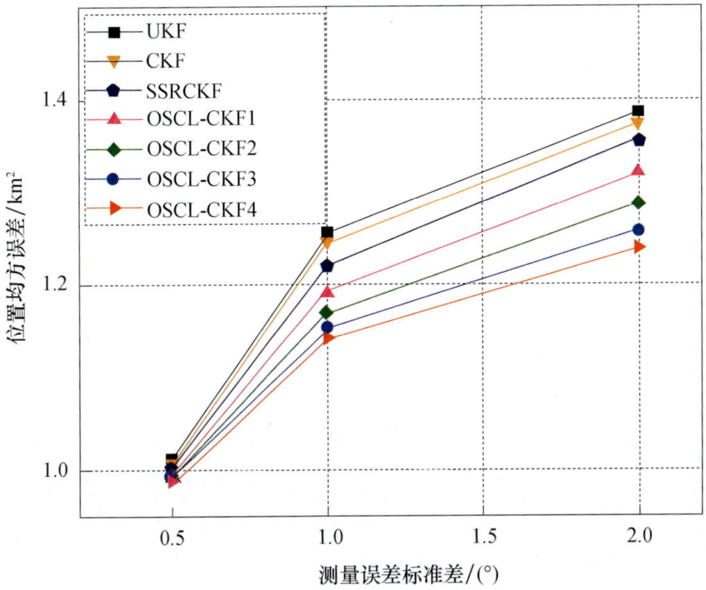

图 4-5　不同噪声标准差下各算法 MSE_{pos} 比较

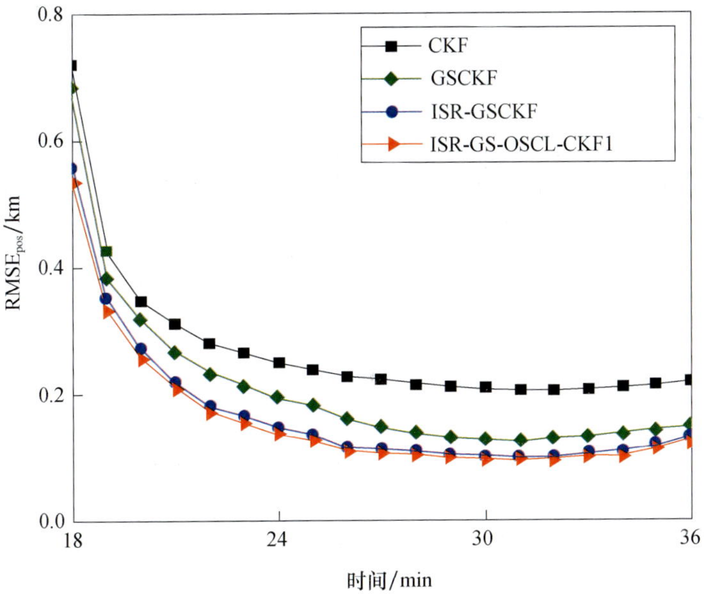

图 4-6　低非线性场景下各算法性能比较

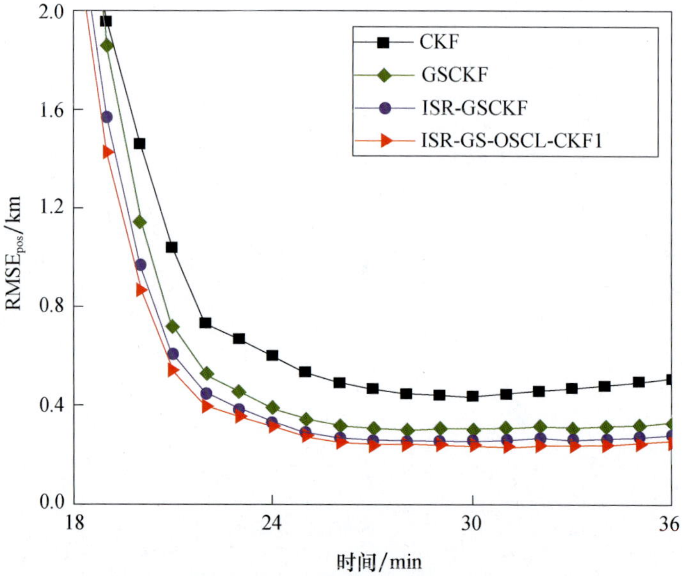

图 4-7 高非线性场景下算法性能比较

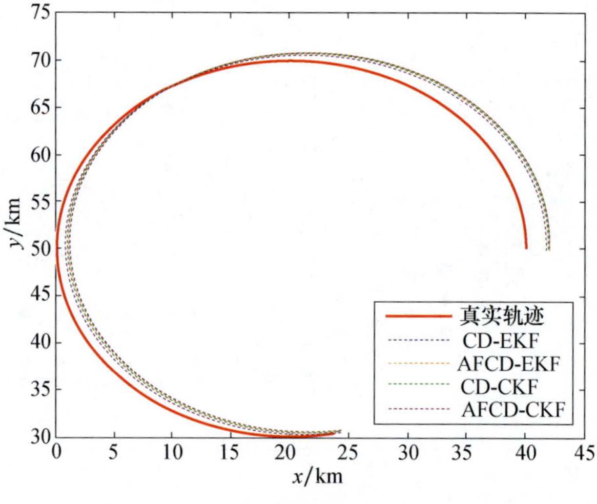

图 5-5 目标跟踪轨迹

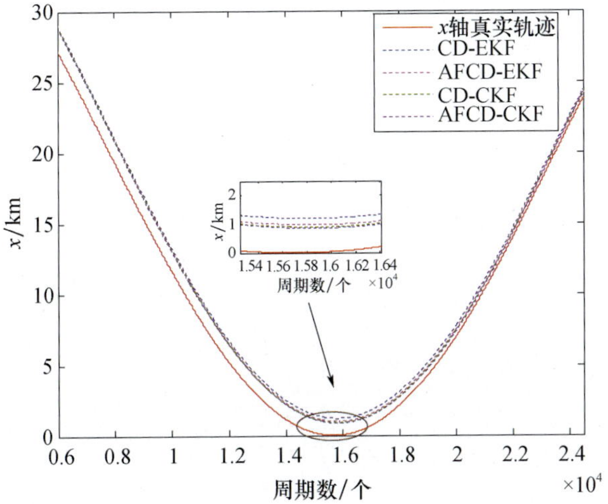

(a)

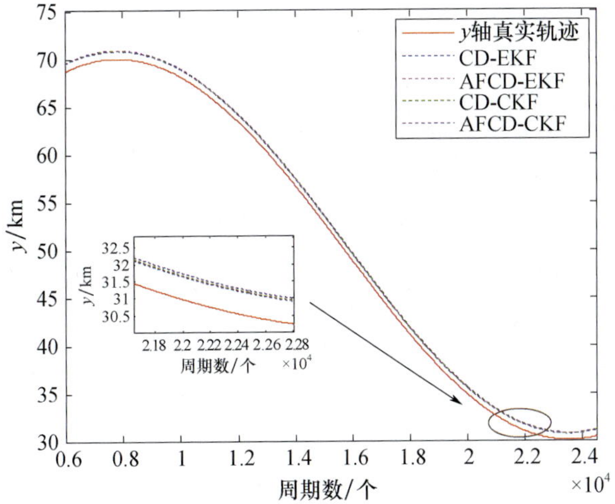

(b)

图 5－6　目标跟踪轨迹的 x、y 轴位置状态

(a)目标跟踪轨迹 x 轴位置状态；(b)目标跟踪轨迹 y 轴位置状态。

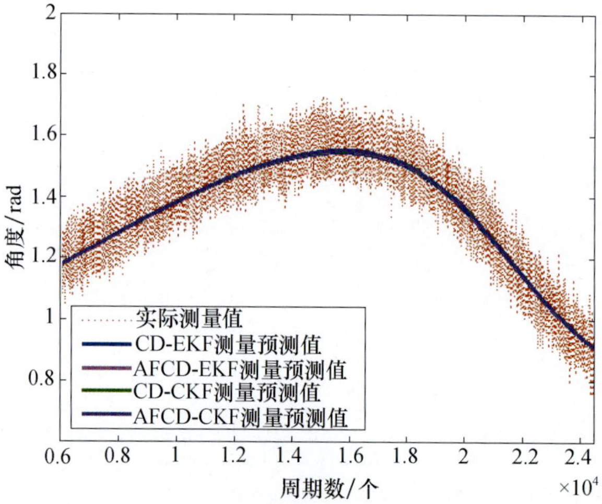

(a)

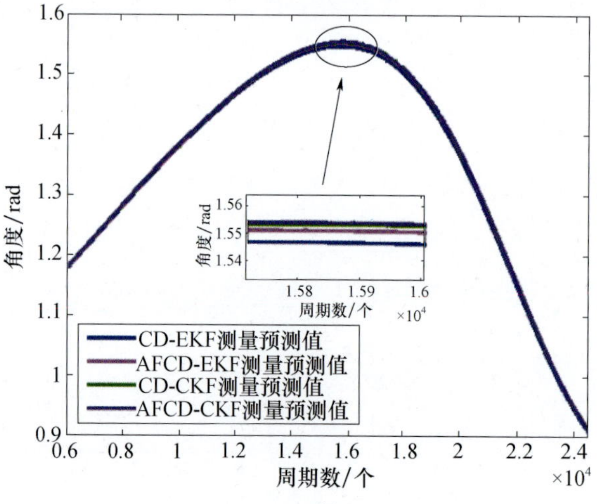

(b)

图 5-7　纯方位跟踪测量值

(a)实际方位测量值与预测测量值;(b)不同算法条件下的测量预测值。

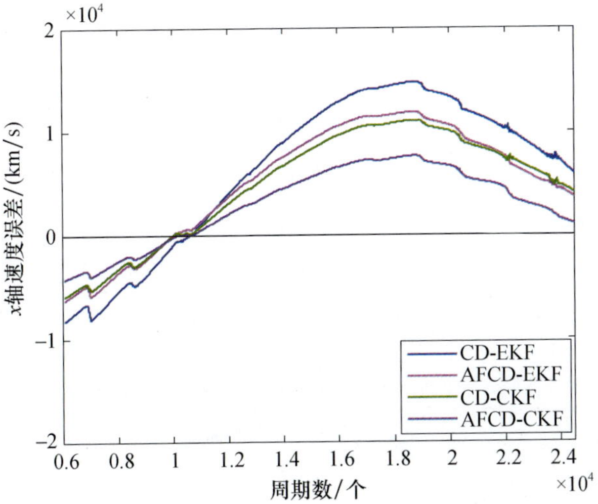

(a)

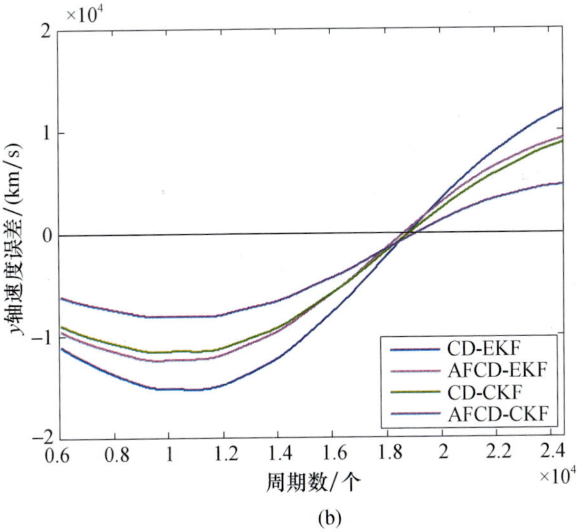

(b)

图 5－8　目标 x、y 轴速度的估计误差

(a)目标 x 轴速度的估计误差;(b)目标 y 轴速度的估计误差。

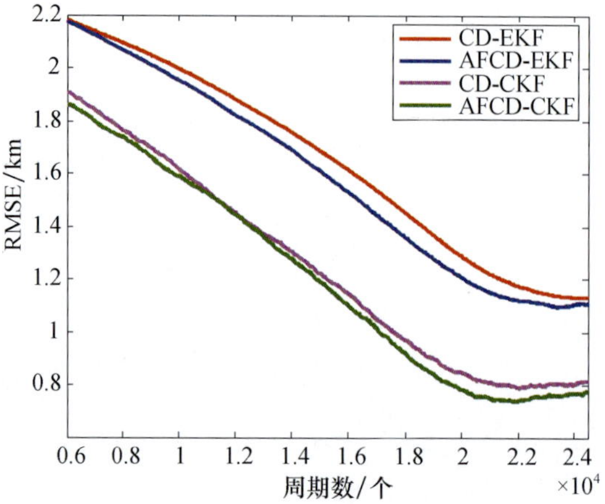

图 5-9　不同算法的均方根误差

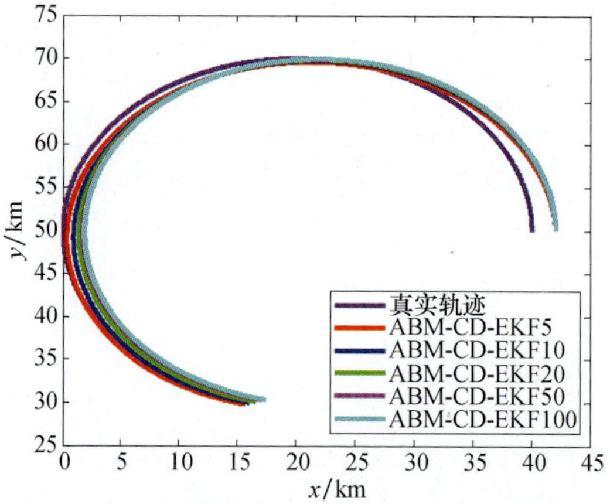

图 5-10　基于 ABM-CD-EKF 算法的纯方位跟踪轨迹

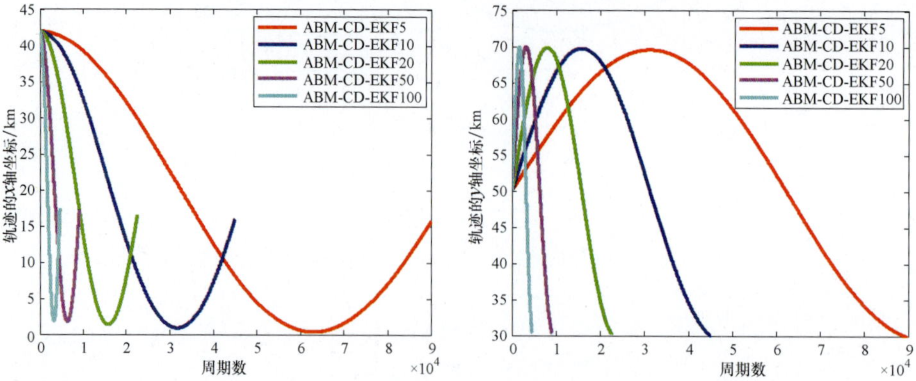

图 5-11　目标轨迹的 x、y 轴状态图

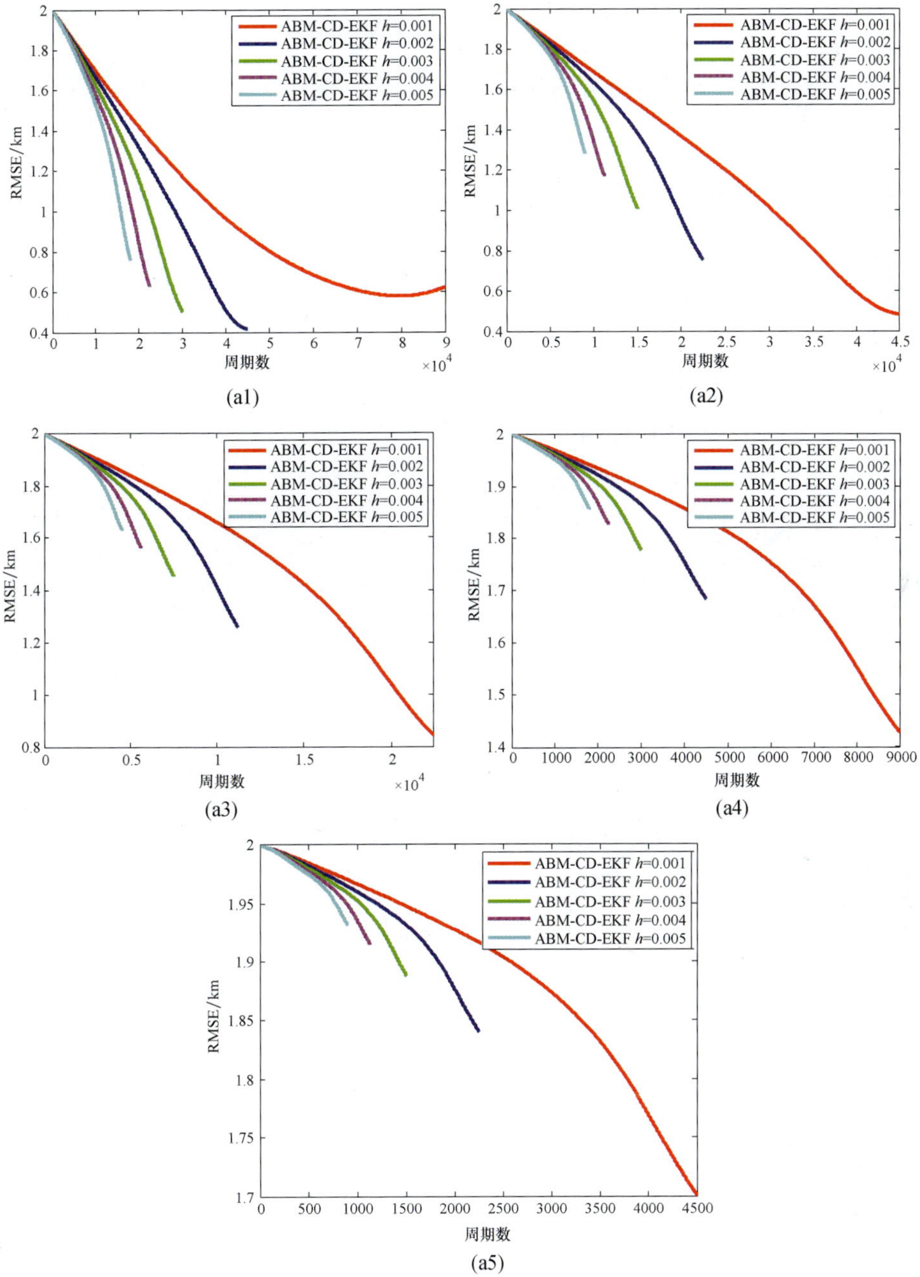

图 5－12　角速度为 0. 01rad/s 条件下的估计误差

(a1)角速度 0. 01rad/s,采样周期 5h;(a2)角速度 0. 01rad/s,采样周期 10h;(a3)角速度 0. 01rad/s,采样周期 20h;(a4)角速度 0. 01rad/s,采样周期 50h;(a5)角速度 0. 01rad/s,采样周期 100h。

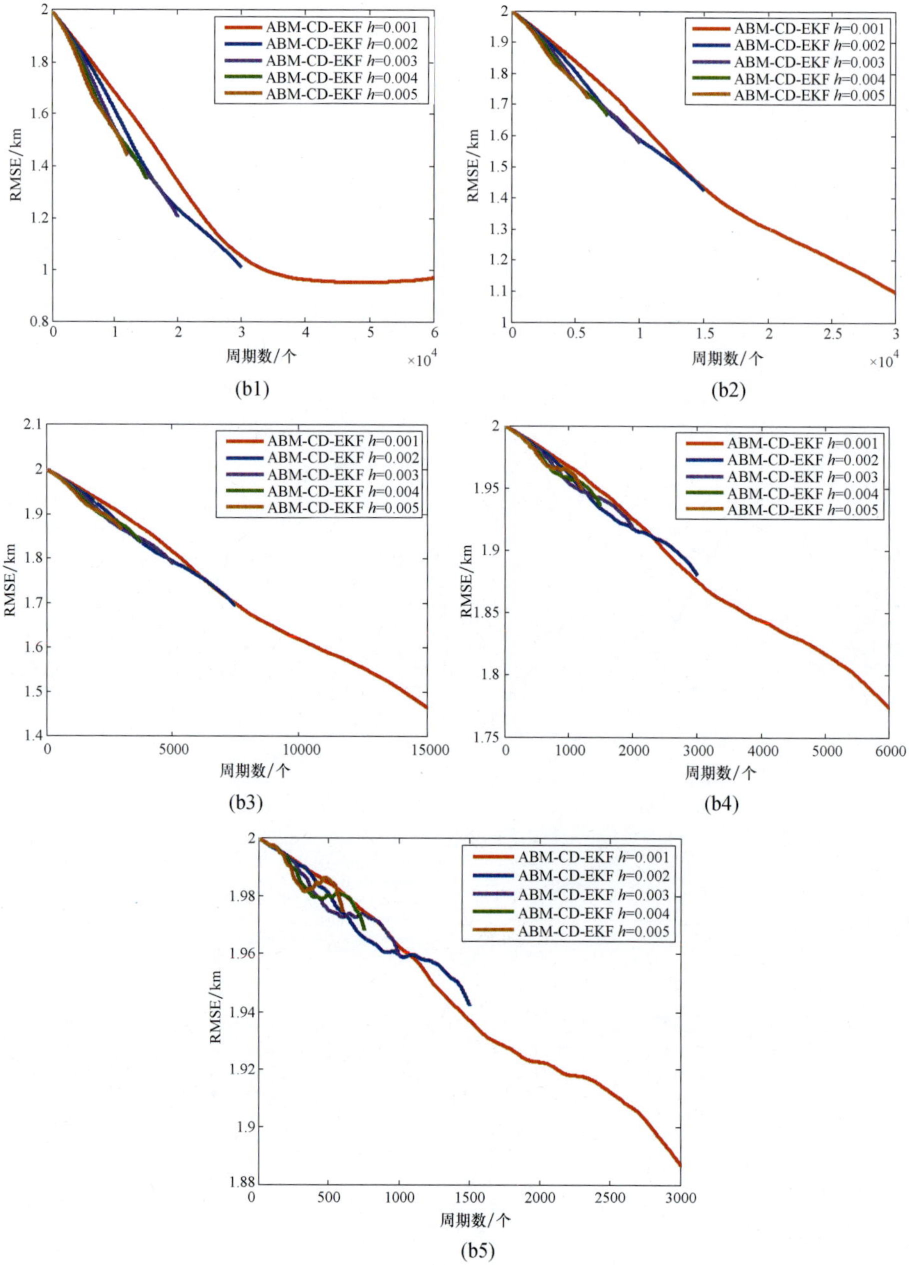

图 5-13 角速度为 0.03rad/s 条件下的估计误差

(b1)角速度 0.03rad/s,采样周期 5h;(b2)角速度 0.03rad/s,采样周期 10h;(b3)角速度 0.03rad/s,采样周期 20h;(b4)角速度 0.03rad/s,采样周期 50h;(b5)角速度 0.03rad/s,采样周期 100h。

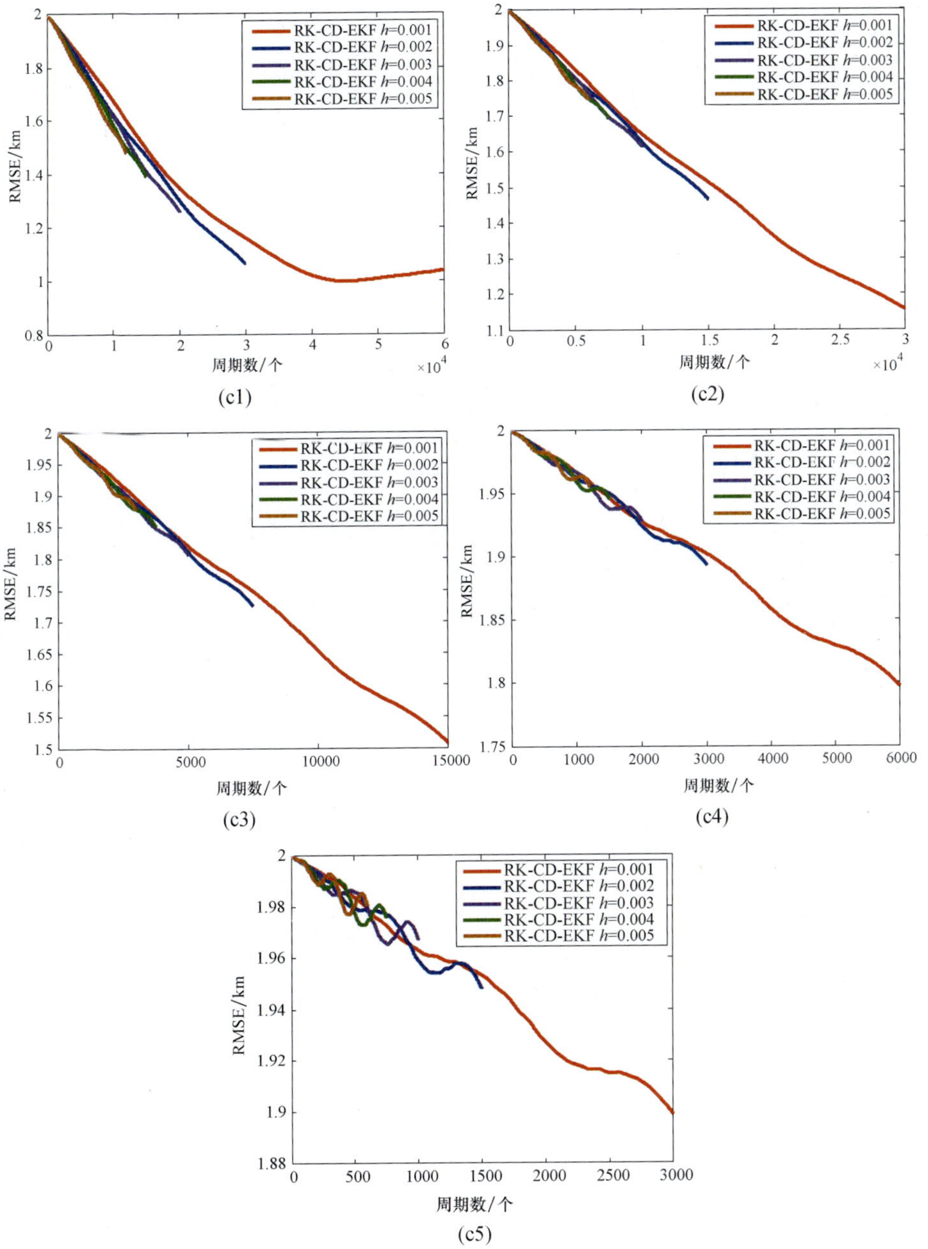

图 5-14 角速度为 0.05rad/s 条件下的估计误差

(c1)角速度 0.05rad/s,采样周期 5h;(c2)角速度 0.05rad/s,采样周期 10h;(c3)角速度 0.05rad/s,采样周期 20h;(c4)角速度 0.05rad/s,采样周期 50h;(c5)角速度 0.05rad/s,采样周期 100h。

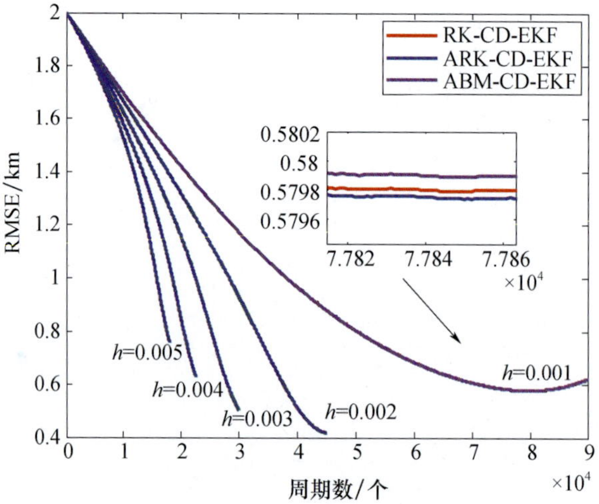

图 5－15　不同 CD－EKF 算法的精度对比

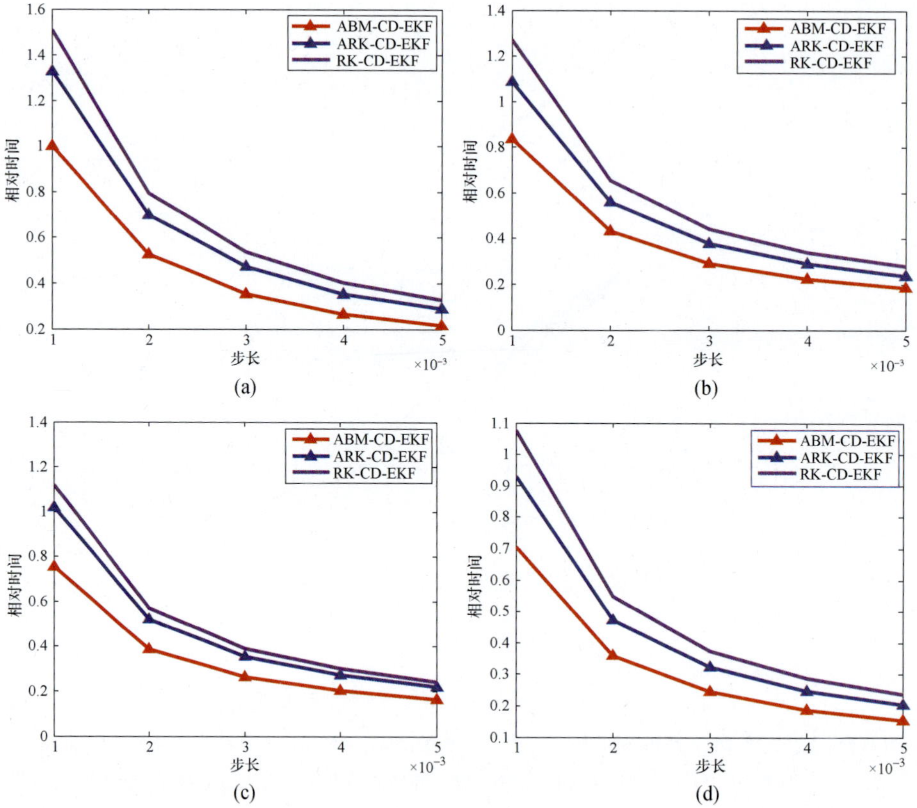

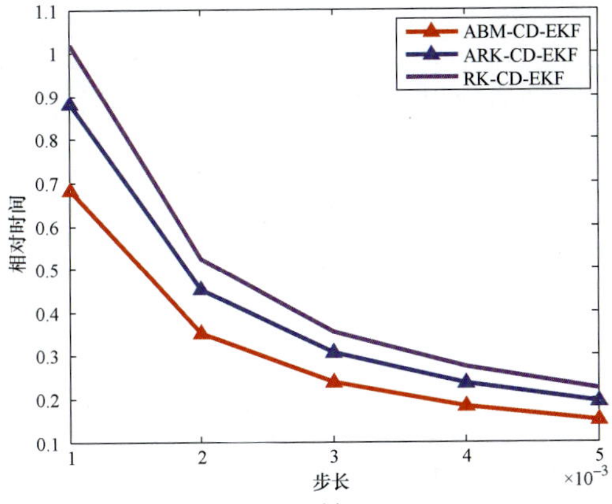

(e)

图 5 - 16　不同 CD - EKF 算法的相对计算时间对比

(a)角速度 0. 01rad/s,采样周期 5h;(b)角速度 0. 01rad/s,采样周期 10h;(c)角速度 0. 01rad/s,采样周期 20h;(d)角速度 0. 01rad/s,采样周期 50h;(d)角速度 0. 01rad/s,采样周期 100h。